HUNDE

HUNDE

EIN UNVERZICHTBARER RATGEBER FÜR JEDEN HUNDEFREUND

David Alderton

Parragon
Bath • New York • Singapore • Hong Kong • Cologne • Delhi
Melbourne • Amsterdam • Johannesburg • Shenzhen

Entwurf und Realisation

studio cactus

13 SOUTHGATE STREET WINCHESTER HAMPSHIRE SO23 9DZ

Layout: Laura Watson, Sharon Rudd
Lektoren: Jennifer Close, Jo Weeks

Parragon Books Ltd
Chartist House
15-17 Trim Street
Bath BA1 1HA, UK
www.parragon.com

Realisation der deutschen Ausgabe:
trans texas publishing, Köln

Übersetzung: Lisa Heilig, Köln

Lektorat: Ulrike Reinen, Köln

ISBN 978-1-4723-1256-3
Printed in China

INHALT

ÜBER DIESES BUCH

Es gibt kein weltweit anerkanntes System zur Klassifizierung von Hunderassen, doch im Allgemeinen werden sie nach ihrer ursprünglichen Funktion eingeteilt. Nicht alle Rassen sind für Ausstellungen zugelassen, und die Registrierung einer Rasse ist von Organisation zu Organisation und von Land zu Land unterschiedlich.

RASSEANERKENNUNG

Die in den verschiedenen Gruppen vorgestellten Rassen wurden aus den Registern von Zuchtverbänden auf der ganzen Welt ausgewählt. Ob eine Rasse insbesondere bei den größten und wichtigsten Organisationen, dem Weltverband der Kynologie – der Fédération Cynologique Internationale (FCI) –, dem britischen Kennel Club (KC) oder den amerikanischen Kennel Clubs (AKCs) anerkannt ist, kann dem jeweiligen Steckbrief entnommen werden. Im Verband für das Deutsche Hundewesen (VDH) gelten die Rassestandards der FCI.

Ist eine Rasse bei mehreren Organisationen anerkannt, kann sie dennoch unterschiedliche Standards haben. So kann es vorkommen, dass zum Beispiel eine Fellfarbe hier anerkannt ist und dort nicht.

FARBE DES HAARKLEIDES

Die Farbmuster, die zu Anfang vieler Rassebeschreibungen abgebildet sind, sollen einen Eindruck von den Fellfarben einer bestimmten Rasse vermitteln, sind aber keinesfalls verbindlich. Das Farbmuster „Creme" beispielsweise beschreibt eine sehr helle Fellfarbe, deren Schattierung von Weiß bis zu dunkleren Cremetönen reichen kann. Ausführlichere Informationen über die Fellfarben einzelner Rassen sind jeweils im Steckbrief zu finden. Jedoch sind innerhalb einer Rasse nicht alle Farben oder Fellvarianten gleich häufig verbreitet. In anderen Fällen, so wie beim Golden Retriever, kann die Fellfarbe ein entscheidendes Rassekriterium sein.

SYMBOLE IN DIESEM BUCH

Neben Informationen zum Ursprungsland, zur Größe und zum Gewicht einer bestimmten Rasse helfen auch Informationen zur Fellpflege und zum täglichen Auslaufpensum bei der Auswahl eines Hundes. Das Stockmaß (auch Widerristhöhe) der meisten Rassen ist standardisiert; bei größeren Rassen sollte aber berücksichtigt werden, dass Hündinnen immer etwas kleiner sind als Rüden. Der Bedarf an Auslauf und Bewegung hängt bei jedem Tier vom allgemeinen Gesundheitszustand und vom Alter ab.

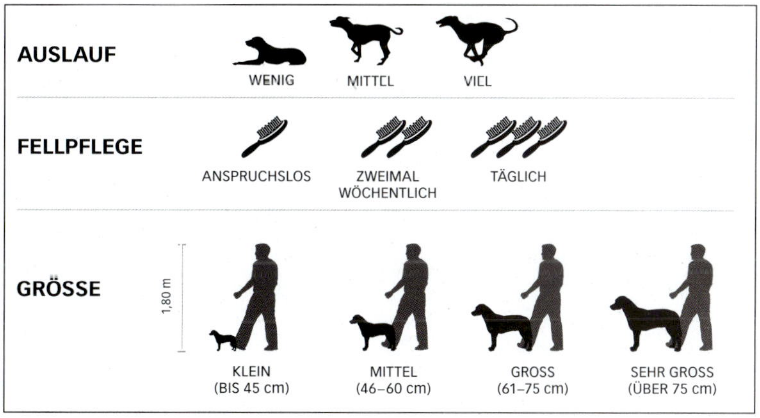

FELLFARBEN

SCHWARZ

CREME

GRAU

BLAU

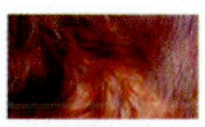
ROT/LOH

GOLD

DUNKELBRAUN

GOLD UND WEISS

SCHWARZ UND WEISS

LOH UND WEISS

SCHWARZ UND LOH

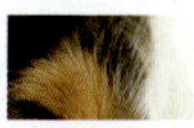
SCHWARZ, WEISS UND LOH

BLAU-LOH GESCHECKT

SCHWARZ GESTROMT

DIE NATUR DES HUNDES

Bereits in vorgeschichtlicher Zeit war der Hund der beste Gefährte des Menschen. Er begleitete ihn auf seinen Wanderungen, kämpfte an seiner Seite und rettete unzählige Leben. Der Mensch fühlte sich stets zu Hunden hingezogen, fürchtete, jagte und tötete aber dessen Vorfahren, den Wolf. So sind Wölfe heute in vielen Regionen ausgerottet, während Hunde auf der ganzen Welt verbreitet sind, selbst in Südamerika und im südlichen Afrika, wo es niemals Wölfe gab. In dem Maß, wie sich die menschliche Lebensform über die Jahrtausende veränderte, tat es auch die der Hunde eine Entwicklung, die nach wie vor anhält, da Hunde zunehmend als Begleiter und nicht mehr als Nutztiere gehalten werden.

FREUNDLICHKEIT Wichtigstes Kriterium bei Hunden ist heute zumeist ein hübsches Aussehen und ein freundlicher Charakter. Ein besonders heiterer und gewinnender Gefährte ist der Golden Retriever – eine der beliebtesten Rassen.

DIE ENTWICKLUNG DES HUNDES

Fossile Funde lassen sich auf über 40 Millionen Jahre, bis ins Eozän, zurückdatieren. Diese frühen Fleischfresser glichen eher Mungos als Hunden, wie wir sie kennen. Ihr Verbreitungsgebiet lag in Nordamerika, und ihr erster Vertreter war der *Hesperocyon*, ein niederläufiges Tier mit langer Schnauze und einem Schwanz, der bis zu 80 cm lang werden konnte. Über seine Lebensweise ist wenig bekannt; wahrscheinlich ernährte er sich von kleinen Säugern, Aas und pflanzlicher Kost. Das erste Exemplar eines Kaniden, das den modernen Vertretern bereits recht ähnlich sah, war der *Cynodesmus*.

FOSSILE FUNDE

Fossile Funde belegen, dass der *Cynodesmus*, der erste Wildhund, vor etwa 25 Millionen Jahren im heutigen US-Staat Nebraska lebte und offenbar Ähnlichkeit mit dem Kojoten (*Canis latrans*) besaß. Die innen liegenden Zehen waren bereits verkümmert und lagen im Gegensatz zu den Afterklauen, wie sie auch die Wild- und Haushunde aufweisen, noch auf dem Boden auf.

Während der *Cynodesmus* seiner Beute höchstwahrscheinlich auflauerte, gab es eine andere Gruppe von Kaniden, die sogenannten *Borophaginae*, die ähnlich wie die heutigen Wölfe im Rudel jagten und lebten. Beide haben sich vor etwa 30 Millionen Jahren aus dem *Hesperocyon* entwickelt. Der *Cynodesmus* jedoch spielte für die Evolution der Kaniden-Familie keine weitere Rolle und starb vor etwa 1,5 Millionen Jahren aus.

Die Kontinente hatten damals noch eine ganz andere Lage. Für das Verbreitungsgebiet der Hunde-Vorfahren war die Tatsache am bedeutsamsten, dass es eine Landbrücke zwischen Sibirien und Alaska gab, dort, wo heute

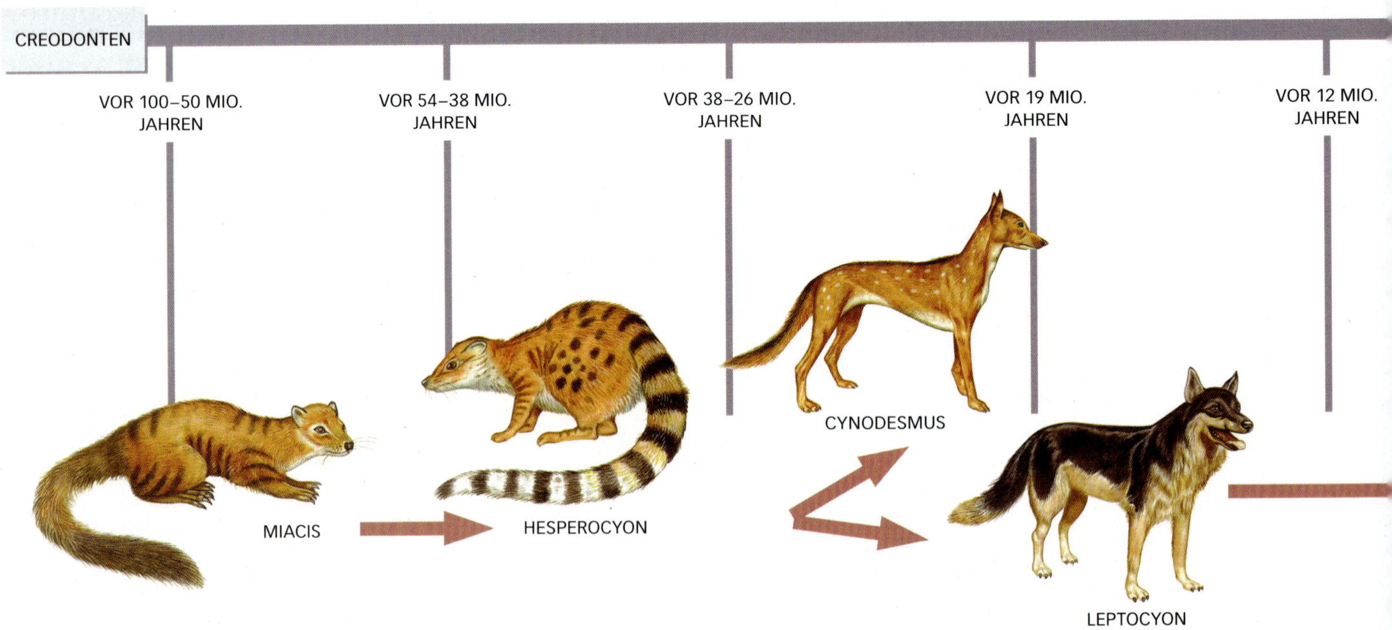

die Beringsee liegt. Dadurch konnten die Spezies zwischen der Neuen und der Alten Welt migrieren. Das Vorhandensein einer Landbrücke erklärt, warum Wölfe heute auf der ganzen nördlichen Hemisphäre verbreitet sind. Die frühesten Vertreter der *Canidae* stammen vermutlich vom eurasischen Kontinent. *Canis cipio* lebte im späten Miozän vor ungefähr 6 Millionen Jahren in Spanien; wahrscheinlich entwickelte er sich aus dem hundeähnlichen *Leptocyon*.

Zu dieser Zeit bewirkte ein klimatischer Wandel, dass die Erde trockener wurde und in der Folge die Urwaldflächen zurückgingen und sich Grasland ausbreitete. Grasfresser hatten so weniger Möglichkeiten, sich zu verstecken; sie wurden leichter und wendiger. Die frühen Wildhunde waren gut an diese Umgebung angepasst und vermehrten sich rasch. Aufgrund ihrer Schnelligkeit waren sie in der Lage, kleinere Säuger wie Antilopen zu jagen. Sie jagten sowohl allein als auch im Rudel.

Fossile Funde legen nahe, dass die Vorfahren des heutigen Wolfs erst vor 700 000 Jahren über die Bering-Landbrücke von Eurasien nach Nordamerika kamen. Diese Vorfahren waren wahrscheinlich kojotenähnliche Wildhunde, *Canis davisii*. Daraus entwickelten sich drei verschiedene Spezies: der Grauwolf (*Canis lupus*), der Rotwolf (*Canis rufus*), der heute noch in einem kleinen Gebiet im Südosten Nordamerikas lebt, und der ausgestorbene *Canis dirus*, der größte und wohl wildeste Vertreter der Gruppe. Der *Canis dirus* war offensichtlich zu langsam, um Beute zu reißen. Funde lassen vermuten, dass der furchtlose Jäger auf große, langsame Säuger wie Mammuts spezialisiert war, aber auch Aas nicht verschmähte. Reichlich Aufschlüsse über seine Lebensgewohnheiten gaben die Überreste von über 2000 Tieren, die man in den natürlichen Asphaltgruben von Rancho La Brea, unweit von Los Angeles, entdeckte. Für viele ahnungslose Tiere – Jäger, Beutetiere und Aasfresser gleichermaßen – wurden sie zu Todesfallen.

DAS GEHIRN

Untersuchungen an Skeletten früher Wildhunde geben nicht nur über ihre Größe und ihren Körperbau Auskunft. Sie liefern auch wichtige Informationen über ihre Lebensweise. Anhand der Schädelform der frühen Kaniden konnte festgestellt werden, dass sie sich erst vor etwa 1,5 Millionen Jahren zu Rudeln zusammenschlossen: Eine Hirnwindung des Frontallappens ist bei sozialisierten Kaniden wie dem Wolf vergrößert, während eine solche Veränderung bei Kaniden, die wie Füchse allein leben, nicht zu beobachten ist.

WÖLFE UND WILDHUNDE

Gegenwärtig gibt es 33 Spezies der Kaniden-Familie, deren Vertreter auf jedem bewohnten Kontinent außer Australien beheimatet sind. Einige Spezies wie der Wolf (auch: Grauwolf, *Canis lupus*) haben ein ausgedehntes Siedlungsgebiet, während andere wie der Äthiopische Wolf (*Canis simensis*) nur in einem begrenzten Gebiet anzutreffen sind. Viele Arten sind vom Aussterben bedroht.

GRAUWOLF Der Wolf ist, vor allem in Europa, fast von der Landkarte verschwunden. Durch konsequenten Schutz und gezielte Auswilderungsprogramme nehmen die Bestände mittlerweile aber wieder zu.

ROTFUCHS Rotfüchse wurden im 19. Jahrhundert in Australien eingeführt, unter anderem in der Hoffnung, so die Kaninchenpopulation besser kontrollieren zu können. Kaninchen, die ebenfalls aus Europa auf den fünften Kontinent gelangt waren, hatten sich rasant vermehrt.

EINFLUSS DES MENSCHEN

Der Mensch hatte großen Einfluss auf das heutige Ausbreitungsgebiet einiger Vertreter der Hunde-Familie. Die frühen Siedler in Australien brachten von ihrer Zwischenstation in Südasien Hunde mit, die die Vorläufer der heutigen Dingos waren. Dingos, die sich seitdem auf dem ganzen australischen Kontinent verbreitet haben, fanden zurück zu einem Leben in der Wildnis und werden deshalb weniger als echte Wildhunde denn als ausgewilderte Hunde betrachtet. Doch weisen sie viele Gemeinsamkeiten mit Wildkaniden auf. So haben sie zum Beispiel längere Eckzähne als Haushunde, und Hündinnen werden in der Regel nur einmal im Jahr läufig.

Eine andere, sowohl in Australien als auch in Nordamerika eingeführte Art ist der Rotfuchs (*Vulpes vulpes*), hauptsächlich weil viele Siedler auch in der neuen Heimat weiterhin der Fuchsjagd nachgehen wollten. Unausweichlich gelang es einigen dieser listigen Tiere, ihren Verfolgern zu entkommen und in der Wildnis zu überleben.

In den USA reicht das Verbreitungsgebiet des Rotfuchses heute von der Ostküste, wo er vor über 400 Jahren eingeführt wurde, bis nach Texas.

DER NORDEN

Zwar wagen sich Wölfe bis weit in den hohen Norden vor, doch ist der Polarfuchs (*Alopex lagopus*) in den Breitengraden nördlich der Polargrenze viel verbreiteter. Er ist perfekt an seine Umgebung angepasst: Seine Pfoten sind vollständig behaart, die Ohren sind klein, das Fell ist sehr dicht und bietet einen effektiven Schutz gegen die eisige Kälte. Es gibt zwei Arten: Die eine hat ein bräunliches, die andere ein bläuliches Sommerfell. Im Winter bietet ihr weißes oder sehr blasses blaugraues Haarkleid eine optimale Tarnung in der arktischen Schneelandschaft. Damit entziehen sie sich nicht nur den Blicken anderer, größerer Jäger wie Eisbären, sondern können sich auch in einer Landschaft, die nur wenig Deckung bietet, fast unbemerkt an ihre Beute heranpirschen. Hauptnahrung für Polarfüchse sind Nager wie Lemminge, daneben Vögel und Fische. Aber auch das Aas von Meeressäugern wie Robben verschmähen sie nicht.

GEFAHREN FÜR WILDHUNDE

Die größte Bedrohung für Wildkaniden ist die Bejagung durch den Menschen. In vielen Regionen führte dies bereits zu einer vollständigen Ausrottung des Wolfs – galt dieser doch als Bedrohung für die Viehherden, wenn andere Beute knapp war. Heutzutage wird der Wolf dem Menschen kaum noch gefährlich.

Durch ihre weltweite Verbreitung stellen in manchen Regionen mittlerweile aber Haushunde eine Gefahr für Wildkaniden dar, unter anderem weil sie Krankheiten übertragen können. Dies gilt vor allem für den vom Aussterben bedrohten Äthiopischen Wolf. Außerdem können sich Haushunde mit Wildkaniden verpaaren, wodurch die reinen Blutlinien gefährdet werden – besonders häufig in Regionen, in denen Haushunde herumstreunen und Wildhunde bereits so nachhaltig in ihren Beständen dezimiert sind, dass sie nur schwer Partner zur Verpaarung finden.

BEDROHT Afrikanische Wildkaniden sind vielen Bedrohungen ausgesetzt: dem Verlust von Lebensraum, der Verfolgung durch den Menschen sowie durch Haushunde übertragenen Krankheiten.

POLARWOLF Der schöne Polarwolf, eine Unterart des Grauwolfs, hat in seinem ursprünglichen Verbreitungsgebiet, der Arktis, überlebt. In einem der härtesten Lebensräume der Welt trifft er selten auf Menschen.

DOMESTIZIERUNG

Lange galt die Annahme, dass die Domestizierung des Hundes erst vor ungefähr 15000 Jahren stattfand. Durch neuerliche DNA-Studien konnte aber bewiesen werden, dass die Beziehung zwischen Mensch und Hund sehr viel älter ist und bereits vor 100000 Jahren begann.

MASTIFF Der Tibetische Mastiff ist vermutlich der Begründer der Mastiff-Gruppe, deren Vertreter in der Geschichte als Wächter und Kriegshunde geschätzt wurden.

WÖLFE IN DER NACHBARSCHAFT

Wo genau die Domestizierung begann, lässt sich nicht sagen. Unumstritten ist jedoch, dass alle Haushunde vom Wolf (*Canis lupus*) abstammen und die Domestizierung an verschiedenen Orten des Verbreitungsgebiets des Wolfs stattfand, das zu jener Zeit wesentlich größer war als heute. Der Prozess kam wohl mit Wolfswelpen in Gang, die in menschlichen Siedlungen großgezogen und als Haustiere gehalten wurden. Sie begleiteten die Menschen auf ihren Jagdzügen und erwiesen sich als große Hilfe beim Erlegen der Beute. Die Welpen dieser Wölfe wuchsen in menschlicher Gesellschaft auf und verloren so nach und nach ihre Scheu vor Menschen.

PARIAHUND In einigen Regionen leben Hunde halbwild am Rande der Dörfer, jagen ihre eigene Beute und ernähren sich von den Abfällen der Menschen. Der Dingo ist das bekannteste Beispiel für einen Pariahund.

So wie sich ihr Charakter langsam wandelte, unterlag auch die äußere Erscheinung dieser Hunde einer Veränderung, die teilweise die Diversität in Größe und Farbe innerhalb der verschiedenen Wolfspopulationen widerspiegelt. Auch andere Veränderungen wurden sichtbar: Kopfform und andere Merkmale wie Ohrform und Gliedmaßen. Auch das Verhalten der frühen Hunde begann in einigen wesentlichen Punkten von dem des Wolfs abzuweichen: Während Wölfe durch Heulen kommunizieren, entwickelten Hunde die Fähigkeit zum Bellen; sie sind von Natur aus viel lauter. Für den Menschen war dies ein eindeutiger Vorteil: Hunde konnten nicht nur warnen, wenn sich Fremde näherten, sie konnten durch Bellen und Knurren auch einschüchtern. Allerdings lässt sich das Heulen noch bei einigen ursprünglichen Rassen wie dem Alaskan Malamute beobachten, der dem Wolf relativ ähnlich sieht.

GRÖSSEN- UND FARBVARIATIONEN

Zwar ist das Wolfsfell in der Regel grau schattiert, doch lassen sich die Farbvariationen von Hundefell auch bei Wildkaniden beobachten. Der Polarwolf (*Canis lupus arctos*) etwa ist eine rein weiße Unterart des Grauwolfs. Andere Wolfsarten, die in den Halbwüsten des Mittleren Ostens leben, haben ein rötlich-sandfarbenes Fell. Wölfe in Alaska haben eine Schulterhöhe von etwa 90 cm, während die kleinste Unterart, der japanische Honshu-Wolf (*Canis lupus hodophilax*), nur 36 cm hoch wurde – also wesentlich kleiner als viele heutige Hunderassen.

URSPRÜNGE

Es gilt als unumstritten, dass sich die heutigen Hunderassen in verschiedenen Regionen der Welt zu unterschiedlichen Zeiten entwickelten. Dies spiegelt sich in den verschiedenen Hundetypen wider, die heute existieren. Zu den ältesten Hunderassen gehören die Mastiffs, die vermutlich von chinesischen Wölfen abstammen und über die alte Seidenstraße immer weiter nach Westen bis nach Europa gelangten.

Die meisten größeren europäischen Rassen wie die Dogge oder der Boxer haben Mastiff-Blut. Mit Siedlern aus Europa gelangten diese Hunde auch in die Neue Welt, und so ist der Mastiff-Einfluss beispielsweise auch am Dogo Argentino gut zu erkennen.

Windhunde, eine andere alte Gruppe, entwickelten sich im ägyptischen Raum. Sie wurden zunächst in Nordafrika und im Mittleren Osten für die Zucht ähnlicher Rassen verwendet, z. B. von Sloughi und Saluki. Viel später wirkten sie bei der Züchtung des kleinen Italienischen Windspiels und des englischen Whippet mit, der für Hunderennen eingesetzt und als „Rennpferd des armen Mannes“ tituliert wurde.

WINDHUNDE Die alte Form der Windhund-Rassen lässt sich am Greyhound erkennen, dessen Körperbau sich über die Jahrtausende hinweg wenig verändert hat, wie anhand archäologischer Funde festzustellen ist.

URSPRÜNGE DER HUNDERASSEN

Die einstigen Aufgaben der Hunde waren für die Ausprägung von physischen Merkmalen verantwortlich und spiegeln sich darin wider. So haben Windhunde einen schlanken Körper mit langen Läufen und tiefem Brustkorb, während Mastiffs kräftige Läufe, einen massigen Körper und einen großen Schädel haben. Auch heute werden Hunde im Ausstellungsring häufig noch nach der Arbeit, die sie früher verrichteten, kategorisiert.

ÄLTESTE RASSEN

Wind- und Laufhunde sind die älteste Gruppe im Stammbaum der Hundefamilie. Windhunde waren als Jagdgefährten hoch geschätzt, und es ist wenig überraschend, dass sie sich vor allem im Mittleren Osten entwickelten, wo die Landschaft relativ trocken und offen ist und wenige Bäume hat, die Deckung bieten. In diesem unwirtlichen Lebensraum konnten nur die Besten überleben. So sind Pflanzenfresser wie die schnellen Antilopen typisch für diese Landschaftsform, und es lag ganz im Interesse des Menschen, Hunderassen zu züchten, die mit diesen schnellen Tieren Schritt halten konnten.

Laufhunde wurden viel später gezüchtet. Der Hubertushund, der ein ausgezeichneter Fährtenleser war und dem im Wesentlichen der heutige Bluthund entspricht, gilt als Urahn dieser Gruppe. Sein Einfluss ist besonders bei französischen Rassen wie Basset Artésien-Normand und Grand Bleu de Gascogne, aber auch in anderen Rassen wie dem Jura Laufhund aus der Schweiz zu erkennen.

KLEINE RASSEN

Ab dem Mittelalter war beim europäischen Adel die Jagd ein beliebter Zeitvertreib. Auch die Damenwelt an den europäischen Höfen interessierte sich für Hunde, allerdings nicht für die Jagd, sondern als Begleiter. Dies führte nicht nur zur Neuentwicklung von Begleithundrassen, sondern auch zu einer Miniaturisierung bereits existierender Rassen – einem Trend, der sich bis ins 20. Jahrhundert verfolgen lässt. Das Italienische Windspiel war eine der ersten Rassen, die so entstanden und von fahrenden Züchtern an die europäische Höfe verkauft wurden. Später sollten kleinere Züchtungen des Pudels folgen: zunächst als Zwergpudel, dann als noch kleinerer Toy Pudel. Nicht alle kleinen Hunde sind jedoch gute Schoßhunde, wie etwa der Terrier. Viele kleine Terrier dringen unerschrocken in die Baue viel größerer Tiere ein, um sie für den wartenden Jäger herauszutreiben.

LAUFHUNDE Diese Hunde wurden über Jahrhunderte hinweg für die Spur- und Fährtenjagd genutzt. Besonders effektiv waren sie bei der Aufspürung entlaufener Gefangener oder vermisster Personen.

ITALIENISCHES WINDSPIEL Das Italienische Windspiel – wie der Whippet ein Miniatur-Greyhound – war eine der ersten Begleithundrassen, die wegen ihrer Eleganz und ihres munteren Wesens sehr geschätzt wurden.

WANDELNDE AUFGABEN

Die sich über die Jahrhunderte verändernden Bedürfnisse des Menschen spiegeln sich in den Hundetypen wider, die dafür entwickelt wurden. Im Mittelalter galten Kettenhunde als besonders wild und wurden in Schlachten eingesetzt. Jedoch starben sie aus, als sich die Kriegsführung veränderte und neue Waffen entwickelt wurden. Schusswaffen schließlich führten zur Entwicklung neuer Hundetypen, die heute als Jagdhunde bezeichnet werden – darunter auch der allseits beliebte Golden Retriever. Was Apportierhunde nicht nur für die Jagd, sondern auch als Begleithund so geeignet macht, ist die Tatsache, dass sie entwickelt wurden, um eng mit einem Menschen zusammenzuarbeiten. Sie sind überaus gelehrig und anpassungsfähig, sodass sie für eine Vielzahl von Aufgaben eingesetzt werden können – vom Blindenführhund bis hin zum Sprengstoff- und Drogenspürhund an Flughäfen.

Der neueste Trend in der Hundezucht sind – da Hunde immer mehr als Begleiter und nicht mehr für bestimmte Aufgaben gehalten werden – die sogenannten Designerhunde wie Labradoodle, eine Kreuzung aus Labrador Retriever und Pudel (engl.: *poodle*). Angesichts der Tatsache, dass immer mehr Menschen in Städten wohnen und nicht so viel Platz haben, ist außerdem ein Trend hin zu kleineren Rassen zu beobachten.

LABRADOODLE Hauptziel von Kreuzungen dieser Art ist es, eine Rasse mit individuellem Äußeren zu entwickeln und gleichzeitig die besten charakterlichen wie physischen Eigenschaften zu selektieren.

TEMPERAMENTVOLL Terrier sind von Natur aus sehr lebhaft und neugierig, da sie früher zur Jagd auf Nager eingesetzt wurden. Diese Eigenschaften machen sie aber auch zu verspielten und unterhaltsamen Begleitern.

ANATOMIE

Alle Hunde haben, ungeachtet ihrer Größe, ein sehr ähnliches Knochengerüst. Die größten Unterschiede zwischen den Rassen liegen in Kopfform und Bau der Gliedmaßen. Hunde sind im Allgemeinen gute Läufer und Schwimmer; sie können graben und scharren, aber nicht gut klettern.

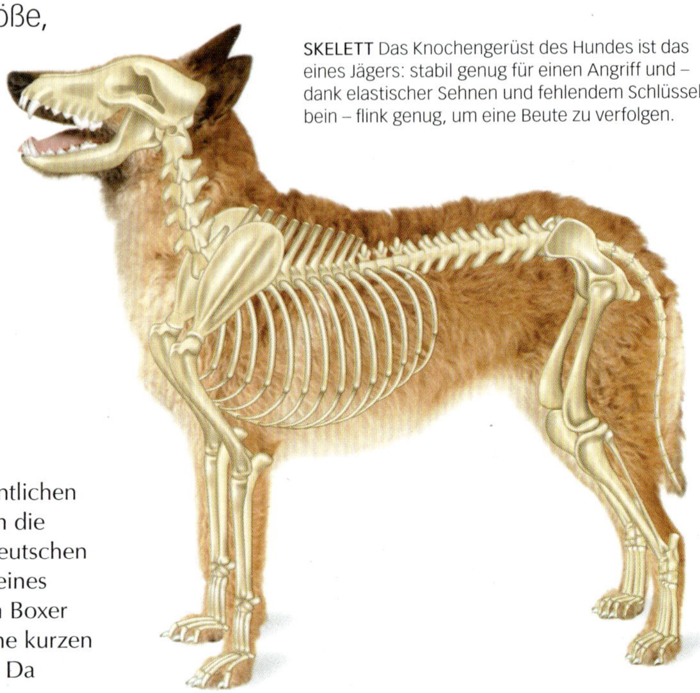

SKELETT Das Knochengerüst des Hundes ist das eines Jägers: stabil genug für einen Angriff und – dank elastischer Sehnen und fehlendem Schlüsselbein – flink genug, um eine Beute zu verfolgen.

SCHÄDELFORM

Die Schädellänge ist bei Hunden zu einem wesentlichen Unterscheidungsmerkmal geworden, wenn es um die unterschiedlichen Rassen geht: Da gibt es den Deutschen Schäferhund, dessen Schädel noch stark an den eines Wolfs erinnert, doch in anderen Fällen, wie beim Boxer oder Mops, ist die Schnauze stark verkürzt. Solche kurzen Schnauzen werden als brachycephal bezeichnet. Da Hunde nicht schwitzen können, sind sie zur Kühlung ihres Körpers aufs Hecheln angewiesen, damit die Feuchtigkeit über Nase und Zunge verdampft. Bei brachycephalen Rassen ist diese Fähigkeit allerdings stark eingeschränkt.

URSPRÜNGLICHES PROFIL Mit seinem keilförmigen Fang ist der Deutsche Schäferhund seinem wölfischen Vorfahren sehr ähnlich, auch wenn sich sein Verhalten und Temperament völlig verändert haben.

GEBISS

Form und Anzahl der Zähne sind in der Familie der Kaniden ein konstantes Merkmal, mit insgesamt 42 Zähnen. Vorn befinden sich die kleinen Schneidezähne, an den Ecken jeweils die viel größeren und spitzen Eckzähne oder Fangzähne (Canini). Die Lücke hinter den Eckzähnen, Diastema genannt, lässt beim Beißen genug Platz für die Eckzähne des gegenüberliegenden Kiefers.

Die hinten liegenden Backenzähne umfassen die vorderen Backenzähne (Prämolaren) und die Mahlzähne (Molaren). Die Anordnung ihrer Zähne ermöglicht ihnen, besser zu kauen. Der letzte vordere Backenzahn des Unterkiefers liegt dem ersten Mahlzahn des Oberkiefers gegenüber, sodass die Nahrung rasch zerkleinert werden kann. Hunde zerdrücken ihre Nahrung in der Regel eher, als sie gründlich zu kauen – ein Verhalten, das sie von ihren Vorfahren, den Wölfen, übernommen haben, bei denen es darum ging, in möglichst kurzer Zeit möglichst viel von der gemeinsam erlegten Beute zu verschlingen.

SCHNELLIGKEIT Die Gelenke der Gliedmaßen eines Hundes haben auch bei hoher Geschwindigkeit ausreichend Stabilität, bieten allerdings nicht die Flexibilität, die dem Menschen beispielsweise das Klettern ermöglicht.

BEWEGUNGSABLAUF

Hunde bringen die besten Voraussetzungen mit, um sich in einer geraden Linie vorwärtszubewegen. Einige Windhunde erreichen vorübergehende Spitzengeschwindigkeiten von knapp 50 km/h. Das Schlüsselbein fehlt, während die Scapula, das Schulterblatt, ganz flach ist und so eine große Schrittlänge ermöglicht, wodurch Energie eingespart werden kann. Die Gliedmaßen sind bei den athletischeren Rassen besonders lang, was die Verfolgung von Beutetieren wie schnellen Antilopen oder Hasen erleichtert. Hunde, die zum Verteidigen oder Kämpfen gezüchtet wurden, haben dagegen häufig viel kürzere und stämmigere Gliedmaßen.

Die Form des Brustkorbs gibt eindeutige Auskunft über die läuferischen Fähigkeiten. Schnelles Laufen, selbst ein Sprint über eine kurze Distanz, verlangt viel Sauerstoff. Aus diesem Grund ist der Rippenkorb von Windhunden relativ lang und tief, was am besten im Profil zu erkennen ist. Nicht nur ihr Lungenvolumen ist größer, sie haben auch ein kräftigeres Herz, das das Blut schnell durch den Körper zirkulieren lässt. Im Gegensatz dazu haben weniger athletische Hunde wie die kleine Französische Bulldogge eine eher walzenförmige Brust.

HECHELN Brachycephale Hundetypen atmen oft schwer und laut, und vor allem ältere Tiere können geräuschvoll schnarchen. Besondere Vorsicht ist mit solchen Rassen bei heißem Wetter geboten.

FELL

Ein wichtiges Unterscheidungsmerkmal bei Hunden ist die Beschaffenheit ihres Fells, also Haarlänge, Textur und Farbe. Diese Eigenschaften haben direkten Einfluss auf die Intensität der Fellpflege. Für Hundebesitzer, die die Fellpflege nicht selbst übernehmen können oder wollen, ist der Besuch eines Hundesalons die ideale Lösung.

KURZHAAR-RASSEN

Das Haarkleid vieler Rassen besteht nur aus einer kurzen, glatten Fellschicht, die eng am Körper anliegt. In diesen Fällen wird besonders schnell sichtbar, ob sich der Hund in guter Verfassung befindet, denn die Rippen sollten gerade erkennbar sein, oder aber übergewichtig ist – die Rippen verschwinden

KURZHAAR Der Whippet ist ein klassisches Beispiel für eine kurzhaarige Rasse. Er ist recht kälteempfindlich.

DRAHTHAAR Viele Terrier-Arten, wie dieser Jack Russell, und Jagdhunde haben ein draht- oder rauhaariges Fell, das sie im Dickicht und Gestrüpp schützt.

LANGHAAR Viele Spitz-Typen, wie dieser Zwergspitz, haben ein langes Fell, das sie in den kälteren Regionen, wo sie herstammen, warm hält. Ihr prächtiges Haarkleid hat sie auch zu beliebten Begleithunden gemacht.

FELLTYPEN Der beliebte Dackel kommt in allen drei Felltypen vor: Drahthaar, Kurzhaar und Langhaar.

unter einer Fettschicht. Bei vielen Windhundrassen aus dem Mittelmeerraum würde eine dichte Unterwolle den Körper ohnehin nur überhitzen. Hunde mit einem kurzen Fell sind allerdings viel anfälliger für die Kälte in anderen Regionen.

LANGHAAR-RASSEN

Auf der anderen Seite stehen die nordischen Hunderassen, vor allem die Mitglieder der Spitz-Gruppe, deren Vorfahren teils in arktischen Regionen gezüchtet wurden. Sie alle haben eine dichte doppelte Behaarung mit einer dicken Unterwolle, die den Körper gut vor Kälte schützt, indem die warme Luft über der Haut eingeschlossen wird. Die längeren Deckhaare halten Schnee und Regen von der Unterwolle ab. Das Haarkleid von Hunden dieses Typs ändert sich mit den Jahreszeiten. So entwickelt sich im Winter ein ausgeprägter Kragen, und das Fell wird deutlich dichter und länger.

Die Kehrseite dieses warmen Haarkleids ist, dass solche Hunde im Sommer schneller einen Hitzschlag bekommen können und heftig hecheln müssen, um sich Kühlung zu verschaffen. Außerdem ist eine wesentlich intensivere, regelmäßige Fellpflege erforderlich, insbesondere während der Haarwechsel: einmal im Frühjahr, wenn die dichte Winter-Unterwolle abgeworfen wird, und ein zweites Mal im Herbst.

DRAHTHAAR-RASSEN

Der dritte relativ häufig vorkommende Felltyp ist der draht- oder rauhaarige. Diese Fellart wird wegen ihrer Textur so bezeichnet: Das Haar fühlt sich hart und borstig an. Es liegt relativ flach am Körper an und ist nur leicht aufgerichtet und abstehend. Wie bei den anderen Typen hat auch diese Fellbeschaffenheit ihre Funktion. Sie hilft den Hunden bei der Stöber- und Fährtenarbeit im Dickicht, sich vor Hautverletzungen durch Dornen oder Gestrüpp zu schützen. So sind denn auch die meisten drahthaarigen Rassen bei den Jagd- und Laufhunden sowie bei den Terriern anzutreffen.

PFLEGE DES HAARKLEIDS

Wenn es darum geht, einen Hund als Haustier auszusuchen, ist eine glatthaarige Rasse zweifelsohne am einfachsten, was die Fellpflege betrifft. Hier ist nur gelegentliches Bürsten mit einer speziellen Hundebürste erforderlich, um lose Haare zu entfernen. Die Pflege von drahthaarigen Rassen kann bereits etwas aufwendiger sein, vor allem zu Ausstellungszwecken, da sie ihr Haarkleid nicht im natürlichen Rhythmus wechseln und das Fell deshalb von Hand bearbeitet werden muss. Bei langhaarigen Rassen kommt es ohne tägliche Fellpflege oft zu Zotteln. Wie bei den drahthaarigen Rassen verfangen sich im Freien leicht Kletten und Ästchen im Fell. Zudem bleibt auch Futter, wenn es kein Trockenfutter ist, im Fell rund um das Maul hängen und sollte abgewischt werden, bevor es eintrocknet.

HAARLOS Man könnte meinen, dass die Pflege von Nackthunden am einfachsten ist – weit gefehlt. Der Aufwand ist sogar recht groß, denn solche Hunde sind sehr kälteempfindlich und müssen im Sommer vor Hitzschlag und Sonnenbrand geschützt werden.

PERFEKT GESCHÜTZT Ein doppeltes Haarkleid schützt sowohl vor Kälte als auch vor Verletzungen. Das Fell des Chow-Chows wurde sogar als Pelz gehandelt. Ein Haarkleid wie dieses erfordert allerdings viel Pflege.

FARBEN UND ZEICHNUNGEN

Hunde können die verschiedensten Fellfarben und -schattierungen haben, in denen sich teilweise auch die Fellvariationen ihres Vorfahren, des Wolfs, zeigen, denn dieser war keineswegs immer nur grau. Der heute leider ausgestorbene Neufundlandwolf hatte ein reinweißes Fell, während Wüstenwölfe ein eher sandfarbenes Haarkleid haben.

CHIHUAHUAS Der Chihuahua kommt in vielen verschiedenen Fellfarben vor. Die Fellfarbe ist ein Merkmal, das in jedem Rassestandard festgeschrieben ist.

FARBPALETTE

Die bei Haushunden anzutreffende Farbpalette reicht von Reinweiß über alle Creme- oder Rotschattierungen bis hin zu Braun, Grau oder Schwarz. Hinzu kommen sogenannte Particolor-Färbungen – mindestens zwei eindeutig unterschiedliche Farben – wie das für einige Rassen typische Schwarz-Weiß. Eine einheitliche Färbung ist eigentlich recht selten, sogar bei reinrassigen Hunden. Viele Hunde haben zumindest einen kleinen weißen Fleck auf der Brust, der auch als Stern bezeichnet wird. Mischlinge haben häufig weiße Abzeichen auf dem Körper, die zuweilen recht groß sein können. Ebenfalls nicht ungewöhnlich sind weiße Bereiche auf den Pfoten. Auch zwischen den Augen kann ein solcher Fleck auftreten, der Blesse genannt wird.

Die für die Rassen charakteristischen Fellfarben haben sich lange vor den Ausstellungsstandards entwickelt und spiegeln teilweise die ursprünglichen Aufgaben des Hundes wider. So hat der Komondor typischerweise ein weißliches Fell, mit dem er sich gut getarnt unter die Schafherde mischen konnte, um sie vor angreifenden Wölfen zu schützen.

ROTE SETTER Bestimmte Rassen definieren sich hauptsächlich über ihre Fellfarbe. Der Irish Setter, der wegen seines glänzenden kastanienroten Fells häufig auch Irish Red Setter genannt wird, ist ein typisches Beispiel.

LAUFHUNDE Meutehunde sind meist zwei- oder dreifarbig, üblicherweise in einer Kombination aus Schwarz, Weiß und Loh.

In anderen Fällen waren eher ästhetische Aspekte ausschlaggebend. Dies ist besonders bei Meutehunden der Fall, wo es galt, durch selektive Züchtung die Herkunft einer bestimmten Meute anhand von Färbungen und Markierungen zu erkennen. Vor der Französischen Revolution 1789 war dieses Zuchtverfahren gang und gäbe, aber mit dem Umsturz der aristokratischen Ordnung gab es immer weniger Meuten. Nichtsdestotrotz haben einige Rassen, wie der Porcelaine, die Zeit überdauert.

FARBWECHSEL

Bis zu einem gewissen Grad ist die Fellfärbung auch altersabhängig. So ist es nicht ungewöhnlich, dass die Abzeichen auf dem Nasenrücken von Whippet-Welpen etwa mit der Zeit nachdunkeln. Dies geschieht aber eher durch eine veränderte Hautpigmentierung, wenn das Fell dünner wird, als durch ein tatsächliches Nachdunkeln des Fells, doch verleiht es dem Hund ein anderes Aussehen.

ALTERSGRAU Bei älteren Hunden ist häufig eine Graufärbung des Fells, vor allem um die Schnauze herum, zu beobachten. Besonders auffällig ist dies bei Hunden mit sonst dunklem Fell.

WEISSER SCHÄFERHUND Dieser Hund wird über seine Fellfarbe definiert. Weiße Schläge des Deutschen Schäferhundes waren der Grundstock für diese Rasse.

Bei Nackthunden ist die Hautpigmentierung für die Färbung verantwortlich, wobei blassere Stellen einen Rosaton annehmen können, nämlich dann, wenn dem Hund warm ist und viel Blut durch den Körper fließt.

Bei einem Wurf einer mehrfarbigen Rasse kann die Zeichnung der Welpen sehr individuell sein. Selbst wenn die Eltern relativ gleich gefärbt sind, besteht immer die Möglichkeit, dass einige ihrer Nachkommen viel mehr weiße oder farbige Bereiche aufweisen als andere. Diese Zeichnung bleibt während des ganzen Lebens erhalten.

Es gibt einige Beispiele, bei denen bestimmte Fellfarben ein Hinweis auf Erbkrankheiten wie Taubheit sein können, so bei weißen Boxern, die nicht für die Zucht zugelassen sind. Beim Deutschen Schäferhund waren weiße Exemplare jahrelang nicht im Rassestandard anerkannt, auch wenn die Fellfarbe hier nicht auf Taubheit schließen ließ.

OHREN

Die Form von Hundeohren kann recht unterschiedlich sein, ebenso deren Position am Kopf. Sie beeinflussen nicht nur entscheidend die Gesamterscheinung des Hundes, sondern können auch funktionale Bedeutung haben, bei Gebrauchshunden etwa, um den Gehörgang vor Verletzungen zu schützen.

SPANIEL Die Behänge schützen vor Verletzungen des Gehörgangs durch Dornen und Gestrüpp, ohne das Hörvermögen des Hundes merklich zu beeinträchtigen.

FORM DER OHREN

Der Wolf hat aufrecht stehende Ohren. Der Ohrknorpel ist relativ beweglich und ermöglicht es dem Tier, mit großer Genauigkeit die Richtung einer Geräuschquelle zu orten. Der Nachteil von aufrechten Ohren ist, dass das Innenohr verletzungsanfälliger ist – besonders bei Hunden, die regelmäßig Dickicht und Gestrüpp durchstreifen. Nicht verwunderlich ist also, dass hängende Ohren, auch Behänge genannt, bei Lauf- und Jagdhunden, vor allem bei Spaniels, die in solchem Gelände arbeiten, deutlich häufiger anzutreffen sind.

HUSKY Aufrechte Ohren sind ein ursprüngliches Merkmal, wie es heute immer noch bei vielen Hunderassen zu finden ist, vor allem bei Hunden vom Urtyp und bei nordischen Spitz-Rassen.

INFEKTIONEN

Jedoch sind die schweren und gut behaarten Behänge von Rassen wie American Cocker Spaniel sehr anfällig für Infektionen. Mangelnde Luftzufuhr und die Wärme der Innenohrbehaarung schaffen geradezu ideale Bedingungen für die Ansiedlung von Bakterien, Pilzen und Milben im Gehörgang. Ein deutlicher Hinweis auf ein Problem dieser Art ist, wenn sich der Hund ständig am Ohr kratzt, um sich so vermeintliche Linderung zu verschaffen.

Eine tierärztliche Untersuchung ist in einem solchen Fall dringend erforderlich, damit die genaue Ursache bestimmt und ein für die jeweilige Infektion wirkungsvolles Medikament verabreicht werden kann. Oft ist es schon hilfreich, wenn das dichte Fell auf der Ohrinnenseite etwas gestutzt wird, damit der Gehörgang besser belüftet wird. Häufig wiederkehrende Infektionen können das Hörvermögen schädigen. Außerdem kann es durch permanentes Kratzen zu Schwellungen und Blutergüssen im Behang kommen.

KLAPPOHREN Die Ohren von Schäferhundwelpen klappen seitlich der Wangen nach vorn. Mit zunehmendem Alter richten sie sich allerdings auf, wenn auch nicht immer gleichzeitig.

HINWEISE AUF DIE VORFAHREN

Ohrenform und -größe können Hinweise auf die Geschichte der Hunderasse liefern. Die Ohren von ursprünglich zu Kampfzwecken gezüchteten Rassen wie des Staffordshire Bullterriers sind beispielsweise relativ klein im Vergleich zur Kopfgröße. Die kleinen Ohren konnten vom Gegner nicht so leicht geschnappt werden und waren auf diese Weise geschützt.

STELLUNG DER OHREN

Die Ohrstellung kann sich bei einigen Rassen zwischen Welpen- und Erwachsenenalter ändern, wie beim Deutschen Schäferhund. So kommt es vor, dass bei Welpen eine Zeit lang ein Ohr aufrecht steht, während das andere nach vorn geklappt ist. Die endgültige Stellung bildet sich im Alter von sechs Monaten heraus. In seltenen Fällen richten sich die Ohren nicht auf und bleiben ein Leben lang geklappt.

Andere Rassen haben weder aufrechte noch hängende Ohren, sondern irgendetwas zwischen diesen beiden Extremen. Zu diesen Hunden gehört zum Beispiel der Norfolk Terrier mit seinen halb aufgerichteten Ohren, deren Spitzen nach vorn fallen. Es gibt aber auch Rassen, etwa Whippet und Greyhound, mit sogenannten Rosenohren, deren Stellung sich je nach Gemütslage ändern kann. Dies ist nicht die einzige florale Beschreibung von Hundeohren: Die aufrechten, breiten Ohren der Französischen Bulldogge werden als Tulpenohren bezeichnet. Die Ohren des Shar Pei werden aufgrund ihrer Form als Knopfohren bezeichnet.

KUPIEREN DER OHREN

Nur noch in wenigen Ländern ist es erlaubt, die Ohren von Hunden künstlich zu verändern. Früher wurde das Kupieren besonders bei Gebrauchshunden wie Dobermann oder Deutsche Dogge praktiziert, um ihnen ein aggressiveres Äußeres zu verleihen. Durch das Kupieren verhärten die Ohrknorpel und lassen das Ohr aufrecht stehen und nicht mehr natürlich hängen. Wie auch das Kupieren von Ruten verhindert es die wirkungsvolle Kommunikation zwischen Hunden, die sich teilweise über die Veränderung der Ohrstellung vollzieht.

SINNE

Hunde nehmen die Welt auf ganz andere Weise wahr als der Mensch. Sie verlassen sich weniger auf ihr Sehvermögen als auf ihren viel stärker entwickelten Geruchssinn und ihr Gehör. Dies hat seinen Ursprung darin, dass viele Wildhunde nachtaktiv sind und deshalb bei der Jagd in erster Linie auf ihr Gehör und ihren Geruchssinn angewiesen sind.

SEHEN UND RIECHEN

Mit der Domestizierung kann eine unterschiedliche Gewichtung der eingesetzten Sinne bei den verschiedenen Rassen beobachtet werden. Am besten kann dies am Beispiel der Windhunde, die auf Sicht jagen, und der Laufhunde, die auf Fährte jagen, veranschaulicht werden. Ein Windhund, auch Sichthund genannt, hat ein Sichtfeld von etwa 270 Grad; das ist viel mehr als bei anderen Hunden, die etwa ein Sichtfeld von 180 Grad haben. Laufhunde wie der Beagle, auch Spürhunde genannt, haben dagegen einen breiteren Nasenschwamm als Sichthunde, mit dem sie Duftmoleküle besser aufnehmen können. Unterschiedlich ist auch ihr Jagdstil; in ihm zeigt sich die hervorragende Anpassung der Hunde an die Bedingungen: Um erfolgreich zu jagen, muss ein Sicht-

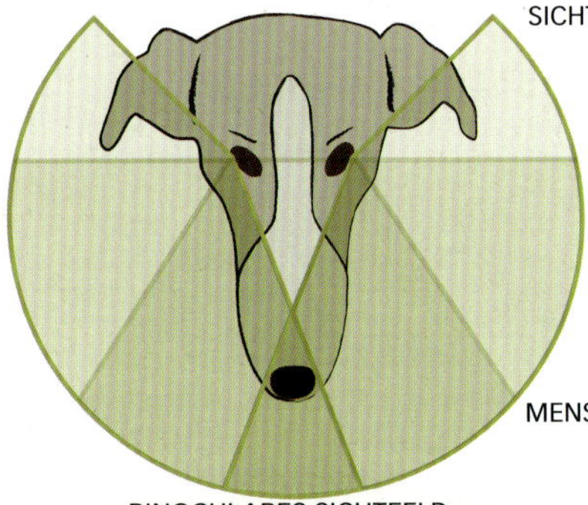

SICHTFELD Im Durchschnitt haben Hunde mit 180 Grad ein weiteres Sichtfeld als Menschen mit 120 Grad. Allerdings gibt es zwischen den Rassen markante Unterschiede. Windhunde mit ihren seitlich liegenden Augen haben ein weites Sichtfeld von 270 Grad, dafür aber ein engeres binokulares Sichtfeld (für plastisches Sehen).

GESCHMACKSSINN Dieser Sinn ist bei Hunden am wenigsten entwickelt. Im Vergleich zum Menschen sitzen auf einer Hundezunge nur wenige Geschmacksrezeptoren. Für Hunde ist der Geruchssinn entscheidender.

BARSOI Windhunde benötigen ein breites Sichtfeld, um ihre Beute ausfindig zu machen. Dem trägt auch die Schädelform Rechnung, die wie bei diesem Barsoi lang und schmal ist.

OHREN Wildhunde und Wölfe haben aufrechte Ohren; bei modernen Hunderassen sind jedoch wie bei diesem Berner Sennenhund sehr häufig Behänge oder Klappohren anzutreffen. Ungeachtet der Ohrform haben Hunde ein viel besseres Gehör als Menschen. Mit ihren einzeln beweglichen Ohren können sie Geräuschquellen innerhalb einer 600stel-Sekunde orten.

hund die Beute leicht und deutlich lokalisieren. Seine Jagdfähigkeiten kommen auf weiten, offenen Ebenen besser zur Geltung als in hügeligen Waldgebieten. Hier ist der Spürhund im Vorteil, dessen Fähigkeit, unsichtbare Spuren und Fährten zu verfolgen, überaus wertvoll ist.

Hundeaugen sind ähnlich aufgebaut wie menschliche. Hunde können auch Farben sehen, da auf der Netzhaut, wo das Bild produziert wird, zapfenförmige Fotorezeptorzellen sitzen, die für das Farbensehen verantwortlich sind. Hunde und ihre Verwandten haben ein besseres Nachtsichtvermögen als wir Menschen, was besonders wichtig für Arten in Wüstenregionen wie den Blassfuchs (*Vulpes pallidus*) ist, dessen Beute sich tagsüber versteckt hält.

Das Nachtsehvermögen von Hunden wird durch eine Zellschicht namens *Tapetum lucidum* verstärkt, die sich hinter der Netzhaut befindet und wie ein Spiegel funktioniert, indem sie das Licht durch die Netzhaut nochmals zurückwirft und so dessen Intensität verstärkt.

GEHÖR

Hunde hören in einem sehr großen Frequenzbereich zwischen 16 und 100 000 Hz; die Grenze für den Menschen liegt bei etwa 20 000 Hz. Mit ihrem ausgezeichneten Gehör können sie, anders als der Mensch, Töne im Ultraschallbereich wahrnehmen. Diese Fähigkeit ist grundlegend für ihr jagdliches Geschick, da z. B. Nager, die Hauptbeute einiger Wildkaniden, über sehr hochfrequente Pfeiftöne verfügen.

Das Hörvermögen von Haushunden schwankt wie auch bei Wildkaniden von Rasse zu Rasse. Rassen mit Klapp- oder Hängeohren sind dabei in ihrem Hörvermögen kaum benachteiligt gegenüber Rassen mit aufrechten Ohren.

TASTSINN

Auch der Tastsinn ist für Hunde wichtig; die Barthaare an der Schnauze übernehmen diese Funktion. Es handelt sich um spezielle Tasthaare, mit denen der Hund erkennen kann, ob er sich zum Beispiel durch eine Öffnung zwängen kann, ohne stecken zu bleiben.

BARTHAARE Die langen Tasthaare an Schnauze, Kinn und Augenbrauen erfüllen beim Hund eine wichtige Funktion bei der Wahrnehmung seiner Umwelt.

KOMMUNIKATION

Hunde verlassen sich auf ihren Geruchssinn, um Beute aufzuspüren und ihre Umgebung zu erkunden. Duftstoffe sind für Hunde ein wichtiges Kommunikationsmittel, über das sie erkennen können, welcher andere Hund durch ihr Revier gestreift ist, und mit dem sie ihre eigene Markierung setzen können.

MARKIEREN Rüden heben das Bein, um ihre Duftstoffe an einer höheren Stelle platzieren zu können, sodass sie für andere vorbeikommende Hunde leichter zu wittern sind. Durch Regen werden die Duftmarkierungen abgewaschen und müssen daher regelmäßig erneuert werden.

DUFTMARKIERUNG

Sobald ein Rüde geschlechtsreif ist, hebt er in regelmäßigen Abständen sein Bein und markiert bestimmte Stellen mit Urin. Meist sucht er sich für seine Markierungen Stellen aus, die von anderen vorbeikommenden Hunden nicht ignoriert werden können, wie Laternenpfähle, Pfosten oder Baumstämme. Rüden urinieren häufiger als Hündinnen und markieren so ihr Revier. Beim Auslauf halten Hunde oft an denselben Stellen, um ihre Markierung aufzufrischen.

Hunde beiderlei Geschlechts kommunizieren auch über ihren Kot, mit dem sich jeder Hund aufgrund eines Sekrets aus den Analdrüsen identifizieren lässt. Weitere Duftmarkierungen setzen Hunde, nachdem sie sich erleichtert haben, durch mehrmaliges Scharren auf dem Boden.

ANDERE HUNDE Hunde registrieren sehr schnell, ob sich ein anderer Hund in ihrem Revier befindet. Selbst wenn sich die Tiere nicht sehen können, erkennen sie sich sofort am Duft.

Neben der deutlichen Spur im Boden hinterlassen die Schweißdrüsen zwischen den Zehen einen Duft.

Über den Duft werden auch soziale Gefüge innerhalb eines Wolfsrudels festgelegt. Dies ist eine mögliche Erklärung dafür, dass sich Hunde beim Auslauf zuweilen in Kuhfladen oder Fuchsexkrementen wälzen.

PHEROMONE

Wenn eine Hündin läufig ist, hinterlässt sie Sexuallockstoffe, Pheromone, in ihrem Urin. Diese Duftmoleküle werden dank eines Riechorgans im Gaumen, dem Jacobson-Organ, selbst in kleinsten Mengen von den Rüden wahrgenommen. Die Witterung solcher Pheromone lässt die Rüden augenblicklich nach der Hündin suchen.

BELLEN

Welpen sind zunächst fast stumm und geben nur sehr kurze, hohe Kläfflaute von sich, vor allem wenn sie aufgeregt sind. Diese Laute werden mit zunehmendem Alter tiefer. Auch beim Bellen gibt es Unterschiede zwischen den Rassen: Der Basenji zum Beispiel bellt gar nicht, sondern bringt eine Art Jodellaut hervor. Laufhunde in der Meute geben, vor allem in bewaldetem Gelände, einen sehr ungewöhnlichen Laut von sich, über den sie mit anderen Meutemitgliedern kommunizieren und anzeigen, wo sie eine Witterung aufgenommen haben.

KÖRPERSPRACHE

Hunde „sprechen" auch über ihren Gesichtsausdruck, die Augenlinie, Ohr- und Rutenstellung und Körperhaltung miteinander und mit Menschen. Die Mimik der Augen und die Rutenstellung sind besonders wichtig für den Ausdruck von Überlegenheit oder Unterwerfung.

DEUTLICHE SIGNALE Eine wedelnde Rute kann als Ausdruck der Freude gedeutet werden. Die hoch getragene Rute dieses Golden Retrievers hingegen drückt Überlegenheit gegenüber den beiden kleineren Hunden aus.

BELLEN Hunde bellen aus mehreren Gründen: zur Warnung, aus Bedrängnis oder einfach, weil sie aufgeregt sind.

VERHALTEN

Der Hund ist wie sein Vorfahre, der Wolf (*Canis lupus*), ein Rudeltier. Nicht zuletzt deshalb ist er ein so treuer Gefährte, der sich schnell an die Gesellschaft einer Familie oder auch nur einer Person anpasst. Allerdings haben einige Rassen eine etwas dominantere Natur als andere und sind nicht einfach zu führen.

KENNENLERNEN

Wenn zwei erwachsene Hunde das erste Mal aufeinandertreffen, sollte dies vorzugsweise außerhalb des Zuhauses geschehen, um das Risiko der Revierverteidigung zu minimieren. Die Hunde laufen umeinander herum und beschnüffeln sich dabei vorsichtig. Die Körpersprache ist hier der beste Indikator, ob die Hunde miteinander auskommen oder nicht. Zunächst sind sie besonders wachsam mit leicht nach hinten gelegten Ohren und fast waagerecht getragener Rute.

Nach der ersten Kontaktaufnahme verlieren die Hunde scheinbar das Interesse aneinander und gehen allein weiter. Wenn beide sich sicher fühlen und keiner eine untergebene Rolle einnehmen will, werden die Ohren aufgerichtet, ebenso die Rute. Nähern sich die Hunde nun vorsichtig einander, ist mitunter ein leises Knurren vernehmbar. Dieses wird zunehmend lauter, und beide Hunde stellen ihren Kamm – das Nackenfell – auf. Ein

ERSTER KONTAKT Welpen sollten gut in eine Familie integriert werden. Auch einen zweiten Hund sollte man sich im Welpenalter ins Haus holen, da er keinen Rivalen für den großen darstellt.

MAULKORB Maulkörbe sind heute recht bequem und einfach anzulegen. Sie sind ein absolutes Muss für aggressive Hunde und für einige Kampfhunderassen, aber keine Langzeitlösung für verhaltensauffällige Tiere.

solches Verhalten lässt den Hund etwas größer erscheinen und soll den Rivalen einschüchtern.

Oft klären sich die Fronten bereits in dieser Phase ohne deutlichere Anzeichen von Aggression. Wenn einer der Hunde aufhört, den anderen anzustarren, zeigt er damit an, dass er die Konfrontation nicht länger fortsetzen möchte und sein Gegenüber anerkennt. Falls nicht, geht das Spiel in die nächste Runde: Die Auseinandersetzung wird immer vernehmlicher, da beide Hunde ihre Zähne fletschen, während ihr Knurren einen bedrohlicheren Ton annimmt. Schließlich geht ein Hund auf den anderen los, fährt ihn bissig an und schnappt nach ihm, der andere antwortet womöglich auf gleiche Weise. Solche Konfrontationen sind in der Regel recht kurz, und der Verlierer zieht sich schnell mit eingezogener Rute als Zeichen der Unterwerfung zurück. Verletzungen sind angesichts der Kürze der Auseinandersetzung selten und meist nur leicht. Eine größere Verletzungsgefahr besteht bei Zwingerhunden, da der Verlierer nicht die Flucht ergreifen kann.

ZU GROSSE AGGRESSIVITÄT

Aggressives Verhalten bei Hunden lässt sich mit einer Reihe von Maßnahmen eindämmen: Legen Sie dem Hund außer Haus einen Maulkorb an. Rüden können kastriert werden. Ohne das männliche Sexualhormon Testosteron entwickelt der Hund weniger Aggression. Lassen Sie sich von einem professionellen Hundetrainer beraten, um mit positiven Übungen die Aggressivität des Hundes zu korrigieren. Bis dahin ist es ratsam, viel frequentierte Hundespazierwege zu meiden oder sie nur aufzusuchen, wenn wenige Hunde unterwegs sind.

Angeborene Aggressivität

Manche Rassen sind von Natur aus aggressiver als andere. Sie wurden ursprünglich für Hundekämpfe gezuchtet, wie etwa der American Staffordshire Terrier (unten), dessen Verhalten Artgenossen gegenüber dementsprechend ist. Treffen zwei Hunde dieses Typs aufeinander, ist ein Kampf wahrscheinlich, da beide ein eher bestimmendes Temperament haben. Beagle sind im Gegensatz dazu sehr freundlich zu anderen Hunden, da sie früher ausschließlich in Meuten gehalten wurden.

SONDERBARE ANGEWOHNHEITEN

Unter den zahlreichen Verhaltensweisen, die Haushunde von ihren wild lebenden Vorfahren übernommen haben, wirken einige recht befremdend – wie etwa die Neigung mancher Hunde, einen Knochen zu vergraben –, sind jedoch absolut normal. Wenn ein Wolfsrudel eine Beute erlegt hat, fressen sich die Tiere erst einmal satt, um zu einem späteren Zeitpunkt zu den Resten zurückzukehren und ihren Hunger erneut zu stillen. Da die Beute aber auch Aasfresser, Vögel und kleinere Säuger anlockt, wird sie von den Wölfen so gut wie möglich versteckt, zum Beispiel durch Vergraben. Ein Haushund zeigt oft ein ähnliches Verhalten, nachdem er einige Zeit an einem Knochen – dem Überrest einer Mahlzeit – genagt hat. Seinem Instinkt folgend, versteckt er ihn.

SCHLAFVERHALTEN

Wenn sich Hunde einen Schlafplatz suchen, scharren sie zuweilen mit den Vorderpfoten und beschädigen dadurch Möbel und Tapeten. Ein solches Verhalten dient bei Wölfen dazu, ihre Schlafmulde von Steinchen und anderen störenden Gegenständen zu säubern. Wenn sie ihre richtige Liegeposition gefunden haben, rollen sich Hunde in Bauchlage ein. Vor allem im Haus gehaltene Tiere neigen dazu, sich wenig später in Seitenlage auszustrecken. Auch das Alter des Hundes wirkt sich auf sein Schlafverhalten aus; älteren, unter Arthritis leidenden Tieren fällt es schwerer, sich einzurollen.

WÄRME SPEICHERN Die eingerollte Schlafposition ist für den Hund bequem; außerdem ist der Verlust von Körperwärme so am geringsten, da nur die kleinstmögliche Oberfläche der Luft ausgesetzt ist.

KNOCHEN VERGRABEN Mit seinen kräftigen Vorderläufen gräbt der Hund ein Loch, in dem er seinen Knochen verscharrt und zu gegebener Zeit wieder ausbuddelt.

ZAHNSCHMERZEN Nagen und Kauen verschafft Welpen während des Zahnens große Erleichterung. Bis zu einem Alter von sechs Monaten brechen beim Welpen die Zähne durch und verursachen häufig Irritationen und Schmerzen.

NAGEN UND KAUEN

Nagen und Kauen ist eine typische Eigenschaft von Welpen. Die meisten Hunde gewöhnen sich diese Untugend nach dem sechsten Monat allerdings wieder ab. Bis zu diesem Alter jedoch sollten nach Möglichkeit keine verführerischen Gegenstände wie Schuhe in Reichweite des Welpen liegen. Die Aufmerksamkeit des Tieres sollte außerdem auf sein eigenes Spielzeug gelenkt und sein Verhalten diskret überwacht werden. Damit können Schäden an Möbeln oder das Risiko, dass der Hund unter Strom stehende Kabel durchkaut und so einer tödlichen Gefahr ausgesetzt ist, minimiert werden.

ALLEINSEIN

Eines der häufigsten Probleme mit Hunden ist die zunehmende Trennungsangst – vielleicht weil immer mehr Hunde immer längere Zeit allein gelassen werden.

Während ein älterer Hund einen Großteil des Tages verschläft, sind Welpen und junge Hunde durch Alleinsein sehr schnell gelangweilt und frustriert. Dies kann dazu führen, dass das Tier zu bellen und jaulen anfängt – ein Problem, von dem Sie im Zweifelsfall erst erfahren, wenn sich die ersten Nachbarn beschweren.

Viel besser ist es, dieses Problem durch präventive Maßnahmen zu vermeiden. Denn wenn der Ernstfall erst einmal eingetreten ist, lässt sich das Problem viel schwieriger korrigieren. Räumen Sie dem Vierbeiner ausreichend Zeit in Ihrem Tagesablauf ein. Sind Sie viel unterwegs, entscheiden Sie sich besser für ein erwachsenes Tier als für einen Welpen, oder engagieren Sie eine Person, die den Hund in Ihrer Abwesenheit ausführt.

GASSI GEHEN Wenn der Hund mehrere Stunden allein gelassen wird, sollte er zuvor ausreichend bewegt werden, damit er müde ist und lieber schläft als unglücklich auszuharren.

LEBENSZYKLUS

Hundenachwuchs sollte nicht ohne gründliche Vorüberlegungen erfolgen. Anderenfalls könnten Sie schnell zu der großen Zahl unerwünschter Welpen beitragen, die jedes Jahr geboren werden. Es ist wichtig, den Zyklus des Hundes zu verstehen – nicht nur um die Fruchtbarkeit der Hündin zu kontrollieren, sondern auch, um die Veränderungen während der Trächtigkeit und eventuelle Komplikationen zu erkennen.

PROBLEMWELPEN Bei manchen Rassen – vor allem solchen mit großem Schädel wie dem Bullterrier – kann es bei der Geburt zu Komplikationen kommen, da die großen Köpfe im Gebärkanal stecken bleiben können. Eine tierärztliche Versorgung ist dann erforderlich.

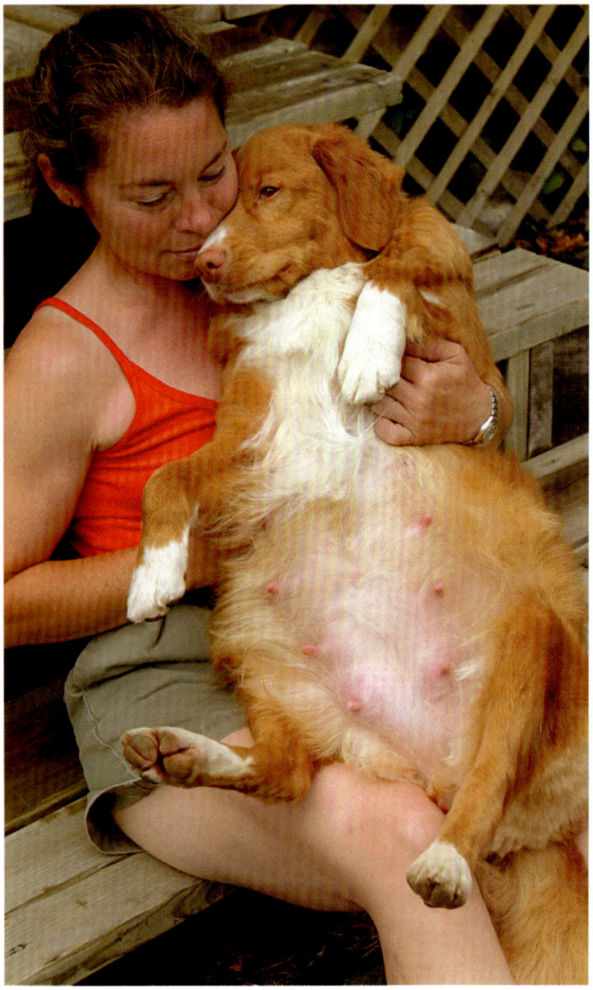

TRÄCHTIGE HÜNDIN Nur ganz am Ende der Trächtigkeit kommt es zu einer deutlichen Zunahme des Bauchumfangs. So muss die Hündin nicht länger als unbedingt nötig ein größeres Gewicht mit sich herumtragen.

GESCHLECHTSREIFE

Rüden zeigen ihre Paarungsbereitschaft ab einem Alter von etwa sechs Monaten. Bei Hündinnen dauert es zuweilen bis zu einem Jahr, bis sie zum ersten Mal läufig werden. Natürlich gibt es Unterschiede zwischen den Rassen. So kann es bei sehr großen Rassen wie dem Irischen Wolfshund zwei Jahre bis zur Geschlechtsreife dauern.

Rüden sind zu jedem Zeitpunkt zeugungsfähig, während Hündinnen nur während ihrer Läufigkeit empfängnisbereit sind. Diese tritt in der Regel im Abstand von sechs Monaten zweimal im Jahr ein. Wenige Rassen, etwa der Basenji, werden wie Wildhunde nur einmal pro Jahr läufig.

ZEUGUNG UND GEBURT

Der Beginn des Zyklus einer Hündin wird Proöstrus genannt und äußerst sich zunächst im Anschwellen der Scheide, aus der auch einige Tropfen Blut austreten können. Rüden laufen der Hündin hinterher, doch wehrt sie in dieser Phase noch alle Begattungsversuche ab.

Die Begattung findet in der nächsten Phase, dem Östrus, statt. Der Penis des Rüden enthält einen sogenannten Penisknochen, der das Eindringen in die Scheide vereinfacht. Nach der Penetration schwillt an der Basis des Penis der ringförmige Schwellknoten an, der den erigierten Penis fest in der Vagina verankert. Bald danach erfolgt der Samenerguss. Die Tiere ändern nun ihre Position, indem sie sich voneinander abwenden und die Hinterteile sich berühren. In dieser Phase stoßen die Prostatadrüsen ein Sekret ab, das das Überleben der Spermien und folglich eine Befruchtung sicherstellt.

Der Eisprung bei der Hündin findet kurz vor der Begattung statt. Die Eizellen wandern durch die Eileiter und nisten sich, nachdem sie befruchtet sind, in der Gebärmutterwand ein. Die Anzahl der Welpen ist schwankend und reicht teilweise rasseabhängig von einem Jungen bis hin zu einem Dutzend und unter Umständen sogar noch mehr. Kreuzungen führen mitunter zu kleineren Würfen als bei reinrassigen Verpaarungen.

Die Tragezeit dauert durchschnittlich 63 Tage. Die Hündin benötigt einen geeigneten Platz zum Werfen. Sie sollte dabei aus einigem Abstand beobachtet werden.

Wenn beim Werfen keine Komplikationen auftreten, fangen die Welpen schon bald an, an den Zitzen der Hündin zu saugen. Feste Nahrung ist für Welpen ab einem Alter von drei Wochen geeignet. Spezielle Welpennahrung ist im Fachhandel erhältlich. Ab diesem Zeitpunkt wird die Hündin immer unwilliger, ihre Welpen zu säugen, da dies durch das wachsende Milchgebiss der Welpen immer schmerzhafter wird. Ab einem Alter von sechs Wochen sind Welpen schon sehr selbstständig, jedoch ist es ratsam, mindestens acht Wochen zu warten, um sicher zu sein, dass sie vollständig abgestillt sind, bevor der Wurf getrennt wird und die Welpen ein neues Zuhause finden.

Cryptorchidismus

Bei Rüden, insbesondere von Schoßhundrassen wie dem Yorkshire Terrier, kann es vorkommen, dass ein oder beide Hoden nicht in den Hodensack absteigen. Dies wird Cryptochidismus genannt und erfordert einen tierärztlichen Eingriff, da nicht abgestiegene Hoden zu einem Sertolizellen-Tumor führen können. Normalerweise sollten beide Hoden ab dem sechsten Lebensmonat im Hodensack sichtbar sein.

SÄUGENDE WELPEN Die Muttermilch der Hündin enthält schützende Antikörper, die die Welpen direkt aufnehmen und die sie gegen Infektionen schützen.

CANE-CORSO-WELPEN Die Größe eines Wurfes variiert von Rasse zu Rasse, von einem Jungen bis hin zu über zehn. Die fünf Cane-Corso-Welpen sind ein durchschnittlicher Wurf für diese Rasse, der bei vier bis sechs Jungen liegt.

DIE PFLEGE DES HUNDES

Einen Hund zu halten ist eine echte Aufgabe – nicht nur unter finanziellem Aspekt, sondern auch, weil er tägliche Fürsorge verlangt. Er muss regelmäßig gefüttert, gepflegt und ausgeführt werden. Darüber hinaus sollten andere wichtige Punkte beachtet werden, wie die Versorgung des Hundes während der Urlaubszeit. Ein Hund benötigt Ihre Zuwendung wie ein weiteres Familienmitglied, doch im Gegenzug gewinnen Sie einen echten Freund, der Sie stets mit freudig wedelnder Rute begrüßt und in allen Lebenssituationen treu an Ihrer Seite steht.

EIN TREUER FREUND Hunde sind intelligente, gesellige und anhängliche Gefährten. Ihre sprichwörtliche Treue sollte mit gleicher Zuneigung und Fürsorge entlohnt werden.

DIE AUSWAHL EINES HUNDES

Bei der Wahl eines Hundes sollte man nichts überstürzen, denn alle Welpen sehen niedlich aus. Zunächst sollten Sie eine Einschätzung Ihrer Lebensweise und Ihrer Wohnsituation vornehmen. Wägen Sie ab, welcher Hundetyp am besten dazu passt und auch, ob Sie sich für einen Welpen oder doch eher für ein erwachsenes Tier entscheiden, das ein gutes neues Zuhause braucht.

GROSSE VERANTWORTUNG Für Paare, die in näherer Zukunft selbst Nachwuchs planen, ist eine Deutsche Dogge nicht die beste Wahl. Der ausgewachsene Hund kann ohne Weiteres ein Kleinkind umstoßen.

EIN PASSENDER GEFÄHRTE

Am wichtigsten ist es vielleicht, sich nicht einfach vom Aussehen eines reinrassigen Hundes verleiten zu lassen. Sie sollten sich mit seiner Geschichte beschäftigen, wodurch Sie einen unschätzbaren Einblick in den Charakter und die Bedürfnisse der Rasse erhalten. Wenn Sie in der Stadt leben, ist ein lebhafter Jagdhund, der viel Auslauf benötigt, denkbar ungeeignet. Es wäre besser, sich für eine Begleithundrasse zu entscheiden, die nicht nur kleiner ist, sondern auch weniger Auslauf braucht.

WENIG AUFWAND Kleine Hunde haben einen kleinen Appetit und benötigen häufig viel weniger Auslauf als größere Tiere. Viele sind mit einem Spaziergang pro Tag zufrieden, wenn sie allein den Park erkunden können.

Große Hunde sind natürlich auch kostenintensiver als ihre kleineren Artgenossen, vor allem, weil sie einen größeren Appetit haben. Meistens haben sie mit etwa zehn Jahren eine kürzere Lebenserwartung als kleinere Rassen, die in der Regel einige Jahre älter werden. Außerdem sind große Rassen körperlich stärker und deshalb gerade für Ältere und Kinder nicht so einfach an der Leine zu führen.

BEACHTENSWERTE PUNKTE

Das Bellverhalten eines Hundes kann ein entscheidender Faktor für die Hundehaltung sein. Hierfür ist die Größe des Hundes irrelevant. Greyhounds zum Beispiel bellen selten, während Chihuahuas eifrige Kläffer sind.

Das Geschlecht des Hundes ist ebenfalls ein wichtiger Aspekt, vor allem, wenn der Hund im Ausstellungsring geführt werden soll. In diesem Fall ist eine Hündin die bessere Wahl, weil sie bei guter Bewertung für Zuchtzwecke genutzt werden kann. Wenn Sie einige Welpen behalten, können Sie Ihren eigenen Stammbaum gründen.

Wenn Sie „nur" ein Haustier suchen, kann ein Rüde besser sein, denn es ist viel teurer, eine Hündin sterilisieren als einen Rüden kastrieren zu lassen. Bei einer nicht sterilisierten Hündin besteht immer die Gefahr, dass sie sich während der Läufigkeit einen Partner sucht und trächtig wird. Langfristig besteht das lebensbedrohliche Risiko einer Pyometra (Gebärmutterentzündung) oder auch von Zitzentumoren.

ANSPRÜCHE AN DEN HUND

Eine gute Erziehung ist unerlässlich. Einige Rassen sind wesentlich einfacher abzurichten als andere. Chow-Chows etwa gelten als widerspenstig, während Whippets recht folgsam sind und deshalb häufig in Obedience-Klassen bei Hundeschauen bestehen.

Denken Sie auch an die Zukunft: Wenn Kinder geplant sind, sollten Sie sich für eine kleine, sanftmütige Rasse mit einem unkomplizierten Wesen entscheiden, wie den Cavalier King Charles Spaniel, anstatt für eine große, ungestüme. Jedoch gibt es auch einige kleinere Rassen, vor allem Terrier, die sehr temperamentvoll sind und sich nicht für einen Haushalt mit kleinen Kindern eignen.

Ein weiterer wichtiger Aspekt ist die anfallende Fellpflege. Lang- und Drahthaarrassen benötigen wesentlich mehr Pflege als glatthaarige Rassen.

AKTIVE TEENAGER Für Familien mit älteren Kindern ist eine freundliche, gesellige und verspielte Rasse mit ähnlicher Energie zu empfehlen. Jedoch müssen solche Hunde ausreichend bewegt werden.

GESCHICKLICHKEIT Für die Teilnahme an Agility-Wettbewerben sind energiegeladene und gelehrige Rassen gut geeignet.

KREUZUNGEN

Nicht jeder möchte unbedingt einen reinrassigen Hund besitzen, und es gibt immer eine große Zahl von Mischlingen, die auf ein neues Zuhause warten. Zwar lässt sich bei ihnen nicht so viel über ihre Herkunft herausfinden wie bei Reinzüchtungen, doch zumindest sollte die spätere Körpergröße eines Welpen einzuschätzen sein, wenn die Rassen der Elterntiere bekannt sind.

MISCHLINGE

Mischlinge können je nach Abstammung in zwei Gruppen eingeteilt werden: Kreuzungen sind, wie der Name andeutet, das Resultat einer Verpaarung von zwei reinrassigen Hunden. Aus Verpaarungen dieser Art, bei Zuchtverbänden noch relativ verpönt, gehen die Designerhunde wie der Labradoodle hervor – eine Kreuzung aus Labrador und Pudel (siehe S. 102–103).

Promenadenmischungen hingegen sind das Ergebnis einer zufälligen Verpaarung von Hunden, die nicht unbedingt eine reinrassige Abstammung haben. Eine Schwierigkeit bei der Auswahl eines Mischlingswelpen besteht darin, abzuschätzen, wie groß das erwachsene Tier sein wird, denn nach der Geburt sind alle Welpen, selbst von sehr großen Rassen, ähnlich groß; bei großen

MISCHLING Teil des Reizes von Mischlingen ist, dass sie einmalig sind, verglichen mit dem standardisierten Aussehen von reinrassigen Hunden. Außerdem kosten sie nicht so viel wie reinrassige Welpen.

REINRASSIGE WELPEN Bei diesen Chihuahua-Welpen sind Größe und Temperament vorhersehbar. Doch sind sie teurer als Mischlingswelpen.

KREUZUNGEN Aus Kreuzungen zwischen zwei Rassen können Tiere mit ganz besonderem Aussehen hervorgehen wie aus dieser zwischen Border Collie und Berner Sennenhund. Allerdings lässt sich nicht genau voraussagen, welche Züge der Eltern übernommen werden.

Rassen beschleunigt sich das Wachstum aber zusehends. Einen Hinweis können jedoch die Pfoten geben: Wenn diese im Verhältnis zum restlichen Welpenkörper relativ groß erscheinen, ist es auch sehr wahrscheinlich, dass der Hund noch stark wächst. Eine genauere Aussage kann getroffen werden, wenn der Welpe etwa vier Monate alt ist, da er in diesem Alter ungefähr zwei Drittel seiner Endgröße erreicht hat.

Bei Kreuzungen gibt es keine Garantie, nach welchem Elternteil der Welpe eher gerät. In der Tat können auch Wurfgeschwister sowohl optisch als auch charakterlich stark voneinander abweichen. Darin liegt aber genau der Reiz von Mischlingen, denn sie haben eine ganz eigene Art. Promenadenmischungen sind von Natur aus gut angepasste Hunde und erweisen sich in der Regel als angenehme Familienhunde, auch wenn sich ihre genaue Herkunft meist nie ganz zurückverfolgen lässt. Sie haben sich über mehrere Generationen angepasst und sind meist in städtischer Umgebung zu Hause. Falls Sie ein bestimmtes Aussehen wünschen: Lang- oder kurzhaarige Hunde gibt es auch hier, ebenso wie Tiere mit drahtigem oder lockigem Haarkleid, das in der Regel mehrfarbig ist.

Die meisten Mischlinge sind sehr gelehrig, in manchen Fällen sogar aufnahmefähiger als so manche Reinzüchtung. So können sie es zum Beispiel bei Flyball- oder Agility-Wettbewerben durchaus mit ihren reinrassigen Artgenossen aufnehmen. Es gibt also keinen Grund, weshalb Sie mit einem Mischling auf Hundesport verzichten müssten.

Mischlinge und Mythen

Einer der Hauptgründe, weshalb Hundehalter einen Mischling einem reinrassigen Hund vorziehen, ist die Vermeidung rassespezifischer Erkrankungen. Andererseits können einige der häufigsten Krankheiten wie Hüftdysplasie, eine Schwäche der Hüftpfanne, auch bei Mischlingen auftreten. Seit es bei der Hundezucht aber ein standardmäßiges Screening gibt, sind solche Krankheiten auch hier rückläufig. Betroffene Tiere werden konsequent von der Zucht ausgeschlossen, sodass defekte Gene nicht weitervererbt werden können. Für Promenadenmischungen gibt es solche Selektionsverfahren natürlich nicht, weshalb sie immer noch anfällig für Erbkrankheiten sind.

Die Meinung, dass Mischlinge gesünder als reinrassige Hunde seien, ist in das Reich der Märchen zu verweisen. Alle Hunde sind gleich anfällig für Krankheiten wie etwa die Staupe, falls sie nicht geimpft sind. Darüber hinaus kann jeder Hund, ob reinrassig oder nicht, der nicht gut versorgt wird, von Flöhen, Würmern oder Läusen befallen werden, ganz abgesehen von Ohreninfektionen.

FLIEGENDE OHREN Dieser Collie-Mischling steht reinrassigen Hunden in Geschicklichkeit, Intelligenz und Durchhaltevermögen, wie hier im Agility-Wettbewerb, in nichts nach.

DIE RICHTIGE WAHL Die Wahl zwischen mehreren Welpen kann recht schwerfallen. Deshalb sollten Sie im Vorfeld genau festlegen, welche Kriterien für Sie entscheidend sind. Lassen Sie sich von einer vertrauenswürdigen Person beraten.

WELCHER HUND?

Wenn es an den Welpenkauf geht, haben Sie, je nachdem welchen Hundetyp Sie suchen, eine Reihe von Möglichkeiten. Am allerwichtigsten dabei ist es, dass der ausgewählte Hund gesund ist und zu Ihnen passt.

Nehmen Sie sich Zeit, und überstürzen Sie nichts, denn dieser Hund wird im Idealfall mehr als zehn Jahre Teil Ihres Lebens sein. Wenn Sie sich für einen reinrassigen Welpen entschieden haben, finden Sie möglicherweise einen Züchter in Ihrer näheren Umgebung. Für einige sehr seltene Rassen müssen Sie vielleicht weitere Reisen, auch ins Ausland, unternehmen. Suchen Sie im Internet nach Züchtern in Ihrer Nähe. Das Studium von Hundemagazinen kann ebenfalls hilfreich sein.

ERFOLGREICHER WEG Wenn Sie einen Welpen mit Ausstellungsqualitäten suchen, verfolgen Sie die Championatsergebnisse, um zu sehen, welche Züchter regelmäßig Preise gewinnen, und kontaktieren Sie sie.

Es ist nicht ungewöhnlich, sich einen Wurf anzusehen, wenn er noch sehr jung ist, um sich bereits einen Welpen zu reservieren und eine Anzahlung zu leisten. Von Vorteil ist, dass Sie sich dabei auch das Muttertier ansehen können, wenn nicht sogar den Vater – falls er aus demselben Zwinger stammt. Die Auswahl eines Welpen fällt oft schwer, vor allem wenn Sie einen Hund mit Ausstellungsqualitäten suchen. Lassen Sie sich deshalb beraten oder von einem erfahrenen Freund begleiten.

Wenn Sie einen Welpen vom Züchter als Haustier nehmen, müssen Sie sich nur vergewissern, dass der Wurf gesund ist. Verantwortungsvolle Züchter nutzen vermehrt die Vorteile von Screening-Programmen. Fragen Sie deshalb nach relevanten Bescheinigungen. Beobachten Sie die Welpen, ob alles normal erscheint, und nehmen Sie die Kleinen, die Ihnen besonders gefallen, mit der Erlaubnis des Züchters auf den Arm.

TIERHEIM

Es gibt viele Einrichtungen von Tierschutzorganisationen und Tierheime, in denen sowohl Welpen als auch erwachsene Hunde leben, die ein neues Zuhause brauchen. Kontaktieren Sie die nächste Einrichtung, um in Erfahrung zu bringen, welche Hunde gerade zu haben sind und ob auch Welpen abgegeben werden.

TIERHEIM Tierheime können eine gute Fundgrube für wunderbare Haustiere sein. Zuweilen muss mit einem Hund aus dem Tierheim aber sehr viel Geduld aufgebracht werden.

Untersuchung des Welpen

Wenn Sie einen Welpen aus einem Wurf auswählen, prüfen Sie, ob er eine Schwellung im Nabelbereich hat, die auf einen Nabelbruch hindeutet. Auch wenn dies operativ behoben werden kann, so ist es doch ein unangenehmer Eingriff. Achten Sie auf jedwede Art von äußerlichen Parasiten, wie Läuse oder Flöhe im Fell. Ein aufgedunsener Bauch kann ein Zeichen für einen schweren Wurmbefall im oberen Verdauungstrakt sein. Junge Welpen wirken oft schläfrig, wenn sie hochgenommen werden, doch sollten sie, wenn sie gesund sind, rasch wach und munter werden. Prüfen Sie den Afterbereich. Verunreinigungen deuten auf Durchfall hin. Die Ohrinnenseiten sollten sauber sein.

Wenn Sie einen erwachsenen Hund suchen, lassen Sie sich von den Pflegern beraten. Sie kennen die Hunde bereits und können abschätzen, welches Tier zu Ihnen passt. Möglicherweise gibt es Hunde, die nur für einen kinderlosen Haushalt geeignet sind oder nicht zusammen mit anderen Haustieren gehalten werden können.

RICHTIGE WAHL Wenn Sie einen Hund aus dem Tierheim möchten, führen Sie ihn erst ein paarmal aus, um das Tier kennenzulernen und zu testen, ob es zu Ihnen passt, bevor Sie eine endgültige Entscheidung treffen

PUTZIGE WELPEN Aus diesen beiden niedlichen Welpen werden einmal umtriebige und fröhliche Jack Russell Terrier. Diese Hunde werden zwar selten größer als 26 cm, halten ihre Besitzer dafür aber ordentlich auf Trab. Ungeachtet ihrer Größe brauchen sie sehr viel Auslauf.

AUSSTATTUNG

Für Hunde gibt es einige notwendige Accessoires, andere sind eine eher individuelle Angelegenheit. Kaufen Sie die Grundausstattung, bevor der neue Hund zu Ihnen kommt. Dadurch können Sie das Angebot in Ruhe studieren und auswählen, was am besten für Ihr Haustier ist. Bei einem Welpen ist es jedoch wenig sinnvoll, sich intensiv mit einer Leine oder anderem Zubehör zu beschäftigen, da sich die Anforderungen rasch ändern.

SCHLAFPLATZ Das Angebot an Hundekörben und -betten ist groß. Entscheidend sollte sein, dass die Schlafstelle groß genug für den Hund ist und seinen Schlafgewohnheiten entgegenkommt.

HALSBAND

Besonders wichtig ist ein gutes Halsband, an dem Adressschild und Steuermarke angebracht werden können. Welpen sollten langsam an ein Halsband gewöhnt werden, indem es jeden Tag ein paar Stunden umgelegt wird. Der Abstand zwischen Band und Hals sollte immer zwei Fingerbreit sein, damit der Welpe das Halsband nicht als unangenehm empfindet. Überprüfen Sie dies regelmäßig, und machen Sie das Band bei Bedarf weiter.

HALSBAND UND NAMENSSCHILD Ungeachtet dessen, ob Ihr Hund einen Mikrochip zur Identifikation unter der Haut trägt (siehe S. 71), sollte er ein Namensschild mit Ihrer Telefonnummer am Halsband tragen. So kann der Finder Sie sofort kontaktieren, falls Ihr Hund entlaufen sein sollte, statt ihn in ein Tierheim zu bringen.

VORKEHRUNGEN

Auch wenn Sie Ihren Welpen erst in der Öffentlichkeit mitführen sollten, wenn er alle Impfungen erhalten hat, können Sie doch im Hof oder Garten mit ihm spielen und erste Gehorsamsübungen beginnen. Kontrollieren Sie die Hof- oder Garteneinfassung, und verwenden Sie Maschendraht, um kleinere Lücken, durch die der Welpe entwischen könnte, zu schließen.

SCHLAFSTÄTTE

Es ist wichtig, dass ein Welpe seinen eigenen Schlafplatz hat. Ein richtiges Hundebett ist jedoch erst nach dem Zahnen zu empfehlen. Als provisorische Lösung bietet sich ein sauberer Pappkarton an, dessen Seitenwände auf eine geeignete Höhe zurückgeschnitten werden und der mit einem alten Kissen oder einer Decke ausgelegt wird. Das Kissen sollte aus einem waschbaren Material sein, um Flohbefall zu vermeiden. Körbe und Betten aus Kunststoff lassen sich einfach und bequem auswischen. Weidenkörbe sind weniger geeignet und werden darüber hinaus auch gern angenagt. Größere oder ältere Hunde finden vielleicht ein großes Dinkelkissen bequemer. Achten Sie unbedingt auf einen waschbaren Überzug.

FUTTERNÄPFE

Verwenden Sie für Wasser und Fressen schwere Näpfe aus Keramik, die nicht umgeschmissen werden können. Edelstahlschüsseln können leicht umkippen, auch wenn sie sich in einem Haltering oder einem Gestell befinden. Empfehlenswert ist außerdem ein Zahnpflegeset für

SCHLUPFLÖCHER Wenn Sie sich einen Welpen anschaffen, denken Sie daran, dass er auch durch relativ kleine Lücken im Zaun entwischen kann. Eventuell müssen Sie den Zaun zusätzlich sichern, bis der Hund größer ist.

NAPF Achten Sie darauf, dass Sie einen Napf kaufen, der zur Größe Ihres Hundes passt.

Hunde. Regelmäßiges Bürsten vom Welpenalter an dürfte späteren Zahnproblemen vorbeugen.

SPIELZEUG

Welpen sind von Natur aus sehr verspielt. Mit Bällen und ähnlichem Spielzeug können sie herumtollen; überdies gibt es Kauspielzeug, das sich für die Zahnungsphase empfiehlt, oder Seilspielzeuge unterschiedlicher Art. Ziehen Sie jedoch nicht zu stark daran, sonst drohen Zahnschäden.

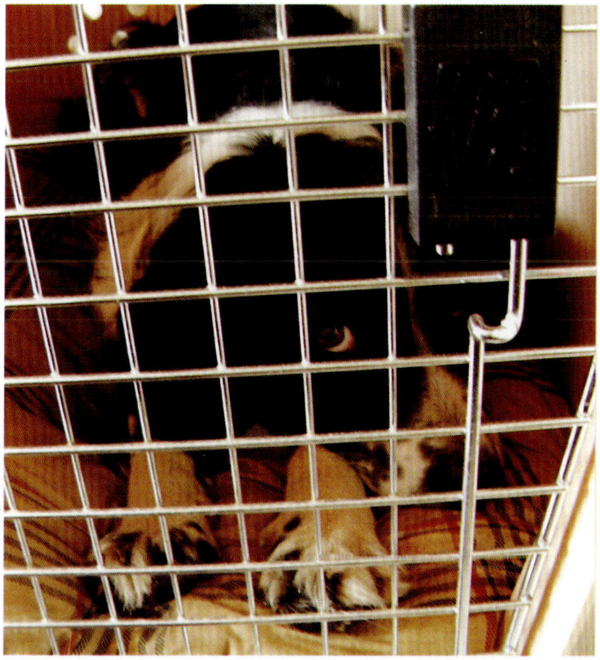

TRANSPORTKÄFIG Solche Hundeboxen gibt es in verschiedenen Ausführungen zum Transport Ihres Vierbeiners. Auch vergitterte Freigehege für Welpen sind erhältlich.

SPIELZEUG Eine Auswahl an geeignetem Spielzeug verhindert, dass dem Welpen langweilig wird, und bewahrt Ihre Schuhe hoffentlich davor, angenagt zu werden.

EINGEWÖHNUNG

Wenn Sie einen neuen Hund bei sich aufnehmen, sollten Sie in den darauffolgenden Tagen möglichst zu Hause sein. Dies gibt dem Hund die Möglichkeit, sich einzugewöhnen, sodass sie beide eine gewisse Routine im Zusammenleben entwickeln können, vor allem was Fütterung und Auslauf betrifft. Die erste Zeit kann sich ein Hund noch fremd und unwohl in seiner neuen Umgebung fühlen.

IM AUTO Wenn ein Hund im Auto transportiert wird, sollte sein Platz sicher und bequem sein. Schließen Sie einen Hund niemals in den Kofferraum einer Limousine ein, da leicht Abgase eindringen können!

TRANSPORT DES WELPEN

Wenn Sie Ihren Welpen abholen, nehmen Sie eine geeignete, mit einer Decke ausgelegte Box mit auf die Fahrt. Die Box sollte rutschfest platziert werden, am besten hinter dem Beifahrersitz. Bei einer Gitterbox sollten Sie sicherstellen, dass der Welpe die Sitzbezüge nicht annagen oder zerkratzen kann.

Erwachsene Hunde können angeschnallt auf dem Rücksitz und in Kombis im Kofferraum transportiert werden. Dazu empfiehlt es sich, den Bereich freizuräumen und die Bezüge oder den Kofferraumboden vor schmutzigen Pfoten und Hundehaaren mit einer waschbaren Unterlage zu schützen.

Nehmen Sie immer den kürzesten Weg nach Hause, und lassen Sie an warmen Tagen möglichst die Klimaanlage laufen. Parken Sie Ihr Auto nicht in der Sonne, und lassen Sie den Hund selbst für kurze Zeit nie allein im Auto zurück, auch wenn das Fenster einen Spalt offen steht.

NEUES ZUHAUSE Wenn Sie einen Garten haben, lassen Sie Ihrem neuen Hund die Zeit, sein Revier zu erkunden und sich zu erleichtern, doch begrenzen Sie diesen Aufenthalt zunächst auf kurze Perioden.

ERSCHÖPFT Der Transport und die neue Umgebung sind Stressfaktoren für einen Welpen. Wundern Sie sich also nicht, wenn der Neuankömmling sehr schnell einschläft.

Bedenken Sie außerdem, dass es für den Welpen wohl die erste Autoreise überhaupt ist oder dass selbst ein erwachsener Hund nicht unbedingt daran gewöhnt sein muss und möglicherweise mit Übelkeit kämpft. Dies sollte jedoch ein vorübergehendes Problem sein und sich schnell legen, wenn Sie Ihren Hund häufiger im Auto mitnehmen.

ERSTE SCHRITTE

Zu Hause angekommen, lassen Sie Ihren neuen Hund im Hof oder Garten herumlaufen, da er sich nach der Reise wahrscheinlich erst einmal erleichtern möchte. Bei der Ankunft sollte alles vorbereitet sein, sodass der Hund gleich etwas zu fressen und trinken vorfindet. Gehen Sie anschließend wieder ins Freie mit ihm. Vermutlich wird er kurz seine neue Umgebung erkunden und dann schlafen wollen. Wundern Sie sich nicht, wenn er die vorbereitete Schlafstätte zunächst verschmäht und sich an einem anderen Ort hinlegt. Sie können ihn später in sein Bett tragen, und nach kurzer Zeit wird er sich zum Schlafen auch dorthin begeben.

AUSZEIT Falls nötig, nehmen Sie sich ein paar Tage frei, um sich um Ihren Hund kümmern zu können und ihm die Eingewöhnung zu erleichtern. Dies ist eine besonders wichtige Zeit, um eine Bindung zum Hund aufzubauen.

Hunde und andere Haustiere

- Es ist sehr viel einfacher, einen Welpen als zweiten Hund einzuführen, da er eine untergebene Rolle einnimmt. Sorgen Sie dafür, dass die beiden Hunde getrennte Futterplätze haben.
- Kümmern Sie sich intensiver um Ihren ersten Hund, auch wenn Sie sich viel lieber mit dem neuen beschäftigen wollen. So bleibt die bisherige Ordnung erhalten, und Ihr erster Hund hat keinen Grund zur Eifersucht.
- Eine Katze kann sich auf einen Hund einlassen oder ihn einfach ignorieren. Eine junge Katze und ein junger Hund, die zusammen aufwachsen, können sogar zu guten Gefährten werden. Erzwingen Sie aber nichts: Die Tiere sollten aus eigenem Antrieb aufeinander zugehen.
- Käfige von Kaninchen und anderen Kleintieren, die sich instinktiv vor Hunden fürchten, müssen außerhalb deren Reichweite platziert werden.
- Vorsicht auch bei Schildkröten: Manche Hunde versuchen, ihren Panzer anzunagen oder aufzubrechen.

FÜTTERUNG

Nie war das Füttern von Hunden so einfach wie heute, da es eine große Auswahl an Hundenahrung nicht nur im Tierhandel, sondern auch in vielen Supermärkten, Baumärkten und Gartencentern gibt. Die Konkurrenz auf dem Tiernahrungsmarkt ist so groß, dass viele Hersteller hohe Summen investiert haben, um Tiernahrung zu entwickeln, die nicht nur nahrhaft, sondern auch gut verdaulich ist.

TROCKEN- UND DOSENFUTTER Der Nährstoffgehalt dieser beiden Futterarten ist von gleicher Qualität. Sie unterscheiden sich hauptsächlich in Konsistenz und Verdaulichkeit.

NAHRUNGSWECHSEL

Es ist sinnvoll, in Erfahrung zu bringen, womit Ihr Hund in seiner früheren Unterbringung gefüttert wurde, und ihm für einige Wochen dasselbe Produkt anzubieten. Vor allem bei Welpen wird dadurch das Risiko von Verdauungsproblemen verringert. Die neue Nahrung kann nach und nach eingeführt werden. Lesen Sie immer die Herstellerhinweise auf der Packung, da die empfohlenen Futtermengen schwanken können.

LANGSAMER ÜBERGANG Gewöhnen Sie Ihren Welpen langsam an das neue Hundefutter. Das Welpenfutter sollte reduziert und im entsprechenden Maß durch Futter für erwachsene Tiere ersetzt werden.

GEEIGNETES FUTTER

Welpennahrung ist für junge Hunde bis zu einem Alter von etwa sechs Monaten geeignet. Danach sollte Nahrung für erwachsene Tiere verfüttert werden. Spezialfutter gibt es mittlerweile auch für alte, große oder kleine Hunde, bestimmte Rassen oder für kranke und allergische Hunde. Trockenfutter ist sehr beliebt. Die Nährstoffe sind hier konzentrierter als in Dosenfutter, sodass die Hunde weniger brauchen, um ihren täglichen Bedarf zu decken, als bei Nassfutter. Es sollte deshalb abgewogen werden, um eine unerwünschte Gewichtszunahme zu verhindern. Trockenfutter ist jedoch nicht so geschmacksintensiv.

Nassfutter ist in großen Dosen oft am günstigsten. Nicht verfütterte Mengen sollten ebenso wie offene Portionsbeutel gut verschlossen im Kühlschrank aufbewahrt werden. Trockenfutter kann in der Packung an einem kühlen, trockenen Ort gelagert werden.

DAMIT IHR HUND IN FORM BLEIBT

- Verfüttern Sie nie mehr als die angegebene Menge. Vermeiden Sie es, regelmäßig Leckerli zu geben.
- Wenn Sie auch eine Katze haben, achten Sie darauf, dass der Hund nicht auch ihr Futter frisst.
- Kontrollieren Sie das Gewicht Ihres Hundes (siehe S. 74).
- Gönnen Sie Ihrem Hund ausreichend Bewegung.

GESCHMACKSFRAGE Einige kleine Rassen wie Chihuahuas sind sehr heikle Esser und wenden sich von Trockenfutter fast immer ab. Andere, wie dieser Jack Russell Terrier, sind weniger wählerisch.

LECKERBISSEN

Im Handel gibt es ein großes Angebot an Leckerli. Sie sollten jedoch immer sparsam gegeben werden, da sie meist recht kalorienhaltig sind und den Hund dick machen. Es gibt gesündere Alternativen wie ein Stück Karotte oder Apfel. Die meisten Hunde mögen Gemüse und vor allem Obst.

Hygiene

Futternäpfe sollten nach jeder Mahlzeit gespült werden, allerdings nicht zusammen mit dem eigenen Geschirr. Ein sauberer Napf zieht weniger Fliegen an. Der Hund kann beim Fressen auch keine schädlichen Bakterien aufnehmen, die sich sonst auf den Essensresten ansiedeln, und wird so vor Verdauungsbeschwerden geschützt.

FUTTER SELBST MACHEN

Selbst gekochtes Fleisch ist hinsichtlich des Nährstoffgehalts oft nicht ausgewogen. Meist werden Innereien wie Milz und Kutteln gegeben, doch diese enthalten zu wenig Kalzium, das dann zusätzlich verabreicht werden muss. Besprechen Sie diese Fragen mit Ihrem Tierarzt.

Auch wenn die Qualität von Fertigfutter immer wieder in der Diskussion stand, ist es generell viel besser, solches Futter zu geben, als es selbst zu machen, vorausgesetzt es stammt von einem anerkannten Hersteller.

ÄPFEL UND KAROTTEN Hunde sind von Natur aus Allesfresser, und in Maßen leisten auch frisches Obst und Gemüse, wenn sie als Snack verabreicht werden, einen wertvollen Beitrag zur gesunden Ernährung.

FELLPFLEGE

Die meisten Hunderassen wechseln ihr Haarkleid den Jahreszeiten entsprechend. Am stärksten haaren sie im Frühjahr, wenn das dickere Winterfell abgeworfen wird. Meist gibt es auch eine Phase im Frühherbst, in der sich ein vermehrter Haarausfall beobachten lässt. Durch tägliche Fellpflege sorgen Sie dafür, dass die meisten losen Haare entfernt werden, bevor sie auf den Boden fallen.

SCHEREN UND TRIMMEN

Es gibt Hunderassen, die ihre Haare nicht abwerfen. Zu dieser Gruppe gehören zum Beispiel der Pudel sowie einige Terrier-Rassen. Viele Hundebesitzer lassen das Fell dieser Hunde professionell pflegen. Zur Auswahl stehen verschiedene Schuren, wie die auffällige klassische Löwenschur oder die schlichtere Lammschur, bei der das Haar am ganzen Körper auf eine Länge gekürzt wird. Üblicherweise wird das Fell im Hundesalon nicht nur getrimmt, sondern auch shampooniert. Regelmäßige zweimonatliche Besuche sind bei solchen Hunderassen nötig, damit ihr Fell in einem guten Zustand bleibt.

AUSRÜSTUNG

Wenn sich der Hund erst einmal an das Pflegeritual gewöhnt hat, lässt er es auch gern über sich ergehen.

TÄGLICHES RITUAL Alle Hunde betreiben Fellpflege. Indem Sie Ihr Tier dabei unterstützen, sorgen Sie für dessen Entspannung und vertiefen die Bindung zwischen sich und Ihrem Hund.

KEIN HAARVERLUST Rassen wie der Pudel stoßen keine Haare ab und sind deshalb eine gute Wahl für Tierhaar-Allergiker. Zudem erübrigt sich die bei anderen Rassen erforderliche Beseitigung ausgefallener Haare.

Knoten sollten vorsichtig aus dem Haar gekämmt werden, damit dies dem Tier keine Schmerzen bereitet. Die Anschaffung eines Kamms mit rotierenden Zinken lohnt sich, da sich die Hundehaare so leicht entwirren lassen.

Als Grundausstattung sind Kamm und Bürste zu empfehlen, mit denen das Fell in gutem Zustand gehalten und lose Haare entfernt werden können. Das Bürsten hat übrigens auch eine durchblutungsfördernde Wirkung auf die Haut. Vermeiden Sie Kunststoffbürsten, da sie das Fell statisch aufladen können. Darüber hinaus gibt es für jede Fellart spezielle Pflegegeräte. Ein Hundehandschuh beispielsweise verleiht kurzem Fell einen seidigen Glanz, wenn er mit dem Strich über das Fell geführt wird. Hundestriegel helfen, die dichte Unterwolle zu entfernen, wenn der Hund im Frühjahr das Haarkleid wechselt.

BADEN

Bei den meisten Hunden empfiehlt sich alle zwei bis drei Monate ein Bad zur Reduzierung des Körpergeruchs. Ein Hund sollte so früh wie möglich an das Baden gewöhnt werden. Baden Sie Ihren Hund, falls möglich, im Garten; dort spielt es keine Rolle, wenn Wasser über die Wanne schwappt. Auch aus Hygienegründen sollten Sie darauf verzichten, den Hund in der eigenen Wanne zu baden, selbst wenn diese mit einer Matte ausgelegt ist, damit der

Hund einen guten Stand hat und seine Krallen die Wanne nicht zerkratzen können. Eine Babywanne aus Kunststoff oder ein ähnliches Behältnis ist ideal; ebenso empfiehlt sich ein Hundeshampoo oder ein mildes Babyshampoo. Sie brauchen außerdem einen Eimer lauwarmes Wasser, um den Schaum auszuspülen, und ein altes Handtuch, um das Tier abzutrocknen. Nach dem Bad ist es ratsam, den Hund in einem geschlossenen Raum zu halten, bis das Fell trocken ist. Dies gilt besonders für kleinere und alte Hunde, die sich schnell erkälten.

SCHUR Sie können Ihren Hund mit der entsprechenden Ausrüstung selbst scheren, wenn Sie zuvor die richtige Technik von einem Fachmann erlernt haben. Manche Hundesalons bieten Kurse dafür an.

Baden

1. Feuchten Sie das Fell langsam an, ausgehend von den Läufen, hoch zum Rücken und wieder nach unten auf die Bauchseite. Der Kopf sollte trocken bleiben. Massieren Sie das Shampoo mit den Fingern ein.

2. Spülen Sie das Shampoo aus, indem Sie vorsichtig lauwarmes Wasser über den Hund gießen. Lassen Sie Ihren Hund seinem Instinkt folgen und sich kräftig ausschütteln.

3. Trocknen Sie das Fell mit einem alten Handtuch. Den Einsatz eines Föns könnte der Hund als unangenehm empfinden. Beginnen Sie deshalb vorsichtig mit der kleinsten Stufe bei mittlerer Hitze.

GRUNDTRAINING

Es gibt eine Reihe von Grundregeln, die Ihr Hund erlernen muss – zu seiner eigenen Sicherheit und der anderer. Ein entsprechendes Training sollte schon im Welpenalter beginnen. Neben Stubenreinheit sind das Hinsetzen und -legen sowie das Zurückkommen auf Kommando grundlegend. Erste Voraussetzung für das Training ist es, den Hund an Halsband und Leine zu gewöhnen.

TOILETTEN-TRAINING In den ersten vier Monaten sollte der Welpe tagsüber jeweils nach einigen Stunden nach draußen geführt werden und ein letztes Mal vor dem Schlafengehen, damit er sich erleichtern kann.

STUBENREIN WERDEN

Eine der ersten Lektionen für einen Welpen ist es, stubenrein zu werden und seine Notdurft nur im Freien zu verrichten. Hier gibt es keine Kompromisse, und es ist an Ihnen, den Kleinen tagsüber alle paar Stunden nach draußen zu führen und ein letztes Mal vor dem Schlafengehen. Bald wird er lernen, was von ihm verlangt wird, und bereits im Alter von vier Monaten wird er Ihnen signalisieren, wenn er raus muss. Jedoch kann es weitere zwei Monate dauern, bis er vollständig stubenrein ist. Wenn Sie den Welpen längere Zeit allein lassen müssen, können alte Zeitungen ausgelegt werden – sie lassen sich einfach und schnell entsorgen. Die Stelle, an der er seine Notdurft verrichtet hat, sollte gründlich gereinigt werden, damit der Welpe nicht zum Wiederholungstäter wird.

HINSETZEN

Sich auf Kommando hinzusetzen ist für einen Hund nicht schwer zu erlernen, da es sich um eine natürliche Position handelt. Versuchen Sie von Anfang an, es ihm bei jeder Fütterung beizubringen. Zunächst wird er nicht verstehen, was von ihm verlangt wird; deshalb behalten Sie den Futternapf in einer Hand und üben mit der anderen sanften Druck auf die Kruppe aus, um ihn zum Sitzen zu bewegen. Zunächst wird Ihr Welpe diese Position nur kurz einnehmen. Sehr bald wird er sich von allein hinsetzen, wenn Sie mit dem Napf kommen.

Sitz-Training

1. Beim Training sollten Sie Ihren Hund immer an einer langen Leine führen, damit Sie seine Bewegungen kontrollieren können. Suchen Sie eine ruhige Stelle aus.

2. Zeigen Sie Ihrem Hund ein Leckerli in Ihrer Hand, und geben Sie ihm den Befehl „Sitz!". Falls nötig, führen Sie das Leckerli über seinen Kopf, sodass er sich automatisch hinsetzt.

3. Belohnen Sie den Hund sofort, und loben Sie ihn, damit er das Sitzen mit einem positiven Erlebnis assoziiert. Mit der Zeit können Sie das Leckerli weglassen.

Platz-Training

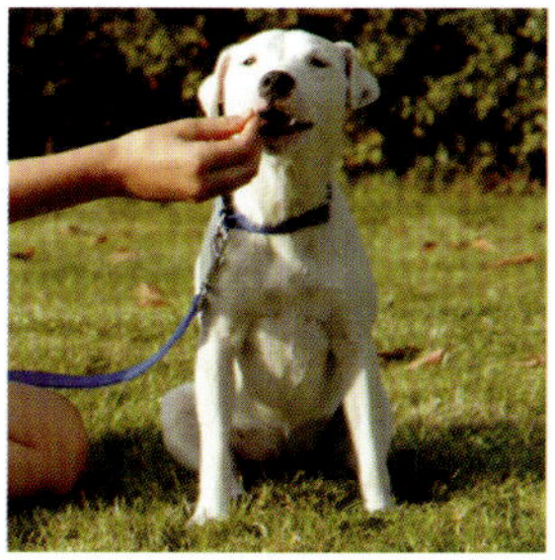

1. Wenn Ihr Hund sitzt, zeigen Sie ihm das Leckerli in Ihrer Hand, und führen Sie es vor seine Nase.

2. Führen Sie das Leckerli langsam in Richtung Boden, sodass der Hund ihm mit seiner Nase folgt und sich hinlegt.

3. Wenn er ganz in der liegenden Position ist, belohnen Sie ihn sofort, und loben Sie ihn. Wichtig ist eine stets ruhige Ansprache. Training mit zu lauter Stimme ist weniger effektiv.

HALSBAND UND LEINE

Bis sich Ihr Hund an sein Halsband gewöhnt hat, dauert es einige Zeit. Danach können Sie ihm beibringen, an der Leine zu gehen. Moglicherweise ist er zunächst widerspenstig und dreht und rollt sich, um sich zu befreien. Doch nach wenigen Malen wird er folgsam an der Leine gehen. Üben Sie, wenn möglich, zunächst im Garten, bevor Sie Ihren Hund auf die Straße führen, wo es mehr Ablenkungen gibt. Ihrem Hund beizubringen, auf Kommando wieder zurückzukommen, wenn er von der Leine gelassen wird, ist ebenfalls eine sehr wichtige Übung. Verwenden Sie den Befehl „Hierher“, und lassen Sie den Hund dabei zu Beginn an einer sehr langen Leine im Garten, bevor Sie den Befehl auch im öffentlichen Raum üben. Wenn er auf Kommando zurückkommt, können Sie es ohne Leine probieren – wieder erst im Garten.

Das Training zu Hause kann durch den Besuch einer Hundeschule unterstützt werden. Größter Vorteil dabei ist, dass Ihr Welpe, wenn er alt genug ist, andere Hunde kennenlernt und so schließlich weniger nervös ist.

Wie schnell Ihr Hund die Befehle beherrscht, hängt unter anderem davon ab, wie gelehrig er ist, wie intensiv Sie sich mit ihm beschäftigen und wie deutlich Sie kommunizieren können, was Sie von ihm wollen.

BELOHNUNG Setzen Sie während der frühen Trainingsphase Leckerbissen als Belohnung ein; später werden Streicheln und Loben ausreichen.

HANDZEICHEN Es empfiehlt sich, verbale Befehle beim Training durch Handzeichen zu unterstützen. So können Sie später mit Ihrem Hund auch über größere Entfernungen kommunizieren.

AUSFÜHREN

Hunde haben je nach Typ einen unterschiedlich ausgeprägten Bewegungsdrang. Einige Rassen wie Schlitten- oder Jagdhunde sind sehr ausdauernd und brauchen viel Auslauf, da sie bei ihren ursprünglichen Aufgaben täglich im Freien arbeiteten. Reine Begleit- und Schoßhunde wie der Mops sind von Natur aus weniger aktiv. Auch das Alter des Tieres spielt eine Rolle, da die Energie mit steigendem Alter abnimmt.

AUSLAUF

Auslauf ist für Hunde nicht nur ein körperliches Bedürfnis, sondern bedeutet auch geistige Anregung, durch die sie sich weniger schnell langweilen. Es ist wichtig, einen jungen Hund an Spaziergänge zu gewöhnen, sobald er alle Impfungen hinter sich hat. Hunde, die isoliert leben, neigen zu Nervosität und sind weniger gesellig als andere Tiere. Wenn Sie Ihren Hund in der Öffentlichkeit von der Leine lassen, sollten Sie folgende Regeln beachten:

- Suchen Sie einen ruhigen Platz.
- Vermeiden Sie die Nähe zu einer Straße.
- Vergessen Sie nicht, ein paar Leckerli mitzunehmen.
- Rufen Sie Ihren Hund zurück, bevor Sie ihn aus den Augen verlieren.
- Rennen Sie Ihrem Hund nicht hinterher, wenn er davonläuft. Er würde dies als Spiel auffassen.

BEGLEITHUNDE Viele kleinere Begleithundrassen wie diese Möpse brauchen wenig Auslauf. Dies gilt jedoch nicht für alle kleinen Hunde: Einige Terrier-Arten etwa müssen sich täglich austoben können.

AUF FELD UND FLUR

Wo Sie Ihren Hund ausführen, hängt natürlich von Ihrem Wohnort ab. Im Idealfall gibt es einen Park oder eine offene Fläche in der Nähe. Suchen Sie sich auch auf einer Karte mögliche Wege aus, und sprechen Sie andere Hundebesitzer an, wo sie ihre Tiere ausführen. Ein relativ kurzer täglicher Spaziergang ist viel besser als ein langer am Wochenende.

Wenn Sie in fußläufiger Entfernung keine Fläche haben, auf der Sie Ihren Hund sicher von der Leine lassen können, sollten Sie mit dem Auto weiter aufs Land fahren. Manche Hunde sind dann oft sehr aufgeregt und fangen an zu bellen, sobald sie sich im Auto befinden. Um diesem Problem von Anfang an entgegenzuwirken, beschränken Sie Autofahrten mit Ihrem Vierbeiner nicht nur auf solche Gelegenheiten. Nehmen Sie den Hund auch dann mit ins Auto, wenn Sie etwas erledigen.

REGELMÄSSIGKEIT Nicht nur ein Hund braucht täglichen Auslauf, um in guter körperlicher und geistiger Verfassung zu bleiben, auch Herrchen oder Frauchen tut der Spaziergang gut.

ANSTRENGENDE ARBEIT Ein Hund wird auf längeren Spaziergängen durstig. Lassen Sie ihn aus klaren Wasserquellen trinken, oder nehmen Sie eine Hundetrinkflasche mit, für die man keine Schüssel benötigt.

SICHERHEIT

Behalten Sie Ihren Hund stets im Auge, wenn Sie ihn von der Leine lassen, und rufen Sie ihn immer wieder zurück, damit er sich nicht allzu weit entfernt. Besondere Vorsicht gilt, wenn der Hund bei einem Spaziergang auf Viehherden trifft; nehmen Sie ihn sofort wieder an die Leine. Rinder und Pferde können ausschlagen und dem Hund ernsthafte Verletzungen zufügen. Bei kleineren Tieren sind Hunde aufgrund des Jagdinstinkts ihrer wölfischen Vorfahren unberechenbar. Vor allem bei Tieren mit Jungen gilt es, den Hund unter Kontrolle zu halten.

Wetterschutz

Viele Hunde sind bei schlechtem Wetter durch ihr Haarkleid geschützt. Rassen mit dünnem Fell wie der Whippet frieren jedoch schnell und sollten mit einem entsprechenden Mantel geschützt werden. Mittlerweile gibt es eine große Auswahl, die vom leichten Regenschutz bis zu dickeren Überzügen reicht. Sie sollten ein altes Handtuch in Ihrem Auto deponieren, mit dem Sie schmutzige Pfoten abwischen können.

HUNDETREFFPUNKT Ein Spaziergang im Park ist eine gute Gelegenheit, sich mit anderen Hunden zu sozialisieren. Durch das Zusammentreffen wird Ihr Hund weniger nervös und hat darüber hinaus eine Menge Spaß.

SPIELE UND SPIELZEUG

Besonders Welpen haben einen starken Spieltrieb, durch den sie ihre Umwelt verstehen lernen. Aber auch ältere Hunde spielen gern. Die spielerische Beschäftigung mit Ihrem Hund verstärkt das Band zwischen ihnen und kann auch zu Trainingszwecken eingesetzt werden. Die Wahl des richtigen Spielzeugs hängt von Ihrem Hund ab.

BALLSPIELE Verwenden Sie nur Bälle, die groß genug sind, um nicht verschluckt zu werden. An einem zu kleinen Ball kann ein Hund ersticken, oder er verursacht Probleme im Verdauungstrakt.

WELCHES SPIELZEUG?

Robuste Terrier wie der Bullterrier mögen sehr gern Taue und Ringe, an denen sie zerren und ihre Kraft unter Beweis stellen können. Halten Sie selbst nicht so stark dagegen, sonst kann es zu Zahn- und Maulverletzungen beim Hund kommen. Terrier mögen auch oft Ballspiele, da sie hinter einem Ball ebenso instinktiv herjagen, wie sie es bei einer Lebendbeute tun würden. Wenn Sie Ihren Hund mit Ballfangen beschäftigen, müssen Sie selbst auch nicht so weit laufen. Rassen mit einem starken Apportiertrieb wie der Labrador schätzen Frisbeescheiben, die sie mitunter sogar noch in der Luft fangen.

SPIELPLÄTZE

Wenn Sie einen Garten haben, können Sie dort ungestört und sicher mit Ihrem Tier spielen, vor allem mit Zerrspielzeugen, auch wenn Sie

KNOCHEN Geben Sie Ihrem Hund unbedingt nur große Rinderknochen und niemals Geflügelknochen. Diese sind zu porös, und die Splitter können zu inneren Verletzungen führen.

KAUEN Vor allem junge Hunde lieben es, auf geeignetem Spielzeug herumzukauen, wenn sie zahnen. Aber auch ältere Hunde haben nichts dagegen. Kauspielzeug hilft außerdem, die Zähne sauberer zu halten.

räumlich begrenzter sind als in einem Park. Alternativ nehmen Sie ein Spielzeug mit auf einen Spaziergang und suchen eine geeignete Stelle. Vermeiden Sie Bereiche mit vielen anderen Hunden. Diese fühlen sich häufig zum Mitspielen animiert, und es könnte zu kleineren Rangeleien kommen. Eine große offene Fläche ist ideal, aber achten Sie darauf, wo das Spielzeug landet, auch wenn Ihr Hund einen verlorenen Ball nach längerer Suche bestimmt finden würde. Für Personen, die nicht in der Lage sind, weit zu werfen, gibt es spezielle Bälle mit Schlaufen oder Wurfgriffen.

TRAINING MIT SPIELZEUG

Wenn sich Ihr Hund mit einer bestimmten Art Spielzeug nicht gern abgibt, versuchen Sie es mit einer anderen. Hunde sind bezüglich ihres Lieblingsspielzeugs recht individuell. Bei einem älteren Hund aus dem Tierheim kann es schlicht daran liegen, dass er noch nie ein Spielzeug hatte und nicht weiß, was er damit anfangen soll. Animieren Sie ihn trotzdem immer wieder zum Spielen. Nach kurzer Zeit wird er von sich aus aktiv und fordert Sie seinerseits zum Spielen auf, indem er Ihnen ein Spielzeug vor die Füße legt.

Spielzeuge sind ein probates Mittel, um einem jungen Hund beizubringen, einen Gegenstand herzugeben, wenn er dazu aufgefordert wird. Um ein Spielzeug oder einen anderen Gegenstand aus dem Fang eines Hundes zu nehmen, umfassen Sie mit einer Hand von oben den Oberkiefer und drücken den Unterkiefer mit der anderen Hand sanft nach unten. Der Hund sollte den Gegenstand nun freigeben und lernt so schnell, ihn von selbst loszulassen, damit Sie ihn erneut werfen können.

Falls Ihr Hund sich angewöhnt hat, Gegenstände im Haus zu zernagen, sind Kauspielzeuge das Richtige.

KAUSPIELZEUG Solches Spielzeug ist hygienischer als ein Knochen. Manche Spielzeuge quietschen beim Kauen, was die Hunde zusätzlich animiert.

FRISBEE Wurfscheiben sind ideal für sehr aktive Hunde. Verwenden Sie ausschließlich speziell für Hunde konzipierte Scheiben.

ZERRSPIELZEUG Bei Zerrspielen ist es wichtig, dass Sie der Sieger bleiben! Ansonsten könnte Ihr Hund glauben, er sei der Boss.

SPIELEN Manches Spielzeug ist dafür konzipiert, aus dem Wasser apportiert zu werden – häufig mit einem Stück Seil, mit dem es ohne größere Anstrengung weit geschleudert werden kann. Vergewissern Sie sich vorher, dass Ihr Hund wieder einfach an Land gelangen kann.

REISEN MIT HUND

Ist ein Urlaub geplant, sollten Sie sich vorher gut überlegen, welches die beste Lösung für Sie und Ihren Hund ist. In manchen Fällen lässt sich der Hund problemlos mitnehmen. Meist sind Alternativen allerdings die bessere Wahl, beispielsweise die Unterbringung des Tieres in einer Hundepension oder Sie finden jemanden zum Hundesitten.

ZU HAUSE Alte Hunde sollten möglichst zu Hause gelassen werden. Zuverlässige Tiersitter-Dienste finden Sie über Inserate in Hundemagazinen oder im Internet. Prüfen Sie jedoch zunächst die Referenzen.

REISEN MIT HUND

Wenn Sie eine Rundreise machen möchten, lassen sich Arrangements treffen, bei denen Sie Ihren Hund ohne Weiteres mitnehmen können. Dies hängt davon ab, wie Sie reisen und was Sie auf der Reise erleben möchten. Wenn Sie beispielsweise mit einem Wohnmobil unterwegs sind, sind Sie sehr flexibel. Wenn Sie in Hotels übernachten, sollten Sie sich vergewissern, dass Hunde akzeptiert werden.

MÖGLICHE SCHWIERIGKEITEN

Wenn Sie Ihren Hund auf eine Langstreckenreise mitnehmen, planen Sie regelmäßige Stopps ein, damit Ihr Hund trinken und sich bewegen kann. Außerdem sollten Sie sich über potenzielle Gefahrenquellen informieren, etwa Giftschlangen oder Klippen. Manche Rassen sind gefährdeter als andere: So zieht es Apportierhunde beispielsweise instinktiv ins Wasser. Bei einem Sprung ins Meer können Wellenbrecher jedoch eine große Gefahr darstel-

GEMEINSAMER URLAUB Ihr Hund zieht es zweifelsohne vor, seine Zeit mit Ihnen und nicht bei Fremden zu verbringen. Wenn Sie ihn mitnehmen, sollten Ihre Urlaubsaktivitäten jedoch auch für Ihren vierbeinigen Freund geeignet sein.

PARASITEN In manchen Regionen gibt es viele Zecken, die eine Reihe von Krankheiten übertragen können, unter anderem Borreliose. Nach einem Tag in der Natur sollten Sie Ihren Hund auf Parasiten untersuchen.

len, ebenso wie Strömungen – auch für Hunde, die gute Schwimmer sind. Achten Sie auch auf die Gesetzgebung des Landes: Mitunter ist es verboten, Hunde während der Badesaison mit an den Strand zu nehmen. Auch die Einreisebestimmungen für Hunde sind unterschiedlich; informieren Sie sich am besten frühzeitig über die Vorschriften des Einreiselandes.

HUNDEPENSIONEN

Wenn Sie Ihren Hund nicht mitnehmen können, muss nach Alternativen gesucht werden. Eine sehr praktische Lösung ist die Unterbringung des Vierbeiners in einer Hundepension. Reservieren Sie möglichst frühzeitig einen Platz. Besonders in der Ferienzeit sind solche Pensionen schnell ausgebucht.

Wenn Sie in Ihrer Umgebung keine Pension kennen, können Sie sich bei Ihrem Tierarzt oder anderen Hundebesitzern Empfehlungen einholen. Alternativ können Sie zwei oder drei Pensionen anrufen und nach einem Besichtigungstermin fragen, um mit den Pflegern zu sprechen und die Leistungen und Preise zu vergleichen.

HUNDESITTER

In Pensionen fühlen sich Hunde in der Regel sehr wohl, aber keine Sorge – Ihr Hund wird Sie dennoch nicht vergessen, auch wenn Sie länger verreisen. Vor allem für alte Hunde sollten Sie aber eine andere Lösung in Betracht ziehen: die immer beliebter werdenden Tiersitter-Services. Dabei bleibt das Tier während Ihrer Abwesenheit zu Hause und wird in seiner gewohnten Umgebung von einer fachkundigen Person betreut. Nach Absprache kann diese Person auch noch weitere Aufgaben wie Blumengießen übernehmen. Ein weiterer Vorteil dieser Lösung ist, dass Ihr Heim nicht unbewohnt und somit sicherer ist. Informieren Sie gegebenenfalls Ihre Nachbarn, dass eine fremde Person ein- und ausgeht.

Hundepension-Checkliste

- Prüfen Sie, ob eine Impfung aufgefrischt werden muss.
- Nehmen Sie das Impfbuch Ihres Hundes mit.
- Kalkulieren Sie etwas mehr Zeit ein, falls es zu einer Panik-Reaktion Ihres Hundes kommt.
- Hinterlassen Sie Ihre Nummer sowie die Ihres Tierarztes.
- Denken Sie an Medikamente, falls Ihr Hund welche benötigt.
- Packen Sie das Lieblingsspielzeug Ihres Hundes mit ein.

TIERÄRZTLICHE VERSORGUNG

Routinemäßige Untersuchungen sind besonders bei Welpen wichtig. Impfungen schützen die Kleinen vor gefährlichen Infektionen wie Staupe, die tödliche Folgen haben können oder den Hund ein Leben lang plagen. Eine regelmäßige Wurmkur ist ebenfalls sehr wichtig. Vor allem jüngere Hunde sind sehr oft von Wurmbefall betroffen.

WAHL DES TIERARZTES

Ein wichtiger Aspekt bei der Wahl des Tierarztes ist die Nähe zu Ihrem Wohnort – für den Notfall. Ansonsten beschränken sich die Besuche im Idealfall auf eine eventuelle Kastration in jungen Jahren sowie die jährlichen Kontrolluntersuchungen und Impfauffrischungen. Bei einem alten Hund sollten Tierarztbesuche häufiger werden, damit altersbedingte Krankheiten möglichst früh diagnostiziert und behandelt werden können.

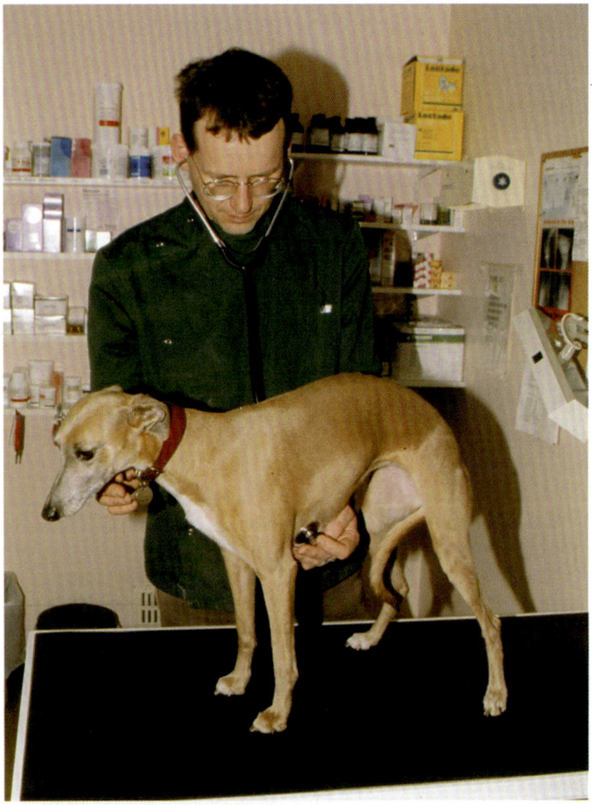

REGELMÄSSIGE UNTERSUCHUNG Lassen Sie Ihren Hund einmal im Jahr gründlich von einem Tierarzt untersuchen. So können erste Anzeichen einer Erkrankung früh erkannt und Impfungen aufgefrischt werden.

Alle Tierärzte sind gut ausgebildet, doch fühlt man sich bei dem einen oder anderen besser aufgehoben. Vergewissern Sie sich, dass die Sprechstundenzeiten mit Ihren Arbeitszeiten vereinbar sind, und fragen Sie nach, ob eine Terminabsprache nötig ist oder eine offene Sprechstunde angeboten wird.

Erkundigen Sie sich bei anderen Hundebesitzern nach deren Tierarzt, oder suchen Sie einfach einige Praxen in der Umgebung auf, um einen Eindruck zu gewinnen. In Deutschland werden die Leistungen nach der Gebührenordnung für Tierärzte (GOT) abgerechnet.

ERSTER BESUCH

Ein Besuch beim Tierarzt empfiehlt sich, sobald Sie das neue Tier bekommen haben. Der Veterinär kann eine gründliche Untersuchung des Welpen vornehmen, um sicherzustellen, dass keine Anomalitäten vorliegen, die später zu ernsthafteren Problemen führen könnten. Ist dies doch der Fall, wenden Sie sich direkt wieder an den Züchter.

VERSICHERUNG

Tierarztkosten können angesichts der modernen medizinischen Geräte und Untersuchungsmethoden rasch in die Höhe schnellen. Eine Krankenversicherung für Hunde kann bei Unfällen hilfreich sein und die Kosten dämpfen.

Studieren Sie, welche Versicherungsmodelle für Sie geeignet sind, und lesen Sie aufmerksam das Kleingedruckte. Achten Sie darauf, wie hoch Ihr Eigenanteil im Versicherungsfall ist und welche Ausschlussfälle es gibt. Eine bereits existierende Krankheit Ihres Hundes wird in den meisten Fällen nicht durch die Versicherung mit abgedeckt.

MIKROCHIP

Immer mehr Veterinäre bieten die dauerhafte Identifizierung von Haustieren durch einen Mikrochip an. Der Chip enthält einen mehrstelligen, weltweit einmaligen Zahlencode, der in einem Erfassungszentrum registriert wird und mit einem speziellen Lesegerät gescannt werden kann. Wenn Ihr Hund entlaufen ist und in einem Tierheim abgegeben wird, können Sie – weltweit – schnell als Halter identifiziert werden.

Der Chip, auch Transponder genannt, steckt in einer reiskorngroßen Kapsel, die im Halsbereich des Hundes unter die Haut injiziert wird. Für den Hund ist diese kurze Prozedur schmerzfrei. Das System ist sehr zuverlässig, nur in ausgesprochen seltenen Fällen verrutscht die Kapsel unter der Haut.

WURMKUR

Eine Wurmkur ist besonders bei jungen Welpen wichtig. Trächtige und säugende Hündinnen können den überaus gefährlichen Hundespulwurm (*Toxocara canis*) auf die Föten oder Welpen übertragen. Eine regelmäßige Wurmkur ist nach tierärztlicher Instruktion relativ einfach durchzuführen. Der Mensch kann den Larven des Wurms als Zwischenwirt dienen.

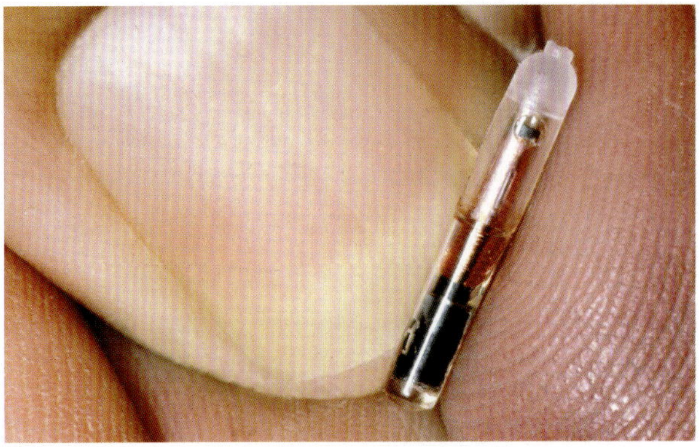

MIKROCHIP Ein solcher Chip wird in einer reiskorngroßen Kapsel unter die Haut des Hundes gesetzt und enthält einen Code zur Identifikation des Tieres und seines Halters. Der Chip ist für den Hund keine Belastung.

ANFÄLLIG Da Welpen anfangs nicht vollständig vor Infektionen geschützt sind, sollte der Kontakt mit anderen Hunden bis zum ersten Tierarztbesuch vermieden werden.

ERSTE HILFE

Insbesondere Welpen geraten immer wieder in gefährliche Situationen, in denen Erste Hilfe nötig ist. Nach der Erstversorgung sollte der Hund so schnell wie möglich zum Tierarzt gebracht werden. Falls machbar, rufen Sie Ihren Tierarzt an und fragen ihn nach der besten Versorgung im konkreten Fall.

STRASSENUNFÄLLE

Von einem Fahrzeug verletzte Hunde sollten sofort an den Straßenrand gebracht und untersucht werden. Ist ein Hund noch in der Lage zu laufen, verwenden Sie eine provisorische Leine. Setzen Sie sich und andere nicht Gefahren aus, indem Sie versuchen, einen verunglückten Hund im fließenden Straßenverkehr zu bergen. Denken Sie daran, dass der Hund verängstigt ist und unter Schock steht und vielleicht beißt, wenn er festgehalten wird.

Ist der Hund bewusstlos, sollte er mit beiden Händen möglichst in liegender Position getragen werden, um mögliche innere Verletzungen nicht zu verschlimmern. Es könnte sonst zu Komplikationen kommen, die auf den

VERSTECKTE GEFAHR Bei allen Verletzungen kann ein Schock eintreten, der tödliche Folgen hat. Wenn Sie einen Schock befürchten, halten Sie den Hund mit einer Decke warm, und heben Sie das Hinterteil an, damit das Gehirn ausreichend mit Blut versorgt wird.

VERKEHRSUNFALL Zunächst gilt es, den Hund von der Straße wegzuschaffen. Auf einer Decke oder einem Mantel lässt sich das Tier behutsam von der Straße ziehen, ohne dass Verletzungen verschlimmert werden.

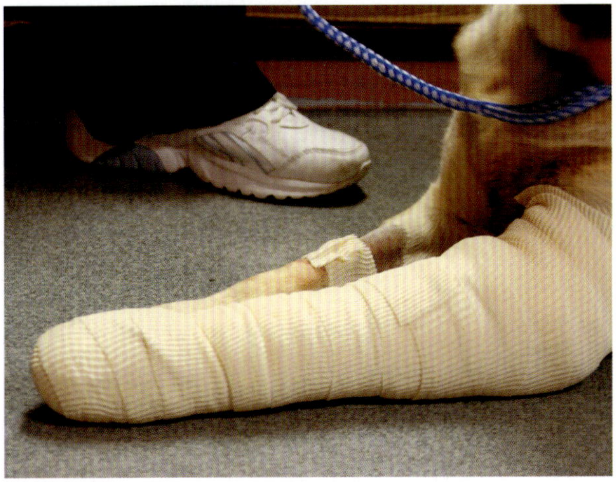

GEBROCHENE GLIEDMASSEN Brüche werden bei Hunden im Prinzip wie beim Menschen behandelt. Prüfen Sie regelmäßig, ob die Bandage nicht zu straff sitzt, damit keine Schwellung entsteht.

GEFÄHRLICHES SPIEL Seien Sie besonders wachsam bei Welpen, da sie durch ihren Übermut und ihre Neugier oftmals in gefährliche Situationen geraten.

ersten Blick nicht erkennbar sind. Eine tierärztliche Untersuchung ist in jedem Fall dringend erforderlich. Aus Zusammenstößen resultierende Verletzungen müssen möglicherweise verbunden werden, während Brüche auf verschiedene Weise stabilisiert werden.

INSEKTENSTICHE

Welpen schnappen häufig nach Insekten und können beispielsweise von Wespen in die Zunge gestochen werden. Sie sollten immer an einen Stich denken, wenn sich Ihr Hund ständig mit der Pfote übers Maul fährt. Vor allem im hinteren Zungenbereich kann ein Insektenstich üble Folgen haben, denn durch die Schwellung kann es zu Atemnot kommen.

WARNSIGNALE Apathie kann das erste Zeichen für eine Vergiftung sein. Falls Ihr Hund schwach wird, die Koordination verliert, sich erbricht oder bewusstlos wird, ist es höchste Zeit, den Tierarzt aufzusuchen.

BALLENVERLETZUNGEN

Auch wenn ihre Ballenhaut recht dick ist, können sich Hunde durch ein scharfkantiges Metall- oder Glasstück auf dem Boden leicht eine stark blutende Schnittwunde zuziehen. Verwenden Sie jedes greifbare saubere Stück Stoff, um einen provisorischen Druckverband anzulegen, damit die Blutung gestoppt wird. Suchen Sie möglichst schnell Ihren Tierarzt auf.

VERGIFTUNG

Vergiftungssymptome sind vielgestaltig. Geben Sie Ihrem Tierarzt so ausführliche Informationen wie möglich. In manchen Fällen hilft die Gabe eines Brechmittels, in anderen Fällen ist dies kontraindiziert.

VERBRENNUNGEN

Wenn sich Ihr Hund verbrannt oder verbrüht hat, kühlen Sie den Bereich so gut wie möglich mit kaltem Wasser, und suchen Sie umgehend den Tierarzt auf.

ALTE HUNDE

Eine gesündere Ernährung und eine bessere medizinische Versorgung tragen dazu bei, dass auch Hunde immer älter werden. Durch immer fortschrittlichere Behandlungsmethoden von Alterserkrankungen werden selbst große Hunde heute in der Regel älter als zehn Jahre. Den Altersrekord hält „Bluey", ein Australian Cattle Dog, der ganze 29 Jahre alt wurde!

ÜBERGEWICHT Wiegen Sie Ihren Hund regelmäßig und vergleichen Sie sein Gewicht mit dem für Rasse und Alter empfohlenen.

WAS SIE TUN KÖNNEN

Die Lebenserwartung von Hunden wird im Wesentlichen durch eine genetische Komponente bestimmt, die kleinere Rassen im Durchschnitt länger leben lässt als große. Aber auch Sie selbst können einen Teil dazu beitragen, dass sich Ihr Hund eines langen, gesunden Lebens erfreut. Besonders wichtig ist es, dass der Hund viel Bewegung bekommt und nicht überfüttert wird. Übergewicht ist auch bei Hunden mittlerweile ein ernsthaftes Problem, mit dem eine Reihe anderer Leiden wie Diabetes oder Herzerkrankungen verbunden sind und die ein Hundeleben vorzeitig beenden können. Ob Ihr Hund zu viel auf den Rippen hat, lässt sich ganz einfach ertasten: Wenn Sie mit der flachen Hand über die Rippen streichen, sollte jede einzelne fühlbar sein. Ist dies nicht der Fall, ist der Hund zu dick. Mit viel Disziplin ist es aber möglich, Ihren Hund wieder schlank zu bekommen. Viele Tierärzte bieten mittlerweile auch eine Diätberatung an.

Häufig stellt sich eine Gewichtszunahme nach einer Kastration ein und kann verstärkt ab dem fünften Lebensjahr zu einem Problem werden, wenn der Hund weniger aktiv wird. Die Futtermengen sollten reduziert, Hundekuchen durch gesündere Bissen wie Karotten- oder Apfelstücke ersetzt werden.

ZÄHNE Bei alten Hunden ist eine gründliche Zahnhygiene besonders wichtig. Zahnreinigungsknochen unterstützen das regelmäßige Bürsten.

Hundesenioren

Mögliche Anzeichen dafür, dass der Hund alt wird:

- Die Haare um die Schnauze werden grau.
- In den Augen entwickelt sich eine weißliche Linsentrübung.
- Das Gehör lässt nach.
- Der Hund kommt morgens nur schwer auf die Beine.
- Kleine Warzen zeigen sich.

Eine tierärztliche Untersuchung ist erforderlich bei:

- auffällig großem Durst
- Urin- und Stuhlproblemen
- Appetitlosigkeit
- abnormen Schwellungen am Rumpf
- Trägheit
- Atemnot
- eingeschränktem Sehvermögen

ALTERUNGSPROZESS

Alte Hunde leiden an einer Vielzahl von altersspezifischen Krankheiten. Aufmerksames Beobachten hilft, solche Probleme früh zu erkennen und den Zustand mit einer entsprechenden Behandlung zu stabilisieren. Mithilfe von Bluttests können diverse, im Alter nachlassende Körperfunktionen, zum Beispiel der Nieren, überprüft werden. Nahrungszusätze können ebenfalls helfen, Alterserscheinungen zu mildern.

WENIGER AKTIV Lassen Sie Ihren Hund auf gesundheitliche Probleme hin untersuchen, die mit einem Aktivitätsverlust einhergehen. Bei Hundesenioren ist es jedoch ganz normal, dass sie behäbiger werden und sich weniger bewegen. Das Futter sollte entsprechend angepasst werden.

ZAHNPROBLEME

Schlechter Atem ist nicht ungewöhnlich bei Hunden. Er kann aber auch ein Zeichen für eine Zahnerkrankung sein. Hunde leiden häufig an Zahnstein. Mit der Zeit wird dieser hart und führt zu Zahnfleischentzündungen rings um den Zahnhals. Auch der Zahn wird dadurch angegriffen: Bakterien können die Zahnwurzel angreifen, was zu einer Entzündung und mehr oder weniger allgemeinen Infektionen führen kann. Pflegen Sie die Zähne Ihres Vierbeiners regelmäßig mit einem speziellen Zahnpflegeset für Hunde. Hunde kommen in der Regel gut mit dem Verlust von Zähnen zurecht, doch sollte das Futter entsprechend auf eine diätische Nasskost umgestellt werden.

DIE AUFGABEN DES HUNDES

Heutzutage werden Hunde immer mehr als Begleiter gehalten und weniger als Nutztiere. In etwas mehr als einem Jahrhundert hat sich ihre Rolle dramatisch gewandelt. Eingeleitet wurde dieser Wandel durch ein wachsendes Interesse an Ausstellungswettbewerben. Die ursprünglichen Arbeitsqualitäten einer Rasse wurden dabei jedoch nicht vollständig vernachlässigt, sodass es immer noch Gebrauchsprüfungen gibt, bei denen es eher auf die Fähigkeiten der Hunde ankommt als auf ihre äußere Erscheinung. Einige Hunde behaupten sich in beiden Bereichen, doch zeigt sich bei vielen Rassen zunehmend eine Trennung zwischen Arbeits- und Ausstellungslinien.

SHETLAND SHEEPDOG Bei einigen Hüte- und Jagdhundrassen hat sich eine Trennung von Arbeits- und Ausstellungslinien vollzogen. Bei Letzeren wird besonders auf äußerliche Merkmale wie ein volleres Haarkleid geachtet. Viele Ausstellungs-Shelties vereinen aber immer noch Intelligenz und Schönheit und bestehen auch in Gebrauchsprüfungen.

HUNDE IM ROLLENWANDEL

Was den Hund von allen anderen domestizierten Tieren unterscheidet, ist seine Anpassung an uns Menschen. Hunde haben eine Vielzahl von Aufgaben übernommen und spiegeln so auch durch die Jahrhunderte die sich wandelnde menschliche Gesellschaft wider. Dieser Prozess dauert nach wie vor an und zeigt sich heute in der vermehrten Züchtung sogenannter Designerhunde.

PUGGLE Der immer beliebter werdende Puggle ist eine Designer-Kreuzung aus Mops (Pug) und Beagle. Das Resultat ist ein gutmütiger, aktiver und verspielter Begleithund mit ganz besonderem Äußeren.

JÄGER UND WÄCHTER

Zunächst wurden Hunde als Jagdgefährten und Wächter gehalten; sie halfen dem Menschen bei der Nahrungssicherung und bewachten sein Lager. Als der Mensch sesshaft wurde und sich Ackerbau und Viehzucht widmete, wurden Hunde bald zum Hüten und Bewachen von Viehherden eingesetzt. Im 19. Jahrhundert begann sich ihre Rolle als Jagdgehilfe zu differenzieren, und Hunde wurden für bestimmte Aufgaben gezüchtet.

HÜTEHUNDE Der Border Collie ist eine jener Rassen, die in vielen Ländern immer noch als Hütehund eingesetzt werden und gleichzeitig auch als beliebte Begleithunde gelten. Er braucht viel Auslauf und Beschäftigung.

ROTTWEILER Der Rottweiler ist eine sehr beliebte Rasse, deren Ursprünge bis zu den Römern zurückreichen. Er braucht eine starke Führung.

Aufgrund ihrer großen Anpassungsfähigkeit konnten sie in immer mehr Bereichen eingesetzt werden. Einige davon, wie etwa die Trüffelsuche, sind räumlich sehr begrenzt und spezialisiert.

Der bedeutendste Wandel setzte im späten 19. Jahrhundert ein und ist Spiegelbild einer viel allgemeineren Entwicklung der menschlichen Gesellschaft. Die zunehmende Industrialisierung in Europa und Nordamerika führte zu einer wachsenden Mittelschicht mit mehr Freizeit und Wohlstand. Es war auch die Zeit der Darwin'schen Evolutionstheorie und der einsetzenden selektiven Züchtung von Pflanzen und Tieren. Die Resultate dieser Bestrebungen konnten auf Schauen bestaunt werden; diesbezüglich wurden auch Hunde nicht anders behandelt als andere Haustiere.

AUSSTELLUNGEN

Bis zu dieser Zeit gab es keine Rassen als solche, sondern vielmehr Hunde, die entsprechend ihres Einsatzgebietes besondere Eigenschaften und Fähigkeiten entwickelt hatten. Die heute bekannten Zuchtverfahren und Standards entwickelten sich mit den aufkommenden Ausstellungen. Als einer der Ersten wusste der britische Unternehmer Charles Cruft das neue allgemeine Interesse an Hunden zu nutzen. Sein Engagement in diesem Bereich begann mit der Eröffnung eines Geschäfts, in dem er für einen anderen Unternehmer, James Spratt, alten Schiffszwieback als Hundefutter verkaufte. Bis zu dieser Zeit gab es nämlich kein industriell gefertigtes Hundefutter. Während Spratt eines der ersten Unternehmen für Hundefutter gründete, ist der Name Cruft heute untrennbar mit der weltweit größten Hundeschau verbunden.

Cruft suchte zunächst die Unterstützung bei wohlhabenden Gönnern. Auf seiner ersten Ausstellung 1886 wurden ausschließlich Terrier gezeigt. Diese war so erfolgreich, dass er ab 1891 eine viel größere Schau organisierte, auf der alle Rassen der Welt zu sehen sein sollten. In kurzer Zeit trafen Sonderzüge aus dem ganzen Land zu diesem Ereignis ein.

Familienmitglied

Gewöhnlich spielen Hunde heute eine zentralere Rolle im Leben von Menschen, und zunehmend werden die Vierbeiner als vollwertiges Familienmitglied angesehen. Zweifellos werden Hunde heute mehr verwöhnt als je zuvor, auch wenn es leider immer noch vernachlässigte Geschöpfe gibt.

Ähnliche Konkurrenzen fanden bald in vielen anderen europäischen und nordamerikanischen Städten statt. Cruft war verantwortlich für die Einführung vieler heute sehr beliebter Rassen, etwa des Boxers.

AUSSTELLUNGEN Heute sind Hundeschauen auf der ganzen Welt sehr beliebt – von kleinen örtlichen Konkurrenzen im Freien bis hin zu internationalen Championaten in riesigen Hallen.

RASSESTANDARDS

Nach welchen Kriterien Hunde bei Ausstellungen kategorisiert werden, mag sich dem Außenstehenden nicht immer sofort erschließen. Doch gibt es eine klare Nomenklatur. Zunächst werden Hunde ihrem Ursprung nach in verschiedene Rassegruppen, zum Beispiel Windhunde, eingeteilt. Dann gibt es innerhalb jeder Gruppe je nach Rahmen der Ausstellung verschiedene Klassen.

RASSESTANDARD Ungeachtet des individuellen Eindrucks, den ein Hund im Ring hinterlässt, wird jedes Tier vor allem an den im Rassestandard festgelegten Idealmerkmalen gemessen.

FESTLEGUNG DES STANDARDS

Die Idealmerkmale einer jeden Rasse sind in dem Rassestandard zusammengefasst, der von einem Zuchtverband festgelegt wird, wie der Weltorganisation der Kynologie – Fédération Cynologique Internationale (FCI) –, der auch der Verband für das Deutsche Hundewesen (VDH) angehört, oder dem britischen Kennel Club (KC). In den USA gibt es eine Reihe einzelner Registrierungsorganisationen, unter denen die bekanntesten die American Kennel Clubs (AKCs) sind. Die Anerkennung einer Rasse für Ausstellungszwecke ist das Vorrecht einer jeden Organisation. Bei den meisten spielt die Verbreitung der Rasse eine wichtige Rolle. Hat diese ein bestimmtes Niveau erreicht, wird die Rasse vorläufig anerkannt und ein Interim-Standard festgelegt. Im Falle der FCI basiert dieser internationale Standard meist auf Kriterien, die im

RASSESCHAU Je nach Größe der Ausstellung gibt es innerhalb jeder Rasse verschiedene Klassen wie die Jüngsten- oder die Veteranenklasse.

SIEGERGANG Wie alle Windhunde sollte der Afghane einen fließenden Gang haben, die gedrungene Englische Bulldogge aber ein eher rollendes Gangwerk.

Ursprungsland der Rasse vom nationalen Zuchtverband aufgestellt wurden. Wenn sich die Rasse kontinuierlich weiterverbreitet, wird sie schließlich voll anerkannt.

Der Standard ist eine ausführliche Beschreibung der Rasse, die alle physischen Kennzeichen umfasst. Die Anforderungen an eine Rasse variieren von Standard zu Standard; die Mehrheit spezifiziert die Größe des Hundes für Rüden und Hündinnen, legt aber nicht unbedingt das Idealgewicht fest. Die Fellfarbe ist im Allgemeinen ein wichtiges Kriterium, und ein Hund kann abgewertet werden, wenn er Abweichungen aufweist. Ein Hunderichter muss bei der Beurteilung einer Klasse unbedingt mit den entsprechenden Rassestandards vertraut sein.

Es zählen aber nicht nur die physischen Merkmale, sondern auch, wie sich diese abhängig vom Körperbau im Bewegungsablauf des Hundes zeigen, dem Gangwerk. Windhunde beispielsweise haben einen fließenden Gang, der ihrem athletischen Gebäude (Körperbau) entspricht, während sich Rassen mit stämmigem Körper, wie die Englische Bulldogge, ganz anders bewegen und einen eher rollenden Gang zeigen, wenn sie durch den Ausstellungsring geführt werden.

Im Ausstellungsring

Meistens wird der Hund von seinem Besitzer geführt, jedoch nicht bei großen Championaten. Zunehmend werden professionelle Hundeführer engagiert, die die Vorzüge der besten Hunde optimal zur Geltung bringen, um so die Preisrichter zu beeindrucken. Es gibt aber auch Hunde, die lieber von einer vertrauten Person geführt werden möchten.

WER GEWINNT?

Wenn bei einer Ausstellung die Einzelbewertung der Klassen abgeschlossen ist, werden die besten Vertreter benannt. Unter den Klassensiegern wird der Hund ausgewählt, der seine Rasse in der Rassengruppe vertreten soll. Schließlich konkurrieren diese Sieger um den Titel des ganzen Championats und werden auch hier ausschließlich nach ihren individuellen Rassestandards beurteilt. Bei einem Welpen ist es manchmal sehr schwierig vorauszusagen, wie er sich im Ausstellungsring verhält. Einige Hunde scheinen geradezu aufzublühen – sie können sich sehr vorteilhaft präsentieren.

SHAR PEI Einige sehr individuelle Rassen wie der Shar Pei konnten durch gezielte Zuchtprogramme vor dem Aussterben bewahrt werden.

GESELLSCHAFTS- UND BEGLEITHUNDE

Wie der Name schon sagt, wurden diese Hunde nicht als Nutztiere, sondern ausschließlich als Gefährten des Menschen gezüchtet. Kleine Hunde wurden schon vor Tausenden von Jahren gehalten. So weiß man, dass bereits im alten Rom, ebenso wie in den Hochkulturen Zentral- und Mittelamerikas und im chinesischen Kaiserreich, possierliche kleine Hunde die Menschen erfreuten.

ITALIENISCHES WINDSPIEL Diese Rasse wurde aus dem Greyhound, der für die Jagd eingesetzt wurde, gezüchtet. Viele Begleithundrassen kamen auf diese Weise hervor.

URSPRÜNGE

Anders als etwa bei den Laufhunden sind die Begleithundrassen nicht von bestimmter Abstammung. Begleithunde tauchten auf allen Kontinenten auf, und ihre einzige Verbindung untereinander ist ihre geringe Größe, weshalb diese Hunde auch als Schoßhunde bezeichnet werden. Manchmal sind Begleithunde auch einfach kleinere Ausführungen einer größeren Rasse. Sie wurden an Adelshöfen gehalten und galten schon damals als modische „Accessoires".

BICHON FRISÉ Die Herkunft dieser Rasse lässt sich Tausende von Jahren zurückverfolgen. Die kleine Rasse mit dem weiß gelockten Haarkleid gehört weltweit zu den beliebtesten Begleithunden.

Seine Windspiele waren eine der großen Leidenschaften Friedrichs des Großen. Im 17. Jahrhundert wurde durch Charles II. von England ein kleiner Spaniel bekannt, der heute den Namen des Königs trägt, und später wurde ein Mops an der Seite von Wilhelm von Oranien berühmt.

In China galten kleine Hunde als überaus wertvoll. Auch in Südamerika wurden kleine Hunde wie der Peruanische Nackthund als Begleiter gehalten. Diese und andere Nackthundrassen wurden vor allem als Bettwärmer geschätzt, die ihre Besitzer während der bitterkalten Andennächte warm hielten. Leider haben nur wenige dieser alten Rassen überlebt. Eine Rasse aus Mittelamerika, die nach der mexikanischen Provinz benannt ist, aus der sie stammt, gilt heute jedoch als der klassische Schoßhund: der Chihuahua. Zwar ist seine genaue Abstammung nicht bekannt, doch ist er weltweit einer der bekanntesten Begleithunde.

Der Bichon Frisé ist heute der am weitesten verbreitete Vertreter dieser Gruppe, auch wenn der Bologneser möglicherweise die

PEKINESE In China galten Schoßhunde als sehr wertvoll. So wurde mit dem Tode bestraft, wer versuchte, einen Pekinesen aus dem kaiserlichen Palast zu entwenden.

ältere Form ist, dessen italienische Wurzeln wahrscheinlich über 1000 Jahre zurückreichen. Bichons gelangten in die französischen Kolonien an der afrikanischen Küste; auf Madagaskar wurde daraus der Coton de Tuléar entwickelt, auf der Nachbarinsel Réunion eine ähnliche, heute leider ausgestorbene Varietät.

MODERNE MINIATURISIERUNG

Nicht alle Verkleinerungsbestrebungen waren erfolgreich. Es gab Miniatur-Beagles, in Anspielung auf ihre Größe Pocket Beagles genannt, deren Geschichte bis ins 16. Jahrhundert zurückreicht, die aber in den 1930er-Jahren ausstarben. In jüngster Vergangenheit wurden neue Schoßhundrassen gezüchtet, vor allem mit dem Pudel. Unglücklicherweise gehen solche Miniaturisierungen häufig zulasten der Gesundheit einer Rasse.

Begleithunde, die seit Jahrhunderten zur Gesellschaft des Menschen gezüchtet werden, sind ideal für ein häusliches Leben. Sie sind in der Regel sehr intelligent und von Natur aus gelehrig, weshalb sie sich leichter führen lassen als größere, ursprüngliche Nutztier-Rassen. Ihr Bedarf an Auslauf ist relativ gering, sodass sie gut ins moderne Stadtleben passen. Die kleinen Vierbeiner eignen sich insbesondere für Senioren, da sie aufgrund ihrer Größe einfacher geführt und hochgehoben werden können. Ihre Lebenserwartung ist außerdem meistens höher als bei größeren Rassen.

TOY PUDEL Noch nicht genug mit dem Zwergpudel, einer Miniaturisierung des Kleinpudels – Züchter entwickelten eine noch kleinere Varietät: den Toy Pudel.

CHIHUAHUA Viele kleine Hunde können wesentlich lauter bellen, als es ihre Größe vermuten lässt. Dies macht sie zu aufmerksamen Wächtern. Entnervte Nachbarn sind die Kehrseite der Medaille.

KLEINE BEGLEITER Eine Modeerscheinung der letzten Jahre sind „Handtaschen-Hunde", die so klein sind, dass sie in die Designertaschen ihrer hauptsächlich weiblichen Besitzer passen. Das mag zwar schick sein, doch Tierschutzorganisationen sind wenig begeistert von Hunden, die als Modeaccessoires dienen.

TERRIER

Hunde haben einen natürlichen Jagdtrieb; besonders ausgeprägt ist dieser Instinkt bei den Terrier-Rassen. Die meisten stammen von den Britischen Inseln, wo sie überwiegend als fleißige, unnachgiebige Hofhunde gezüchtet wurden. Auch heute noch beeindrucken sie durch ihre Ausdauer. Viele werden immer noch als Hof- oder Jagdhunde gehalten.

PATTERDALE TERRIER Es gibt eine Reihe von Terrier-Rassen jüngeren Ursprungs wie den Lucas und den Patterdale Terrier, deren Verbreitung hauptsächlich auf die Herkunftsregion beschränkt ist und die (noch) nicht für Ausstellungen zugelassen sind.

KLEIN, ABER ZÄH

Die kurzen Läufe vieler Terrier waren von großer Bedeutung, da sie es diesen Hunden ermöglichten, auch unter der Erde voranzukommen und zum Beispiel in Fuchsbaue einzudringen. Dies erforderte Mut, denn vom Terrier wurde erwartet, dass er den Fuchs heraustrieb, der dann von einer Meute verfolgt wurde. Die kurzen Läufe sorgten allerdings auch dafür, dass der Terrier nicht mit den Laufhunden mithalten konnte und häufig von einem Reiter in einem Korb mitgenommen wurde.

Die meisten Terrier sind vielseitige Jäger: Meistens wurden sie zum Fangen und Töten von Nagetieren auf Bauernhöfen gehalten, aber auch zur Kaninchenjagd. Diese Fähigkeit setzten sie auch in den schnell wachsenden Städten des späten 19. Jahrhunderts ein, wo sie der Rattenplage Herr werden sollten.

KAMPFHUNDE

Wettkämpfe mit Ratten zogen ein großes Publikum an, und es wurden viele Wetten darauf abgeschlossen. Es ging darum, wie viele Ratten der Terrier in einer vorgegebenen Zeit töten konnte oder wie lange es dauerte, bis er alle Ratten in der Grube totgebissen hatte. Einer der erfolgreichsten Terrier auf diesem Gebiet war ein Manchester Terrier namens Billy. Er schaffte 100 Ratten in nur

AKTIV Man sollte sich nicht durch ihre Größe täuschen lassen: Terrier sind sehr ausdauernd und brauchen deshalb viel Auslauf. Außerdem können sie recht eigensinnig sein und sollten gut erzogen werden.

6:13 Minuten. Nicht immer endeten die Kämpfe zum Vorteil der Hunde. Bevor es die Impfung gegen Leptospirose gab, steckten sich viele Terrier mit der von Ratten übertragenen Krankheit an.

Andere, noch makaberere Formen der Unterhaltung entstanden in den schnell wachsenden Industriestädten. Hundekämpfe wurden immer beliebter, und Terrier mit ihrer Hartnäckigkeit und ihrem Mut waren geradezu prädestiniert dafür. Rassen, die zu Hundekämpfen gezüchtet wurden, sind unter anderem der Staffordshire Bullterrier. Terrier im Allgemeinen gelten von Natur aus als recht eigensinnig und brauchen bereits im Welpenalter eine gründliche Erziehung. Dies ist besonders wichtig, um ihre angeborene Neigung, sich mit anderen Hunden anzulegen – besonders mit ebenfalls ursprünglich zu Kampfzwecken gezüchteten –, einzudämmen.

AMERICAN PIT BULL TERRIER Zu den Rassen, die zu Kampfzwecken gezüchtet wurden, gehört auch dieser Hund, der in vielen Ländern unter die Kampfhundeverordnung fällt.

VOM NUTZTIER ZUM BEGLEITHUND

Da Terrier immer weniger als Nutztiere gefragt sind, sinken die Bestände so weit, dass einige Rassen vor einer ungewissen Zukunft stehen. Andere, besonders noch weiter miniaturisierte Rassen wie der Yorkshire Terrier gelten heute mehr denn je als Begleithunde.

Terrier sind loyale, intelligente Gefährten. Sie sind robuste und langlebige Tiere, die sich in einer ländlichen Umgebung besonders wohlfühlen. Da sie in der Regel recht klein sind, brauchen sie auch nicht viel Platz. Ihr lebhafter Charakter macht sie zu guten Begleitern, vor allem für ältere Menschen.

Darüber hinaus sind sie wachsame Beschützer von Haus und Hof. Ambitionierte Hobbygärtner seien gewarnt, denn Terrier buddeln und graben mit Vorliebe und nehmen dabei keine Rücksicht auf Blumenbeete und Rasenflächen. Wegen ihrer eher ungeduldigen und häufig dominanten Natur sind sie nicht für einen Haushalt mit kleinen Kindern zu empfehlen.

PINSCHER Die meisten Terrier-Rassen kommen von den Britischen Inseln. Aus Deutschland stammen einige verwandte Rassen wie der Pinscher.

LAUF- UND WINDHUNDE

Lauf- und Windhunde, die älteste Gruppe überhaupt, wurden zu Jagdzwecken entwickelt. Heute unterscheidet man zwischen Windhunden (Sichthunden) und Laufhunden (Spürhunden), je nachdem, mit welchem Sinnesorgan sie ihre Beute verfolgen. Die meisten Länder haben ihre eigenen Laufhundrassen, wobei die Verbreitung einiger Rassen wie des Litauischen Laufhundes auf ihre Herkunftsgebiete beschränkt ist.

HUNDERENNEN Greyhounds sind heute beliebte Rennhunde, doch gehören sie zu einem sehr alten Typ. Hunde auf alten ägyptischen Artefakten zeigen deutliche Ähnlichkeiten mit Greyhounds.

WINDHUNDE

Die leicht gebauten Windhunde haben sich sehr früh, überwiegend in Nordafrika und im Mittleren Osten, entwickelt. Rassen aus diesen Regionen, zum Beispiel der Sloughi oder der Saluki, gehören zu den ältesten Rassen.

AFGHANEN Die Fellpflege von Windhunden ist einfach, da die meisten ein kurzes Haarkleid haben. Der Afghane gehört zu den wenigen Ausnahmen.

Windhunde haben einen schmalen Fang; die Augen liegen weit auseinander seitlich am Kopf. Durch dieses große Sichtfeld können die Hunde Bewegungen in ihrer Umgebung besser wahrnehmen und Beutetiere erkennen. Der Körperbau eines Windhundes ist auf Schnelligkeit ausgelegt, mit einem breiten, tiefen Brustkorb für ein großes Herz und viel Lungenvolumen. Die muskulöse Hinterhand ermöglicht eine rasche Beschleunigung und hohe Geschwindigkeit. Die meisten Windhunde jagen bevorzugt allein oder paarweise statt in einer Meute und verfolgen ihre Beute durch offenes Gelände, in dem sie den Sichtkontakt zu ihr halten können.

LAUFHUNDE

Während Windhunde in den Halbwüsten Nordafrikas und des Mittleren Ostens brillierten, waren in den waldreichen Regionen Mittel- und Nordeuropas andere jagdliche Fähigkeiten gefragt: das Spur- und Fährtenlesen.

Die Entwicklung von Spürhunden erreichte ihre größte Vielfalt im vorrevolutionären Frankreich, als jeder Adelshof seine eigene Meute züchtete. Ein weiterer Schritt vollzog sich mit den Basset-Formen vieler dieser Rassen, abgeleitet vom französischen Wort *bas* (niedrig) – bezogen auf die relativ kurzen Läufe dieser Hunde.

Anders als bei anderen Hundegruppen hat sich bei der Entwicklung der Laufhundrassen in den letzten Jahrzehnten nicht viel getan. Einige Rassen wie der Otterhound gelten mittlerweile als gefährdet, da sie kaum noch in ihrem ursprünglichen Aufgabenbereich eingesetzt werden. Wie der Fall des Irischen Wolfshundes zeigt, können solche Rassen unter Haltern, die um die Bedürfnisse dieser Tiere wissen, auch im Ausstellungsring eine große Anhängerschaft finden. Ungeachtet dessen gibt es immer noch einige Laufhundrassen, die man auf großen Ausstellungen kaum sehen wird.

BLUTHUND Der St. Hubertushund, dessen moderner Nachfahre der Bluthund (Bloodhound) ist, gehört zu den ältesten Laufhundrassen. Sein Blut fließt in fast allen heutigen Rassen dieses Typs.

MEUTEHUNDE Die Fellfarbe bei Meutehunden ist relativ standardisiert. Sie ist entweder zwei- oder dreifarbig. Durch die Abzeichen lassen sich die Meuten bereits aus größerer Entfernung leichter unterscheiden.

EIGENSCHAFTEN

Wind- und Laufhunde sind lebhaft, freundlich und von Natur aus folgsame Tiere. Aufgrund ihrer verspielten Art sind sie ideal für einen Haushalt mit Kindern. Ihr meistens glattes Haarkleid benötigt relativ wenig Pflege, selbst während des Haarwechsels, und sogar bei drahthaarigen Varietäten hält sich der Pflegeaufwand in Grenzen. Aufgrund ihrer geselligen Art vertragen sich Laufhunde gut mit anderen Hunden, wenn Sie mehr als einen Hund halten möchten. Nicht alle Wind- und Laufhunde brauchen lange Spaziergänge: Der Greyhound beispielsweise ist schon glücklich, wenn er einmal am Tag einen kurzen Sprint über ein offenes Feld einlegen kann.

Diesen Hunden jedoch beizubringen, bei einem Spaziergang nicht davonzulaufen, ist schwierig. Besonders Laufhunde folgen instinktiv Spuren und Fährten. Außerdem sind sie tendenziell gefräßig und neigen zu Übergewicht. Das Futter sollte also dem Laufpensum angemessen und ausgeglichen sein.

HUNDEMEUTE Spürhunde folgen ihrer Beute durch dick und dünn über viele Kilometer hinweg und scheuen dabei kaum ein Hindernis. Die Jagd mit Hunden auf lebende Beute ist in Deutschland verboten; die Meute folgt einer künstlich gelegten Schleppe.

JAGDHUNDE

Die Ursprünge der heutigen Jagdhundrassen gehen auf jene Hunde zurück, die als Jagdgefährten genutzt wurden, als man Beutetiere noch mit Pfeil und Bogen erlegte. Die Züchtung moderner Jagdhundrassen war die Folge der aufkommenden Flintenjagd im 19. Jahrhundert. Es ist wenig überraschend, dass Jagdhunde, die für die Partnerarbeit mit dem Jäger entwickelt wurden, heute auch beliebte Begleithunde sind.

APPORTIERHUNDE

Mitglieder dieser Gruppe sind unter anderem der Labrador Retriever und der Golden Retriever (engl. *to retrieve*: zurückholen), die heute zu den beliebtesten Hunderassen überhaupt gehören. Wie der Name schon besagt, besteht ihre Aufgabe darin, erlegtes Wild auf unterschiedlichstem Terrain, auch aus dem Wasser, zum Jäger zurückzubringen.

VORSTEHHUNDE UND SETTER

Während Apportierhunde eine relativ neue Gruppe bilden, deren Entwicklung direkt mit der aufkommenden Flintenjagd in Verbindung steht, gibt es den Typ des Vorstehhundes vermutlich seit mehr als 500 Jahren. Die vielseitigen Jagdgefährten zeigen durch ihre charakteristische Körperhaltung die Witterung einer Beute an: gestreckter Körper mit einem angehobenen Vorderlauf. Mit Freude apportieren sie auch erlegtes Wild.

Setter sind ebenfalls ein älterer Jagdhundtyp. Ihr Name leitet sich ab vom altenglischen Wort *set* (sitzen): Sie zeigen die Witterung einer Beute durch Hinsetzen an.

SPANIEL Spaniels sind extrem vielseitige und generell sehr freundliche Hunde. Sie stöbern Wild auf und scheuchen es für den wartenden Jäger aus der Deckung, suchen erlegtes Wild und apportieren es.

GORDON SETTER Der Gordon Setter ist ein lebhafter und intelligenter Jagdhund mit einem auffälligen schwarzen Haarkleid mit lohfarbenem Brand. Er hat noch nicht die Beliebtheit anderer Jagdhundrassen erreicht.

SPANIELS

Eine andere große Jagdhundgruppe sind die Spaniels. Mit ihrer feinen Nase stöbern sie Beutetiere, vor allem Flugwild, auf und scheuchen es für den wartenden Jäger aus der Deckung, machen sich aber auch als Apportierhunde ausgezeichnet.

Die verschiedenen Spaniel-Rassen weichen teilweise stark voneinander ab. So ist etwa der Clumber Spaniel ein langsamerer, bedächtigerer Arbeiter als der lebhafte Cocker Spaniel, der in den USA für die Wachteljagd weiterentwickelt wurde. Heute ist auch eine deutliche Trennung zwischen Arbeits- und Ausstellungsschlägen zu beobachten.

Einige Jagdhundrassen sind von Land zu Land unterschiedlich weit verbreitet, andere haben überall einen relativ hohen Bekanntheitsgrad.

EIGENSCHAFTEN

Jagdhunde sind intelligente, anhängliche und folgsame Tiere, die sich in einem Haus oder einer Wohnung sehr wohlfühlen, jedoch so viel Energie haben, dass sie täglich ein großes Auslaufpensum, möglichst in ländlicher Umgebung, brauchen. Die Erziehung von Jagdhunden ist in der Regel einfach, vor allem wenn früh damit begonnen wird. Einige dieser Rassen haben ein sehr auffälliges Haarkleid wie das kastanienrote Fell des Irish Setters. Die Fellpflege ist im Allgemeinen nicht besonders aufwendig, vor allem wenn man Schmutz erst im Fell trocknen lässt, bevor er dann einfach ausgebürstet wird. Da sich Jagdhundrassen hinsichtlich ihrer Größe recht deutlich unterscheiden, dürfte die Wahl des passenden Haustiers unter ihnen nicht schwerfallen. Besonders Apportierhunde sind sehr kinderfreundlich. Wenn Sie lange Spaziergänge lieben, ist dieser Hundetyp ideal.

Während Labradore häufig an Hüftdysplasie leiden und, vor allem wenn sie kastriert sind, zu Übergewicht neigen – weshalb besonders auf ihre Ernährung geachtet werden sollte –, sind Spaniels aufgrund der Form ihrer Ohren anfällig für Ohrinfektionen (siehe S. 28). Jagdhunde nutzen im Allgemeinen jede Situation, um sich ins Wasser zu stürzen, was mitunter zu gefährlichen Situationen führen kann – oder zu unangenehmen, wenn ein völlig durchnässter Hund im Auto zurückgebracht werden muss.

LABRADOR RETRIEVER Labradore haben ein weiches Maul: Sie sind in der Lage, erlegtes Wild zu apportieren, wie diese Ente hier, ohne es zu beschädigen.

HIRTEN- UND HÜTEHUNDE

Eine der Eigenschaften des Hundes, die das Verhältnis zum Menschen geprägt haben, ist seine Anpassungsfähigkeit an die sich wandelnde Lebensweise. Als der Mensch sein Nomaden-Dasein als Jäger und Sammler aufgab, sesshaft wurde und sein Land bestellte, entwickelten sich neue Hundetypen, die ihm halfen, seine Tierherden zu hüten, sie zusammenzuhalten und sie vor Raubtieren zu schützen.

HIRTENHUNDE

Hirtenhundrassen entwickelten sich in fast allen Teilen der Welt. Ihr Erscheinungsbild ist stark geprägt von den Witterungsbedingungen der Region, in der sie sich über die Jahrhunderte hinweg entwickelten. Häufig haben sie ein dichtes und mitunter recht langes, Wasser abweisendes Fell, wie der Bearded Collie, das sie vor den Widrigkeiten der Natur schützt.

Die Hunde in dieser Gruppe sind von unterschiedlicher Größe, abhängig von ihrer Aufgabe. Treibhunde wie der Welsh Corgi sind in der Regel kleiner. Dies liegt daran, dass sie flink zwischen den Rindern herumlaufen mussten, um einzelne Tiere durch ein Zwicken in die Fersen wieder in die Herde zu treiben. Außerdem mussten sie einem eventuellen Ausschlagen des Rindes geschickt ausweichen können.

ANATOLISCHER HIRTENHUND In der Türkei gibt es mehrere regionale Varietäten dieser Rasse. Auf den anatolischen Hochebenen hütet dieser Hund Herden, die große Entfernungen zurücklegen.

SCHÄFERHUND-PRÜFUNG Bei solchen Arbeitsprüfungen sollen die Hunde die Schafe kontrollieren und die Herde zusammenhalten. Der Hundehalter bleibt im Hintergrund.

HÜTEHUNDE

In Regionen, wo Wölfe eine reale Gefahr für Viehherden darstellten, wurden Hütehunde entwickelt. Zu diesem Typ gehört auch der aus der Türkei stammende Anatolische Hirtenhund. Nicht in allen Gegenden der Erde entwickelten sich spezielle Hütehundrassen. Die Hunde hüteten nicht nur Viehherden, sondern konnten auch andere Aufgaben auf Bauernhöfen übernehmen. Der Norwegische Buhund ist ein typisches Beispiel dafür. Er übernahm sogar die Rolle des Jagdgehilfen, obwohl sein Hüteinstinkt so groß ist, dass er ihn sogar am Hof-Geflügel auslebt.

WETTBEWERBE

Einige Hirten- und Hütehunde sind außerhalb ihrer Heimat weitgehend unbekannt und zeichnen sich eher durch ihre Arbeitsqualitäten als durch ihren Typ aus.

Schäferhund-Arbeitsprüfungen geben Hundehaltern die Möglichkeit, die Fähigkeiten ihrer Hunde unter Wettbewerbsbedingungen zu testen. Die Hunde kontrollieren die Bewegung der Schafherde durch Körperhaltung und -position. Ihre Fähigkeiten sind weitgehend instinktiv und haben sich über viele Generationen entwickelt.

Auf dem Land

Ein Hütehund eignet sich nicht für jedermann als Begleithund, denn er passt am besten in eine ländliche Umgebung. Hütehunde sind in Größe und Temperament sehr unterschiedlich. Einige Rassen haben ein längeres Fell als andere. Im Allgemeinen sind sie folgsam und lernen schnell. Es überrascht wenig, dass in Disziplinen wie dem Doggy Dance, bei dem Herrchen oder Frauchen und Hund in möglichst perfektem Einklang tanzen, Collies und verwandte Rassen hervorragende Ergebnisse erzielen. Sie sind ausgezeichnete Begleithunde, zu denen eine tiefe Bindung aufgebaut werden kann, und zudem aufmerksame Wächter für Haus und Hof.

RENTIER-HÜTER Hunde eignen sich zum Hüten verschiedener Viehherden, darunter Rentiere und sogar Gänse. Seinen Hüteinstinkt hat der Hund von seinen wölfischen Vorfahren geerbt, die ihre Beute im Rudel einkreisten.

GEBRAUCHSHUNDE

Die Bezeichnung Gebrauchshund ist sehr umfassend, da mit Ausnahme der Begleithunde alle Rassen für eine bestimmte Aufgabe eingesetzt wurden. Sie lassen sich jedoch durch die verschiedenen Arbeiten, die sie übernommen haben, unterscheiden.

ZUGHUNDE Hunde wurden früher vor Karren gespannt, um erst die vollen Milchkannen von den Bauernhöfen in die Molkerei zu transportieren und dann die fertigen Milchprodukte auf den Markt zu bringen.

KRAFTVOLLE RASSEN

Viele Gebrauchshundrassen sind große, kräftige Tiere. Einige haben gemeinsame Vorfahren, sodass eine Einteilung in verschiedene Sektionen vorgenommen wird. Der hohe Norden beispielsweise ist die Heimat der Schlittenhunde, die von großer Bedeutung für den Transport von Gütern und Menschen zwischen den entlegenen Siedlungen in diesem Teil der Erde waren, bevor motorisierte Transportmittel ihre Aufgaben übernahmen.

BERNER SENNENHUND Früher wurden Berner Sennenhunde paarweise vor schwere Wagen gespannt. Heute ist diese attraktive Rasse ein beliebter Hund im Ausstellungsring.

WÄCHTER

Viele Gebrauchshunde gehen ursprünglich auf alte mastiffartige Hundetypen zurück: massive Tiere mit mächtigem Schädel und kräftigem Kiefer, die keinen

MASTIFF Dieser Hundetyp ist an der Körpergröße, dem mächtigen Gebäude und dem massiven Kopf mit kräftigem Kiefer zu erkennen. Er hat Hängelefzen und häufig eine lose, faltige Haut an Kopf und Hals.

großen Jagdtrieb hatten, aber ausgezeichnete Wachhunde mit ausgeprägtem Territorialverhalten waren. Die Urform dieser Hunde stammt vermutlich aus Tibet vor etwa 7000 Jahren. Die Tibetdogge gilt nicht nur als eine der ältesten Blutlinien, sondern gehört mit ihrem modernen Vertreter, auch Tibet-Mastiff genannt, zu den schwersten Hunderassen mit einem Gewicht von bis zu mehr als 80 kg. In der Vergangenheit existierten noch viel schwerere Exemplare, die nahezu das Doppelte wogen. Alexander der Große brachte solche Hunde von seinen asiatischen Zügen mit nach Europa. Diese Hunde bildeten die Ausgangsbasis für die Entwicklung der Molosserhunde, die unter anderen an die Römer weitergegeben wurden, bei denen sie häufig als Kriegshunde zur Bewachung von Lager und Tross eingesetzt wurden. Mit den Römern gelangten sie in weite Teile Europas, wo sie weiterentwickelt wurden, sodass es heute in vielen Ländern eigene Rassen gibt. Der Gesamteindruck aller Molossoiden ist hauptsächlich geprägt von Kraft und Stärke.

EIGENSCHAFTEN

Die loyalen und anhänglichen Gebrauchshunde sind zuverlässige Wächter. Sie sind von Natur aus freundlich und liebevoll gegenüber Familienmitgliedern und lassen sich gut abrichten. Rüden sind häufig erheblich größer und kräftiger als Hündinnen und können wesentlich dominanter sein. Je nachdem für welche Rasse Sie sich entscheiden, können Sie neben den Ausstellungen sogar an Schlittenrennen teilnehmen, um sowohl Ihren Hund als auch sich selbst in Form zu halten. Schlittenhunde brauchen eine gründliche Fellpflege; die meisten anderen Gebrauchshunde sind jedoch kurzhaarig.

Es empfiehlt sich, Ahnentafel und Geschichte der jeweiligen Rasse zu kennen, da die Vertreter dieser Gruppe sehr unterschiedlichen Ursprungs und Temperaments sein können. Größe und Kraft vieler Gebrauchshundrassen machen das Führen an einer Leine mitunter recht kräftezehrend. Entsprechend sind auch Appetit und Haltungskosten solcher Hunde größer, und die Beseitigung ihrer Notdurft in einer öffentlichen Anlage ist wesentlich unangenehmer als bei einem kleinen Terrier. Wie bei allen großen Hunden ist auch die Lebenserwartung dieser Rassen mit etwa zehn Jahren geringer als bei kleinen Hunden.

DALMATINER Früher trabten diese Hunde neben Kutschen her, um Wegelagerer und Diebe abzuschrecken. Sie haben eine ausgezeichnete Kondition und brauchen viel Auslauf.

SUCHHUND Auch wenn er ursprünglich ein Hütehund ist, hat sich der Deutsche Schäferhund auch in anderen Arbeitsbereichen bewährt. Gebrauchshunde sind intelligente, motivierte Rassen, die einen strukturierten Alltag mit viel Beschäftigung bevorzugen.

DESIGNERHUNDE

Seit einigen Jahren zeichnet sich ein neuer Trend ab: Sogenannte Designerhunde werden immer beliebter. Die schnell wachsende Anzahl hat sicher auch modische Gründe, lässt sich aber vor allem durch den Reiz dieser Hunde erklären. Designerhunde sind das Resultat aus Verpaarungen zwischen zwei reinrassigen Hunden und haben das Ziel, die Vorzüge der Elterntiere in einem Hund zu vereinen.

PUGGLE Das extrem flache Gesicht des Mopses (Pug), das nicht jeder schön findet, erfährt in dieser Mops-Beagle-Kreuzung eine Veränderung. Der Puggle hat einen drolligen Gesichtsausdruck.

NEUE ROLLEN

Designerhunde stellen keine neue Ausstellungsgruppe dar, auch wenn es bereits Anzeichen dafür gibt, dass sich dies in Zukunft ändern könnte. Gegenwärtig ist die Variabilität der Merkmale, die zum Teil den Charme dieser Hunde ausmachen, jedoch noch zu groß.

Auch wenn die Züchtung von Designerhunden großes Interesse auf sich zieht und als etwas Neuartiges gilt, so ist sie eigentlich eine Fortsetzung der Zuchtbemühungen, die seit der Domestizierung des Hundes in Gang sind. Die Popularität des Hundes liegt seit jeher auch in seiner Anpassungsfähigkeit an die menschliche Lebensweise begründet, und unter diesem Aspekt sind nun auch die Designerhunde zu betrachten.

Fast alle heute bekannten Rassen haben früher spezielle Aufgaben übernommen, und bestimmte Persönlichkeitsmerkmale lassen sich auf ihre Ursprünge zurückführen. Züchter echter Designerhunde sind bestrebt, Aussehen und Charakter dieser Tiere zu verbessern, um sie zu guten Begleitern zu machen – ihrer heutigen Hauptrolle.

Der Wandel des Hundes vom Nutztier zum Ausstellungs- und Haustier war der eigentliche Grund für die Standardisierung der heutigen Rassen. Nun vollzieht sich ein weiterer grundlegender Wandel, da versucht wird, Hundetypen zu entwickeln, die besser zur Lebensart des Menschen passen. Ruhig, niedlich, klein und folgsam sind nur einige der Eigenschaften, die bei Designerhunden bevorzugt werden.

URSPRÜNGE

Anders als der durch die Medien hervorgerufene Eindruck, Designerhunde seien ein Phänomen des frühen 21. Jahrhunderts, wurde schon in den 1950er-Jahren mit der Züchtung begonnen. Ironischerweise hängt sogar das Bild eines Designerhundes aus jener Zeit in der vornehmen Zentrale des Kennel Clubs in London. Es zeigt Königin Elizabeth II. mit einem Dorgi: der Kreuzung aus dem Dackel ihrer Schwester und einem ihrer geliebten Corgis – das einzige Bild einer nicht anerkannten Hunderasse im gesamten Gebäude!

WARUM PUDEL?

Pudel spielen bei der Entwicklung von Designerhunden eine bedeutende Rolle, unter anderem weil sie ihr Haarkleid nicht wechseln. Dies wird als sehr angenehm empfunden, da nicht überall, wie bei anderen Rassen, Hundehaare auf den Boden fallen. Vielleicht ebenso bedeutend ist, dass Pudel deshalb bei Menschen, die an einer Tierhaar-Allergie leiden und sonst keinen Hund halten könnten, viel seltener allergische Reaktionen hervorrufen. Dies ist besonders bei körperbehinderten Personen wichtig, da sie sonst keine Unterstützung von einem Hund erhalten könnten. So wurde der Labradoodle, gegenwärtig der bekannteste Designerhund, ursprünglich gezüchtet, um sehbehinderten Menschen zu helfen.

Pudel werden auch deshalb für die Zucht von Designerhunden eingesetzt, weil sie besonders intelligent, von Natur aus folgsam und gute Begleiter sind. Nicht zuletzt durch die vier Größenvarietäten von Pudeln erhöht sich das Potenzial zur Kreuzung mit anderen Rassen.

COCK-A-POO Schoßhundkreuzungen sind besonders beliebt, und kleinere Pudel (engl.: *poodle*) werden eingesetzt, um zum Beispiel Cock-a-poos, Yorkie-poos oder Shih-Poos zu kreieren. Während die Besitzer oft sehr glücklich mit diesen charmanten Kreuzungen sind, nutzen einige Züchter den neuen Trend ohne Rücksicht auf die Gesundheit der Tiere aus.

TREND FÜR DIE ZUKUNFT

Die Zahl der Designerhunde wächst beständig. Gegenwärtig sind über 75 solcher Kreuzungen bekannt und benannt. Dabei hat sich der Trend etabliert, Silben der beiden Rassenamen, aus denen der Designerhund gekreuzt wurde, zusammenzufügen. So lässt sich im Labradoodle die Kreuzung aus Labrador und Pudel und im Cock-a-poo aus Cocker Spaniel und Pudel erkennen.

In gewisser Weise führen die Züchter von Designerhunden einfach das weiter, was über Jahrhunderte praktiziert wurde, doch gibt es einen weiteren Aspekt: die zunehmende Suche nach Individualität, da sich die Hunde einer Rasse kaum noch und höchstens in der Fellfarbe voneinander unterscheiden. Designerhunde sind quasi einzigartig: Sie stammen von reinrassigen Linien ab, und doch unterscheiden sich Wurfgeschwister zum Teil ganz erheblich voneinander. Diese Exklusivität zeigt sich auch in den relativ hohen Preisen, die für einen solchen Hund verlangt werden. Sie sind manchmal teurer als ihre reinrassigen Vorfahren.

Angeblich sind Designerhunde auch gesünder als ihre reinrassigen Verwandten. Dies rührt daher, dass die verschiedenen Linien registrierter Rassen häufig eng miteinander verwandt sind und deshalb ein erhöhtes Risiko für rassespezifische Erkrankungen besteht.

Dennoch gibt es keine absolute Garantie dafür, dass Designerhunde weniger an erblich bedingten Krankheiten leiden. Sie können beispielsweise anfällig sein für Hüft-

Die Top 20 der Designerklassen

Puggle: Mops x Beagle
Goldendoodle: Golden Retriever x Pudel
Labradoodle: Labrador Retriever x Pudel
Cock-a-poo: Cocker Spaniel x Pudel
Cavachon: Cavalier King Charles Spaniel x Bichon Frisé
Yorkie-poo: Yorkshire Terrier x Pudel
Zuchon: Shih Tzu x Bichon Frisé
Schnoodle: Zwergschnauzer x Pudel
Shih-Poo: Shih Tzu x Pudel
Malkie: Malteser x Yorkshire Terrier
Poochon: Pudel x Bichon Frisé
Yo-chon: Yorkshire Terrier x Bichon Frisé
Cockalier: Cocker Spaniel x Cavalier King Charles Spaniel
Silkshire Terrier: Silky Terrier x Yorkshire Terrier
Maltichon: Malteser x Bichon Frisé
Shiffon: Shih Tzu x Griffon Bruxellois
Shih Apso: Shih Tzu x Lhasa Apso
Lhasa Poo: Lhasa Apso x Pudel
Shorkie Tzu: Shih Tzu x Yorkshire Terrier

SCHNOODLE Der Schnoodle, eine Schnauzer-Pudel-Kreuzung, vereint die Hüteinstinkte des Schnauzers mit der Intelligenz und der Verspieltheit des Pudels.

GOLDENDOODLE Neben dem Labrador ist der Golden Retriever die weltweit beliebteste Hunderasse. Kreuzungen mit dem Pudel ergeben einen kleinen Goldendoodle.

LABRADOODLE Die bei Weitem häufigste Designerhundrasse geht aus Kreuzungen zwischen Labrador Retriever und Pudel hervor. Die Fellfarbe dieser schönen Hunde kann schwarz, creme (gold) oder braun sein.

dysplasie, da größere Hunde allgemein relativ gefährdet sind. Ungewöhnlichere Stoffwechselkrankheiten wie eine Kupferaufnahmestörung, wie sie beim Bedlington Terrier häufig vorkommt, sind hingegen sehr unwahrscheinlich.

Unübersehbar ist jedoch die häufig bessere Folgsamkeit von Designerhunden. Ein Beispiel. Beagles sind lebhafte, gutmütige Begleiter, doch als Lauthunde sind sie nicht einfach zu führen, laufen oft alleine los und brauchen sehr viel Auslauf. Wird ein Beagle mit einem Mops gekreuzt (Puggle), entsteht ein Hundetyp mit weniger ausgeprägtem Jagdtrieb und folgsamerer Natur, da der Mops seit Jahrhunderten als Schoßhund gehalten wird. Das extrem platte Gesicht des Mopses, das nicht jedermanns Sache ist, erhält mehr Profil, und der Hund ist weniger anfällig für Augenbeschwerden.

Während die Wurfgeschwister aus solchen Kreuzungen anfänglich teils sehr unterschiedlich aussahen, führte die Verpaarung dieser Hunde untereinander – unter Vermeidung von Verpaarungen zu eng verwandter Hunde – zur Herausbildung charakteristischer Züge.

YORKIE-POO Die Kombination aus Yorkshire Terrier und Pudel erhöht den Niedlichkeitsfaktor. Die Resultate solcher Kreuzungen sind immer noch sehr unterschiedlich.

BEGLEITHUNDE

Heute werden viele Hunde, die früher als Nutztiere entwickelt wurden, einfach als Begleithunde gehalten. Aber auch schon vor vielen Jahrhunderten wurden Hunde einzig für diesen Zweck gezüchtet: Pekinesen in China, Bichons in Europa und die Nackthundrassen in Mittel- und Südamerika, die als „lebende Wärmflaschen“ galten. In der Regel gehören miniaturisierte Formen, die dieselben Proportionen wie ihre großen Artgenossen haben, zu den besten Begleithundrassen. Sie wurden wegen ihrer Gelehrsamkeit und Anhänglichkeit gezüchtet, während Aggressivität, Jagdtrieb und andere „ungünstige“ Eigenschaften weitgehend ausgelöscht werden konnten. Heute gibt es einen wachsenden Bereich possierlicher Kreuzungen, die, wie es scheint, manchmal nur wegen ihrer fantasievollen Namen gezüchtet werden.

CHIHUAHUA (siehe S. 110) Dieser kleine Hund gehört zu jenen Wesen, die als modisches Accessoire in Designertaschen sitzen und von blonden It-Girls geherzt werden. Eine der frühesten Begleithundrassen, der Pekinese (siehe S. 128), wurde gezüchtet, um Platz in den weiten Ärmeln der Höflinge am chinesischen Kaiserhof zu finden.

American Eskimo (Zwerg und Toy)

URSPRUNG USA
GRÖSSE 23–38 cm
GEWICHT 2,5–9 kg
AUSLAUF
FELLPFLEGE
REGISTRIERUNG AKCs
FARBEN weiß

Die verkleinerte Ausgabe des American Eskimo (siehe S. 314) eignet sich für all jene, die Aussehen und Persönlichkeit des munteren Spitzes in einer kompakten Version bevorzugen. Der kleinere Hund wird ausschließlich als Begleiter gehalten.

SCHNEEHUND Die Rasse hat immer noch die klassischen Merkmale, die einen Hund im Schnee auszeichnet: ein dickes, dichtes Fell, eine stark befederte Rute und dunkle Haut um die Augen herum, die eine Blendung reduziert.

GESCHICHTE

Der American Eskimo ähnelt sehr einer kleinen Ausgabe des Samojeden (siehe S. 361). Dieser sibirische Hund könnte auch gut zur Entwicklung des „Eskie" beigetragen haben. Wahrscheinlicher ist aber, dass der wichtigste Vorfahre der weiße Deutsche Spitz war, der mit Siedlern in die Neue Welt gelangte. Die ersten Hunde wurden 1913 registriert und erhielten aus politischen Gründen den Namen des Zwingers des Züchters, American Eskimo. Beide Größenvarietäten verteilten sich mit Zirkussen über den Kontinent und beeindruckten die Zuschauer durch allerlei Kunststücke. Der erste Hund, der auf einem Seil balancierte, war ein American Eskimo. Heute sind diese quirligen kleinen Hunde wunderbare Familientiere.

KEIN KUSCHELTIER Diese kleinen Hunde sind sehr bewegungsfreudig. Sie freuen sich über einen längeren Spaziergang pro Tag, den sie auch brauchen, denn die Rasse neigt schnell zu Übergewicht, wenn sie nicht bewegt wird.

Australian Shepherd (Zwerg)

URSPRUNG USA
GRÖSSE 33–45 cm
GEWICHT 7–13,5 kg
AUSLAUF
FELLPFLEGE
REGISTRIERUNG –
FARBEN blue- oder red-merle, schwarz, rot, mit oder ohne Abzeichen

Andere Namen dieser Rasse sind North American Miniature Australian Shepherd und früher North American Shepherd. Dies spiegelt die Tatsache wider, dass seine Herkunft umstritten ist.

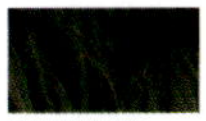
SCHWARZ

ROT/LOH

BLAU-LOH GESCHECKT

GESCHICHTE

Diese Rasse stammt vom Australian Shepherd ab, einer Rasse, die in den USA aus australischen und neuseeländischen Hunden hervorging und für ihr freundliches Wesen bekannt ist. So war die Züchtung einer kleineren Varietät nur eine logische Konsequenz. Dafür wurden die kleinsten Exemplare der ursprünglichen Rasse für die Zucht ausgewählt. Das Ziel war eine perfekte Miniaturausgabe unter Bewahrung aller physischen Aspekte, mit demselben lebhaften und einnehmenden Wesen der größeren Verwandten. Der intelligente und leicht abzurichtende Hund ist ideal für aktive Familien.

GROSSSTÄDTER Aufgrund ihrer geringen Größe kann diese Rasse gut in städtischer Umgebung gehalten werden. Die Hunde sind sehr gelehrig und kläffen nicht viel.

Australian Silky Terrier

URSPRUNG Australien
GRÖSSE 25–28 cm
GEWICHT 5,5–6,5 kg
AUSLAUF
FELLPFLEGE
REGISTRIERUNG FCI, KC, AKCs
FARBEN blau und loh

In dieser Rasse steckt ebenso viel Terrier wie Schoßhund. Sie hat Ähnlichkeit mit dem Yorkshire Terrier, ist aber etwas größer. Diese Hunde sind sehr gut in der Lage, Kleingetier zu fangen, und recht resolut, wenn es darum geht, ihre Interessen zu behaupten.

GESCHICHTE

Auch wenn der Australian Silky Terrier erst zu Beginn des 20. Jahrhunderts entwickelt wurde, lassen sich seine Ursprünge dennoch nicht genau klären. Wahrscheinlich handelt es sich um eine Kreuzung aus Australian Terrier und Yorkshire Terrier, möglicherweise noch mit einigen Skye-Terrier-Einschlägen. Eine frühe Sozialisation und ein Gehorsamstraining sind sehr wichtig.

DEKORATIV Das lange Haarkleid ist fein und seidig, wird allerdings schnell stumpf, wenn es nicht täglich gepflegt wird. Ungeachtet seiner Länge ist es nicht isolierend, da keine Unterwolle vorhanden ist. Der Australian Silky Terrier ist also eher eine Warmwetter-Rasse.

Bichon Frisé

URSPRUNG Teneriffa (Spanien)
GRÖSSE 23–30 cm
GEWICHT 4,5–7,2 kg
AUSLAUF
FELLPFLEGE
REGISTRIERUNG FCI, KC, AKCs
FARBEN weiß

Diese verspielten Hunde sind seit Jahrhunderten beliebte Begleiter und ausgezeichnete Familientiere. Das flauschige Haarkleid rührt von ihrem besonderen, doppellagigen seidigen Fell her.

GESCHICHTE

Vermutlich ist der Bichon Frisé ein Abkömmling des alten europäischen Wasserspaniels, des Barbet. Dies zeigt sich auch in seinem Namen, der eine verkürzte Form von „Barbichon" ist, was „kleiner Wasserspaniel" bedeutet. Die Rasse wird nach der Kanareninsel, von der sie herstammt, auch Teneriffahund oder Bichon Ténérife genannt. Ihre Vorfahren gelangten wohl vor mehr als 500 Jahren mit den Spaniern auf die Insel. Sie waren an den europäischen Höfen begehrt, bevor das Interesse an ihnen nachließ und sie hauptsächlich in der Zirkusarena zu sehen waren.

SCHNEEWEISS Das Fell dieser Rasse ist natürlich gewellt. Durch die nach hinten wachsenden Gesichtshaare werden die dunklen, runden Augen besonders hervorgehoben.

Bologneser

URSPRUNG Italien
GRÖSSE 25–30 cm
GEWICHT 2,5–4,1 kg
AUSLAUF
FELLPFLEGE
REGISTRIERUNG FCI
FARBEN weiß

Der Bologneser ist zwar eng mit dem Bichon Frisé verwandt, doch unterscheiden sie sich stark in der Fellbeschaffenheit: Das des Bolognesers ist nicht doppellagig, auch wenn es eher luftig aufsteht. Die flockige Textur verleiht dem Fell seine flauschige Optik.

GESCHICHTE

Die genaue Herkunft des Bolognesers lässt sich nicht bestimmen. Sein engster Verwandter in der Bichon-Gruppe ist der Malteser, jedoch ist unklar, ob der Malteser Vorfahre oder Abkömmling ist. Die Ursprünge des Bolognesers jedenfalls reichen rund tausend Jahre zurück, als er in der italienischen Stadt Bologna entwickelt wurde. Die Medici offerierten diese Hunde als Geschenk, um sich gewisse Vorteile zu verschaffen, und viele europäische Herrscher erlagen seinem Charme. Der Reiz des Bolognesers ist neben seiner attraktiven Erscheinung unter anderem die starke Bindung an seinen Besitzer.

NUR WEISS Heute gibt es Bologneser nur mit weißem Fellkleid. Aus der Geschichte sind aber auch schwarze und gescheckte Tiere bekannt.

Cavalier King Charles Spaniel

URSPRUNG Großbritannien
GRÖSSE 30 cm
GEWICHT 5,5–8 kg
AUSLAUF
FELLPFLEGE
REGISTRIERUNG FCI, KC, AKCs
FARBEN schwarz und loh, Blenheim, ruby, trikolor

Diese Hunde haben eine attraktive Erscheinung und ein gefälliges Wesen. Sie eignen sich sehr gut für ein städtisches Umfeld und sind ideal für Haushalte mit Kindern.

ROT/LOH

LOH UND WEISS

SCHWARZ UND LOH

SCHWARZ, WEISS UND LOH

GESCHICHTE

Kleine spanielartige Hunde waren im späten 17. Jahrhundert in Großbritannien in Mode, da sie die Lieblingstiere von König Charles II. waren, wie aus zeitgenössischen Gemälden hervorgeht. In der Folge änderte sich ihr Erscheinungsbild. Die moderne Rasse verdankt ihre Existenz einem reichen Amerikaner namens Roswell Eldridge. In den 1920er-Jahren setzte er bei Crufts ein beträchtliches Preisgeld aus für Exemplare des King Charles Spaniels oder des English Toy Spaniels, die jenem Typ aus dem 17. Jahrhundert glichen. In den fünf Jahren seines Engagements wuchs die Zahl dieses Spaniel-Typs beständig – und so auch seine Beliebtheit. Er wurde in der Folge als Cavalier King Charles Spaniel anerkannt, um ihn von seinem engen Verwandten abzugrenzen. Das auffälligste Unterscheidungsmerkmal zwischen den beiden ist der längere Fang des Cavaliers.

TRIKOLOR Schwarz und Weiß sind bei dieser Farbkombination dominierend und sollten gleichmäßig verteilt sein. Lohfarbene Abzeichen sollten über den Augen, auf Wangen und Ohrinnenseiten und Läufen zu sehen sein.

BLENHEIM Diese Farbkombination ist die am weitesten verbreitete. Benannt ist sie nach dem Schloss der Dukes of Marlborough. Kräftige kastanienrote Abzeichen setzen sich klar von der weißen Grundfarbe ab. Die Abzeichen auf dem Kopf sollten gleichmäßig verteilt sein.

SCHWARZ UND LOH Diese Welpen haben ein schwarzes Fell mit lohfarbenen Abzeichen. „Ruby" dagegen ist ein einheitliches tiefes Rot.

Chihuahua

URSPRUNG Mexiko
GRÖSSE 15–23 cm
GEWICHT 1–3 kg
AUSLAUF
FELLPFLEGE (Kh) (Lh)
REGISTRIERUNG FCI, KC, AKCs
FARBEN alle Farben und Farbkombinationen zulässig

Die kleinste Rasse der Welt, der sehr markante Chihuahua, hat den Charakter und das Organ eines viel größeren Hundes. Der Chihuahua ist von Natur aus laut und hat ein furchtloses Wesen.

SCHWARZ CREME GRAU BLAU ROT/LOH

GESCHICHTE

Diese Hunderasse ist nach der mexikanischen Provinz benannt, aus der sie herstammt. Ihre Vorfahren sind unbekannt. Chihuahuas könnten die Nachkommen einer Reihe von Begleithundrassen sein, die überall im präkolumbischen Amerika gehalten wurden. Anderen Theorien zufolge gelangten ihre Vorfahren mit den frühesten spanischen Siedlern nach Amerika, wo sie mit lokalen Hunden gekreuzt wurden. Außerhalb Mexikos zogen Chihuahuas erstmals in den 1850er-Jahren die Aufmerksamkeit als modische Begleiter auf sich, und auch heute noch hat diese Rasse Promi-Status.

KURZHAAR Dies ist die traditionelle Fellvarietät der Rasse. Die großen Ohren sollten in einem Winkel von ungefähr 45 Grad am Kopf angesetzt sein.

LANGHAAR Das Fell ist weich, die Rute stark befedert. Eine ausgeprägte Befederung kann auch an Ohren, Hals, Läufen und Unterseite vorkommen. Das Haarkleid liegt flach an.

Chinesischer Schopfhund

URSPRUNG China
GRÖSSE 28–33 cm
GEWICHT 2,3–4,5 kg
AUSLAUF
FELLPFLEGE
REGISTRIERUNG FCI, KC, AKCs
FARBEN alle Farben und Farbkombinationen zulässig

Diese ungewöhnlichen Hunde gibt es mit normalem Fellkleid und fast haarlos. Wenn ein Elternteil haarlos ist, können im Wurf sowohl behaarte als auch nackte Welpen vorkommen.

SCHWARZ

DUNKELBRAUN

GESCHICHTE

Die Mutation, die zu den heute bekannten Nackthundrassen führte, trat in verschiedenen Teilen der Welt auf – in Asien beim Chinesischen Schopfhund. Diese Hunde wurden im Westen im Jahr 1686 durch eine zeitgenössische Darstellung in einer englischen Veröffentlichung bekannt, jedoch blieben sie recht selten.

In ihrer chinesischen Heimat waren diese Hunde nicht nur als Begleithunde recht begehrt, sondern auch als Haushüter, da sie beim Eindringen von Fremden sofort Alarm schlagen. Auch heute noch sind Chinesische Schopfhunde in dieser Rolle sehr nützlich.

Die Pflege des haarlosen Chinesischen Schopfhundes mag viel einfacher erscheinen als die der behaarten Varietät, die als Powder Puff (Puderquaste) bezeichnet wird. Zweifellos ist das richtig, doch müssen die Tiere nicht nur vor Kälte, sondern auch vor Sonnenbrand geschützt werden. Wie andere Nackthunde hat auch der Schopfhund nicht immer ein vollständiges Gebiss, was seinem Appetit jedoch keinen Abbruch tut.

GESUND Die Powder-Puff-Varietät wird häufig mit der haarlosen Varietät gekreuzt, um die Erbanlagen der Rasse zu verbessern.

POWDER-PUFF Die Körperform ist unverkennbar die eines Schopfhundes, das Fell ist elegant und fließend. Powder Puffs sind direkt nach der Geburt schon als solche erkennbar.

HAARLOS Das Haar auf dem Kopf bezeichnet man als Schopf, an der Rute als Befederung. Die behaarten Bereiche an den Unterläufen werden Socken genannt. Der Haarschleier ist weich und seidig.

CHIHUAHUA (siehe S. 110) Diese kleinste aller Hunderassen gilt als ultimativer Schoßhund. Die heutigen Züchtungen sind weniger bissig und aufgeregt als früher. In den letzten Jahren hat der Chihuahua enorm an Beliebtheit gewonnen.

Coton de Tuléar

URSPRUNG Madagaskar
GRÖSSE 25–30 cm
GEWICHT 5,5–7 kg
AUSLAUF
FELLPFLEGE
REGISTRIERUNG FCI
FARBEN weiß

Diese Rasse ist eine der wenigen aus Afrika stammenden und hat in den letzten Jahren enorm an Popularität gewonnen, sowohl in Europa als auch in Nordamerika. Der Coton de Tuléar ist ein weiteres Mitglied der Bichon-Gruppe, was unter anderem am weißen Fell zu erkennen ist.

GESCHICHTE

Mit ziemlicher Sicherheit gelangten die Vorfahren dieser Rasse bereits im 17. Jahrhundert von Europa in den Hafen der madagassischen Stadt Tuléar – daher auch ihr Name. Diese kleinen Hunde wurden auf der Insel vor der Ostküste Afrikas schnell zu einem Statussymbol für Wohlhabende. Auf Madagaskar wurden sie über Hunderte von Generationen isoliert gezüchtet, sodass die Hunde in ihrer Erscheinung nur langsam und wenig von ihren Vorfahren abwichen. Nur dem Adel war es erlaubt, diese Hunde zu besitzen, und andernorts blieben sie bis in die 1950er-Jahre hinein unbekannt. Nur wenige Hunde durften die Insel verlassen und nach Europa ausgeführt werden. Heute sind sie auf der ganzen Welt verbreitet.

NASSER HUND Wenn das Fell einmal nicht ins Gesicht fällt, so wie bei diesem nassen Tier, lassen sich die Bichon-Züge deutlich erkennen.

HAARKLEID Das flauschige, wattige Haarkleid ist ein besonderes Merkmal des Coton de Tuléar. Perlweiß ist die traditionelle Fellfarbe, doch gibt es auch Hunde mit cremefarbenen oder schwarzen Markierungen.

Französische Bulldogge

URSPRUNG Frankreich
GRÖSSE 28–30 cm
GEWICHT 9–12,5 kg
AUSLAUF
FELLPFLEGE
REGISTRIERUNG FCI, KC, AKCs
FARBEN creme, gold, leberfarben, schwarz und weiß, schwarz gestromt

Die Fledermausohren und der stämmige Körperbau sind unverwechselbar. Das kurze Fell bedarf nur wenig Pflege, aber der Hund neigt auf Grund seiner Gesichtsform zum Schnarchen.

GESCHICHTE

Eine kleine Bulldoggen-Rasse wurde einst von Spitzenklöpplern im englischen Nottingham gehalten. Mit der beginnenden Industrialisierung in den 1850er-Jahren wanderten viele dieser Handwerker nach Nordfrankreich aus, und natürlich nahmen sie ihre Haustiere mit. Es kam zu Kreuzungen mit lokalen Hunden; Terrierblut ist möglicherweise der Grund für die aufrechten Ohren, die heute zu den auffälligsten Rassemerkmalen gehören. Einige Exemplare dieser Bulldoggen gelangten nach Paris, wo sie zunächst als Arbeitstiere eingesetzt wurden, aber rasch in die höhere Gesellschaft gelangten. Auch in anderen Teilen Europas und vor allem in den USA wurden sie zu sehr beliebten Schoßhunden.

SCHWARZ-WEISS Die Abzeichen können unterschiedlich stark ausgeprägt sein, wie an den beiden Exemplaren links und rechts zu erkennen ist.

GUTER GEFÄHRTE Die Französische Bulldogge ist ein lebendiger, freundlicher Hund mit relativ bescheidenen Ansprüchen an Bewegung und Auslauf.

GESTROMT Eine gestromte Farbe ist bei Französischen Bulldoggen durchaus nicht ungewöhnlich, ebenso wie ein weißes Abzeichen auf der Brust.

Deutscher Spitz

URSPRUNG Deutschland
GRÖSSE 20–41 cm
GEWICHT 3–18 kg
AUSLAUF
FELLPFLEGE
REGISTRIERUNG FCI, KC, AKCs
FARBEN einfarbig, bikolor bei Klein- und Zwergspitz möglich

Innerhalb der Spitz-Familie können abhängig von der Größe mehrere Varietäten unterschieden werden: Wolf-, Groß-, Mittel-, Klein- und Zwergspitz. Alle sind sie von ähnlichem Temperament.

SCHWARZ CREME GRAU GOLD DUNKELBRAUN

GESCHICHTE

Der Deutsche Spitz ist ein Nachfahre des steinzeitlichen Torfhundes und gehört zu den ältesten Rassen in Mitteleuropa. Seit dem 15. Jahrhundert gab es wie bei anderen Rassen die Tendenz, die Größe der Hunde zu reduzieren, um sie als Begleithunde zu züchten. Kleinster Vertreter der Deutschen Spitze ist der Zwergspitz, im nicht deutschsprachigen Ausland auch Pomeranian genannt (siehe S. 130). Es gibt einige Unterschiede in der Anerkennung der Fellfarbe bei den verschiedenen Spitz-Varietäten. Der Wolfspitz ist ausschließlich grau gewolkt zugelassen, Großspitze sind schwarz, braun oder weiß, während bei Mittel-, Klein- und Zwergspitz auch Kombinationen aus zwei Farben akzeptiert werden.

ÜPPIGES FELL Der Fellkragen um den Hals ist im Winter ausgeprägter und kontrastiert mit den kurzen Haaren an den Läufen.

GESICHTSZÜGE Spitze haben eine fuchsähnliche Gesichtsform. Die weiße Blesse zwischen den Augen tritt häufig bei zweifarbigen Fellvarianten auf.

Havaneser

URSPRUNG Kuba
GRÖSSE 20–36 cm
GEWICHT 3–6 kg
AUSLAUF
FELLPFLEGE
REGISTRIERUNG FCI
FARBEN schwarz, weiß, blau, gold, dunkelbraun

Diese Rasse hat ein lebendiges Naturell, lässt sich aber leicht erziehen. Die verspielten, liebevollen Hunde eignen sich als vielseitige Begleiter, Wachhunde und sogar Hüter von Geflügel.

SCHWARZ CREME BLAU GOLD DUNKELBRAUN

GESCHICHTE

Der Havaneser gehört zu den bichonartigen Hunden, dessen Vorfahren bereits in der frühen Zeit der Besiedlung Amerikas nach Kuba gelangten, als die Insel eine wichtige Anlaufstelle für Schiffe aus Europa war. Die Rasse ist nach der Hauptstadt Kubas, Havanna, benannt und gedieh auf der Insel über Jahrhunderte, wurde aber nach der Revolution 1959 zunehmend seltener. Viele Exil-Kubaner nahmen ihre Tiere mit in die USA, was der Popularität der Rasse in Nordamerika sehr förderlich war. Heute sind Havaneser weltweit auf Hundeschauen zu sehen.

HAARKLEID Das Fell von Havanesern ist sehr weich und wie bei allen bichonartigen Hunden meistens weiß. Die Schnauze dieser Hunde ist lang und keilförmig.

STYLING An dem langen Kopfhaar, das die Augen vor der Sonne schützt, ist zu erkennen, dass die Rasse aus einer warmen Klimazone stammt. Es wird traditionell nach oben zusammengebunden.

Peruanischer Nackthund/dunkler Typ

URSPRUNG Peru
GRÖSSE 25–71 cm
GEWICHT 4–25 kg
AUSLAUF
FELLPFLEGE
REGISTRIERUNG keine
FARBEN schwarz oder dunkelbraun

Nackthunde waren in der präkolumbischen Zeit in Teilen Mittel- und Südamerikas recht verbreitet. Der Inka Nackthund oder Peruanische Nackthund ist eine der wenigen überlebenden Rassen, die in Nordamerika bekannter sind als in Europa.

EINHEITLICHE FÄRBUNG Die dunkle, relativ gleichmäßige Pigmentierung ist ein charakteristisches Merkmal dieses Typs.

GESCHICHTE

Diese Rasse wurde ursprünglich vom Volk der Huanca in Südamerika als Nahrungsquelle gezüchtet. Als es 1460 von den Inka unterworfen wurde, übernahmen diese die Hunde und setzten sie als Bettwärmer ein. Zwei unterschiedliche Typen sind anerkannt: Der dunklere Schlag wurde als „Tageshund" bekannt, im Gegensatz zum Typ mit rosa gefleckter Haut (siehe S. 129). Dieser wurde nur nachts aus dem Haus gelassen, damit er sich keinen Sonnenbrand holte. Tagsüber wurde er in mit Orchideen dekorierten Räumen eingeschlossen. Die Nachkommen haben in Peru in kleiner Zahl bis zum heutigen Tag überlebt. Auch wenn haarlose Exemplare in Würfen überwiegen, werden gelegentlich auch Welpen mit vollem Haarkleid geboren.

OHREN Die relativ großen Ohren der Rasse stehen aufrecht, wenn der Hund in Alarmbereitschaft ist, und hängen herab, wenn er entspannt ist.

HAARE Diese Hunde sind nicht vollständig nackt. Wenige Haare finden sich auf Kopf, Rute und Läufen.

Italienisches Windspiel

URSPRUNG Italien
GRÖSSE 33–38 cm
GEWICHT 4,5–7 kg
AUSLAUF
FELLPFLEGE
REGISTRIERUNG FCI, KC, AKCs
FARBEN creme, grau, blau, rot/loh, gold und weiß, blau und weiß

Diese Rasse ist eine kleine Form des Greyhounds (siehe S. 195) und ein ausgezeichneter Familienhund. Fremden gegenüber ist er fast scheu, es sei denn, er wird bereits sehr früh sozialisiert.

GESCHICHTE

Kleine Exemplare von Greyhounds lassen sich bis ins alte Ägypten an den Hof der Pharaonen zurückverfolgen, aber erst im Italien des 15. Jahrhunderts erlangten diese Hunde einen höheren Bekanntheitsgrad. Italienische Windspiele waren gefragte Schoßhunde, vor allem in Adelskreisen, wie aus ihrer Abbildung auf Gemälden von Jan van Eyck und anderen Meistern deutlich wird. Leider führte der Wunsch nach immer kleineren Hunden gegen Ende des 19. Jahrhunderts zu einer ernsthaften Schwächung der Rasse. Erst durch ein Zuchtprogramm zu Beginn des 20. Jahrhunderts konnte die Rasse wieder stabilisiert werden, und die Bestände erhöhten sich. Aber auch heute noch gehören Italienische Windspiele zu den selteneren und deshalb kostspieligen Rassen. Genau wie ihre größeren Verwandten brauchen sie weniger lange Spaziergänge, sondern bevorzugen eher kurze, schnelle Sprints.

BLAU UND WEISS Zweifarbige Windspiele haben in der Regel eine weiße Blesse zwischen den Augen, die sich über den Kiefer bis hin zum oberen Brustbereich erstrecken kann.

FELL UND OHREN Windspiele haben ein glattes, feines und glänzendes Haarkleid. Ist der Hund aufmerksam, richten sich die Ohren am Ansatz auf, der Ohrlappen steht dachartig horizontal zur Seite. Ansonsten werden sie gefaltet und nach hinten geklappt getragen.

Japan-Chin

URSPRUNG Japan
GRÖSSE 20–36 cm
GEWICHT 1,5–3,5 kg
AUSLAUF
FELLPFLEGE
REGISTRIERUNG FCI, KC, AKCs
FARBEN schwarz und weiß, loh und weiß

Dieser kleine Hund hat ein dichtes, glänzendes Haarkleid, ist von Natur aus sehr entschlossen und hat ein Temperament, das in mancherlei Hinsicht an das einer Katze erinnert.

SCHWARZ UND WEISS

LOH UND WEISS

GESCHICHTE

Die Ahnen des Japan-Chins wurden bereits vor über 1500 Jahren vermutlich aus China nach Japan gebracht. Selbst heute noch hat die Rasse einige Ähnlichkeiten mit dem Pekinesen, mit dem er seine Vorfahren teilt. Da Japan für Europäer über Jahrhunderte ein verschlossenes Land blieb, erreichte der Japan-Chin erst in der zweiten Hälfte des 19. Jahrhunderts Bekanntheit und war beim europäischen Adel bald sehr beliebt, stand er doch auch bei den herrschenden Klassen in seiner Heimat hoch im Kurs.

FÄRBUNG Schwarz und weiß ist die häufigste Farbkombination beim Japan-Chin. Diese Hunde sind überraschend ruhig und eignen sich gut für eine städtische Umgebung.

Japan-Spitz

URSPRUNG Japan
GRÖSSE 38–40 cm
GEWICHT 6 kg
AUSLAUF
FELLPFLEGE
REGISTRIERUNG FCI, KC
FARBEN weiß

Diese schönen kleinen Hunde ähneln mit ihren aufrechten Ohren, dem spitzen Fang und der über dem Rücken gerollten Rute anderen Spitz-Rassen, sind jedoch wesentlich kleiner.

GESCHICHTE

Die große Ähnlichkeit mit dem Samojeden (siehe S. 361) ist nicht zufällig, da wahrscheinlich kleine Exemplare dieser Rasse den Grundstock für die Entwicklung des Japan-Spitzes bildeten. Während der ersten Hälfte des 20. Jahrhunderts folgten Einkreuzungen anderer kleiner Spitz-Typen; schließlich wurde der Japan-Spitz im Jahr 1948 vom japanischen Hundezuchtverband anerkannt.

ERSCHEINUNG Das flauschige weiße Haarkleid des Japan-Spitzes ist ein typisches Rassemerkmal. Hals, Schulter und Vorderbrust zeigen eine üppige Krause.

King Charles Spaniel

URSPRUNG Großbritannien
GRÖSSE 25–27 cm
GEWICHT 3,5–6,5 kg
AUSLAUF
FELLPFLEGE
REGISTRIERUNG FCI, KC, AKCs
FARBEN ruby, schwarz und loh, Blenheim, trikolor

Diese kleine Rasse war nie ein Jagdhund, sondern königliches Spielzeug. Der Chronist Samuel Pepys erwähnte „die Albernheit des Königs, der immerzu mit seinem Hund spielen wollte".

ROT/LOH

SCHWARZ, WEISS UND LOH

GESCHICHTE

Als sich die Spaniel-Rassen entwickelten, wurden größere Tiere für Arbeitszwecke herangezogen, die kleineren schließlich als Begleithunde weitergezüchtet. Frühe Arten hatten einen längeren Fang, so wie der Cavalier King Charles Spaniel heute (siehe S. 109), doch Einkreuzungen von kurzschnäuzigen orientalischen Rassen im 18. Jahrhundert führten zu einem neuen Aussehen.

Der King Charles Spaniel ist ein liebevoller Hund, der gut für ein städtisches Umfeld geeignet ist. Ein großer Nachteil der Rasse ist ihre gesundheitliche Anfälligkeit und ihre für kleine Hunde relativ kurze Lebenserwartung.

KÖNIGLICHE FARBEN Ruby ist ein dunkles Kastanienrot, Blenheim, nach dem Sitz der Dukes of Marlborough benannt, ist Weiß mit Loh, Trikolor wird auch als Prince Charles bezeichnet.

Kromfohrländer

URSPRUNG Deutschland
GRÖSSE 38–46 cm
GEWICHT 9 kg
AUSLAUF
FELLPFLEGE
REGISTRIERUNG FCI
FARBEN loh und weiß

Diese Rasse gehört zu den jüngsten deutschen Hunderassen und wurde als Begleithund gezüchtet. Die meisten Kromfohrländer werden immer noch in Deutschland gehalten.

GESCHICHTE

Nach dem Zweiten Weltkrieg brachten amerikanische Truppen einen braun-weißen drahthaarigen Foxterrier, den sie in Frankreich aufgegriffen hatten, mit nach Deutschland. Dort gelangte er wieder in die Hände von Privatpersonen und wurde mit anderen Rassen gekreuzt. Die Erstzüchterin wohnte in der Nähe von Siegen, unweit der Gemarkung Krom Fohr (hdt.: *krumme Furche*), woraus sich der Name Kromfohrländer ableitet. Die Rasse wurde 1953 vom deutschen Hundezuchtverband anerkannt. Kromfohrländer sind einfach abzurichtende, umgängliche Hunde, die gut in eine Familie passen. Es gibt zwei Fellvarietäten: rau- und glatthaarig.

RAUHAAR Die rauhaarige Varietät ist die häufiger vorkommende Fellart des Kromfohrländers. Die langen, geraden Vorderläufe sind typisch für die Rasse.

Kyi Leo

URSPRUNG USA
GRÖSSE 23–28 cm
GEWICHT 6–7 kg
AUSLAUF
FELLPFLEGE
REGISTRIERUNG –
FARBEN creme, gold, gold und weiß, schwarz und weiß, loh und weiß

Der Kyi Leo, das Ergebnis einer behutsamen Kreuzung zweier anderer Begleithundrassen, ist eine immer noch recht seltene Rasse. Die meisten Tiere haben ein schwarz-weißes Fell.

CREME | GOLD | GOLD UND WEISS | SCHWARZ UND WEISS | LOH UND WEISS

GESCHICHTE

Der Kyi Leo ist der erste Designerhund, der als Rasse anerkannt wurde. Er ging erstmals in der Region von San Francisco aus Kreuzungen von Lhasa Aspo und Malteser hervor, die in den 1940er-Jahren begannen und sich zunächst mit 60 Tieren 1972 und 190 im Jahr 1986 nur sehr langsam entwickelten. Der Name der Rasse setzt sich zusammen aus dem tibetischen *kyi* (Hund), als Zeichen des Lhaso-Apso-Beitrags, und dem Wort *leo* (Löwe). In einigen Zuchtverbänden werden Hunde mit offensichtlich identischer Abstammung auch unter dem Namen American Lamalese geführt.

RASSEMERKMALE Der Kyi Leo wirkt wie ein kleiner Lhasa Apso, allerdings mit einem ausgeprägteren Fang und längerem Fell. Er gilt als sehr freundlich.

Lhasa Apso

URSPRUNG Tibet
GRÖSSE 25–28 cm
GEWICHT 6–7 kg
AUSLAUF
FELLPFLEGE
REGISTRIERUNG FCI, KC, AKCs
FARBEN viele Schattierungen von schwarz bis weiß, schwarz und weiß

Das lange, fließende Fell des Lhasa Apso verleiht dieser Rasse ein elegantes Aussehen, benötigt aber täglich viel Pflege.

SCHWARZ | CREME | GRAU | GOLD | SCHWARZ UND WEISS

GESCHICHTE

Diese kleine Rasse lebte in tibetischen Klöstern und galt den Mönchen als heiliges Tier, denn in ihm sollten die Seelen der verstorbenen Mönche wohnen. Dementsprechend wurden die Hunde auch nicht an Außenstehende verkauft. Zu bestimmten Anlässen aber überreichte der Dalai Lama, das geistige Oberhaupt der Tibeter, dem Kaiser von China ein Hundepaar als Geschenk. Den Westen erreichten die ersten Lhasa Apsos wahrscheinlich erst im späten 19. oder frühen 20. Jahrhundert. Doch erst nach dem Ersten Weltkrieg konnten sie sich recht schleppend in Europa etablieren. Richtig bekannt wurde die Rasse jedoch in den 1960er-Jahren.

HAARKLEID Der Lhasa Apso hat ein sehr dichtes Fell, das ihn gut vor Witterungseinflüssen schützt.

Löwchen

URSPRUNG Frankreich
GRÖSSE 25–33 cm
GEWICHT 4,5–8 kg
AUSLAUF
FELLPFLEGE
REGISTRIERUNG FCI, KC
FARBEN alle Farben und Farbkombinationen zulässig

Der andere Name für diese bereits sehr alte Rasse ist Kleiner Löwenhund, und wenn sein Fell getrimmt ist, ähnelt dieser Hund in der Tat einem kleinen Löwen.

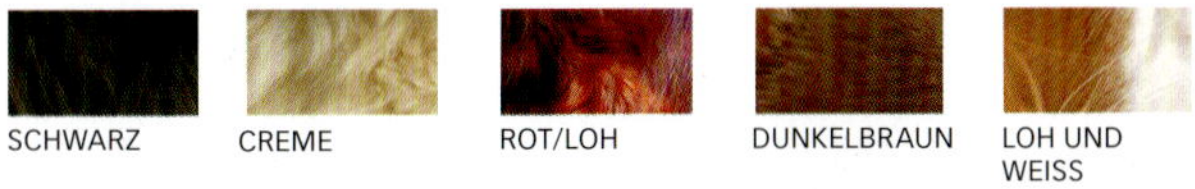

GESCHICHTE

Wahrscheinlich ist diese Rasse in weiten Teilen Europas schon seit dem 16. Jahrhundert bekannt. Trotz ihres deutschen Namens stammt sie aus Frankreich. Das Fell kann in Löwenschur gehalten werden, bei der die Haare nur auf dem hinteren Körperteil und an den hinteren oberen Läufen entfernt werden. Die Hunde dienten dem Adel einst als Bettwärmer; das löwenartige Aussehen sollte Kraft und Stärke verleihen. 1973 stand die Rasse kurz vor dem Aussterben; weltweit wurden die Bestände auf weniger als 70 Tiere geschätzt. Züchtern gelang jedoch ihre Rettung.

VERWANDTSCHAFT Wenn das Löwchen nicht getrimmt ist, wird seine Verwandtschaft zum Bichon am deutlichsten.

Malteser

URSPRUNG Malta
GRÖSSE 23–25 cm
GEWICHT 1,5–6 kg
AUSLAUF
FELLPFLEGE
REGISTRIERUNG FCI, KC, AKCs
FARBEN weiß

Auch wenn diese Rasse früher Malteser Terrier genannt wurde, fließt doch kein Tropfen Terrierblut in den Adern dieser Hunde. Ein dritter Name, Bichon Maltais, ist bereits viel plausibler. Der Malteser ist ein gewinnender, ungeachtet seiner geringen Größe furchtloser Hund.

GESCHICHTE

Der Malteser wird als Begleithund gehalten, seit die Phönizier die alte Melita-Rasse vor ungefähr 2000 Jahren nach Malta brachten. Eine unmittelbare Abstammung von dieser Rasse ist unwahrscheinlich, denn neben Zwergspaniels dürften auch Zwergpudel zur Entwicklung des Maltesers beigetragen haben. Er ist aktiv und verspielt, wird im Alter aber ruhiger.

PERFEKT FRISIERT Das lange seidige Fell hat keine Unterwolle und wird schnell stumpf. Die größte Anforderung, die diese Rasse stellt, ist deshalb die tägliche Fellpflege.

MALTESER Diese Rasse ist ein weiterer Vertreter der Bichon-Familie und stammt, wie der Name schon sagt, von der Mittelmeerinsel Malta. Augen, Lider, Schnauze und Lefzen sind dunkel und schaffen einen Kontrast zum weißen Fell.

Mexikanischer Nackthund

URSPRUNG Mexiko
GRÖSSE 28–55 cm
GEWICHT 4–14 kg
AUSLAUF
FELLPFLEGE
REGISTRIERUNG FCI, AKCs
FARBEN alle Farben und Farbkombinationen zulässig, dunkle Farben bevorzugt

Der Originalname dieser Rasse ist Xoloitzcuintle, der aber häufig auf Xolo verkürzt wird. Eine behaarte Varietät der Rasse war als Itzcuintle bekannt.

SCHWARZ BLAU DUNKELBRAUN

GESCHICHTE

Die Rasse hat eine lange Geschichte, die weit in die präkolumbische Zeit hineinreicht. Ihr Name leitet sich vom Totengott Xolotl ab, als dessen irdischer Vertreter der Hund angesehen wurde, der die Seelen der Verstorbenen zu ihren ewigen Ruhestätten geleiten sollte. Die weniger romantische Seite dieser Rolle war, dass diese Hunde zu Heilzwecken oder bei rituellen Zeremonien auch verspeist wurden. Der Nackthund ist ein ruhiger, intelligenter und athletischer Begleiter, der eine starke Bindung zu seinem Herrchen oder Frauchen aufbaut.

VARIETÄTEN Die Rasse weist unterschiedliche Varietäten auf. Die behaarte wird für die Zucht eingesetzt, um einen seltenen, zum Tode führenden Gendefekt zu vermeiden, der bei der Verpaarung von haarlosen Tieren auftreten kann.

HAARLOS Die Gene, die für die Haarlosigkeit verantwortlich sind, wirken sich auch auf die Zähne aus. Viele Nackthunde haben verdrehte Zähne oder ein unvollständiges Gebiss.

Papillon

URSPRUNG Frankreich
GRÖSSE 20–28 cm
GEWICHT 4–4,5 kg
AUSLAUF
FELLPFLEGE
REGISTRIERUNG FCI, KC, AKCs
FARBEN alle Farben auf weißem Grund zulässig

Der Papillon, zu Deutsch „Schmetterling", mag wie ein Kuscheltier wirken und eine beliebte Staffage für Portraits gewesen sein, doch diese Rasse ist keineswegs nur ein Schoßhündchen.

GOLD UND WEISS | SCHWARZ UND WEISS | LOH UND WEISS | SCHWARZ, WEISS UND LOH

GESCHICHTE

Die Geschichte dieser kleinen Hunde, auch als Kontinentale Zwergspaniels bekannt, reicht bis in die Renaissance zurück. Möglicherweise ging die Rasse im 16. Jahrhundert aus dem Spanischen Zwergspaniel hervor, der für ein feineres Gesicht mit nordeuropäischen Spitz-Typen gekreuzt wurde. Er war in der Kunst eine beliebte Staffage und wurde auf Fresken und Ölgemälden, von Tizians *Venus von Urbino* bis hin zu Largillières Portrait Ludwigs XIV. und seiner Erben, abgebildet. In vielen dieser Abbildungen lässt sich die Ohrstellung nicht genau erkennen. Es scheint aber, dass der Papillon als eine Varietät des Kontinentalen Zwergspaniels im 16. Jahrhundert entstand; zur Unterscheidung wurde die Varietät mit hängenden Ohren Phalène genannt (siehe S. 129).

HUNDE MIT FLÜGELN Der Name „Papillon" (Schmetterling) ist auf die großen Ohren und das Fellmuster im Gesicht zurückzuführen.

EIGENSCHAFTEN

Angesichts des feinen, seidigen Haarkleides sowie der stark befederten Rute und Ohren ist es nicht schwer zu verstehen, warum diese Rasse so beliebt wurde. Das Fell, das keine Unterwolle hat, benötigt weniger Pflege als erwartet, um schön auszusehen. Papillons können sehr vereinnahmend sein, wenn ihre Energie aber richtig kanalisiert wird, sind sie wunderbare Gefährten.

SCHNELLE AUFFASSUNG Papillons lieben Aktivitäten im Freien. Mit ein bisschen Training eignen sie sich aufgrund ihrer verspielten Natur sowie der erstaunlichen Schnelligkeit und Athletik hervorragend für Obedience-Trials.

Pekinese

URSPRUNG China
GRÖSSE 15–23 cm
GEWICHT 3–5,5 kg
AUSLAUF
FELLPFLEGE
REGISTRIERUNG FCI, KC, AKCs
FARBEN alle Farben zulässig

Der Legende nach ist diese Rasse das Ergebnis der Vereinigung eines Löwen mit einem Affen. Damit wären Aussehen und die Persönlichkeit dieser Hunde bereits gut beschrieben.

SCHWARZ

ROT/LOH

GOLD

LOH UND WEISS

GESCHICHTE

Die Ursprünge des Pekinesen liegen zu weit zurück, als dass sie genau nachvollzogen werden könnten. Vor Kurzem bestätigten DNA-Analysen, dass es sich um eine der ältesten Rassen handelt, und veranschaulichten damit, wie lange Hunde bereits auch als Begleiter geschätzt werden. Pekinesen wurden am chinesischen Kaiserhof in der Verbotenen Stadt gezüchtet und gelangten erst während des Opiumkrieges in den 1860er-Jahren nach Europa. Heute wird der Pekinese für viele Designerhunde-Züchtungen verwendet.

EIGENSCHAFTEN

Diese Rasse verhält sich, als wüsste sie sehr wohl um ihre kaiserliche Vergangenheit. Pekinesen können sehr dickköpfig sein, und es ist erstaunlich, wie schwer ein kleinwüchsiger Hund werden kann, wenn er sich weigert mitzugehen. Sie sind ihren Besitzern gegenüber sehr loyal, Fremden gegenüber jedoch zurückhaltend; sie bellen wie kleine Wachhunde.

KAISERLICHER STANDARD Diese Rasse entspricht immer noch dem von Kaiserwitwe Tzu Hsi verfassten Standard: behaarte Pfoten für leises Auftreten, eine zu jedem Gewand passende Fellfarbe, einen Pelzkragen für mehr Würde und O-Beine, um nicht weglaufen zu können.

Peruanischer Nackthund

URSPRUNG Peru
GRÖSSE 38–50 cm
GEWICHT 9–12,5 kg
AUSLAUF
FELLPFLEGE
REGISTRIERUNG FCI, AKCs
FARBEN alle Farben zulässig, rosa gefleckt

Bei der FCI ist der Peruanische Nackthund als Perro sin Pelo del Perú registriert. Zuweilen wird er auch als Orchideenhund der Inka oder Moonflower Dog bezeichnet.

SCHWARZ BLAU DUNKELBRAUN

GESCHICHTE

Darstellungen solcher Hunde gibt es auf Keramiken aus der Zeit um 750 n.Chr., allerdings eher von den Chimú-, Mochica- und Vicus-Kulturen – nicht von den Inka im Hochland. Der Eingeborenenname dieser Hunde lautet *Calato*, was „nackt" bedeutet. Ihre Körperwärme hatte angeblich heilende Kräfte, doch die Konquistadoren berichteten auch, dass diese Hunde von den Indianern verspeist wurden. Außerhalb ihrer Heimat hat diese Rasse einen bedenklich kleinen Genpool, der nur selten aufgefrischt wird. Wie viele andere primitive Hunderassen sind sie Fremden gegenüber zurückhaltend, doch in der Regel kinderlieb und freundlich zu anderen Hunden.

NACKTE TATSACHEN Die Haut braucht viel Pflege, damit sie nicht austrocknet und keine Hautkrankheiten auftreten. Ein kleiner Haarschopf ist zulässig.

Phalène

URSPRUNG Frankreich
GRÖSSE 20–28 cm
GEWICHT 1,5–4 kg
AUSLAUF
FELLPFLEGE
REGISTRIERUNG FCI, KC, AKCs
FARBEN alle Farben auf weißem Grund zulässig

Diese Rasse ist der hängeohrige Verwandte des Papillon (*siehe* S. 127). Portraits und Statuetten zeigen sie als die Lieblingstiere der französischen Königin Marie-Antoinette.

GOLD UND WEISS SCHWARZ UND WEISS LOH UND WEISS

GESCHICHTE

Der Phalène ging wie der Papillon aus dem Spanischen Zwergspaniel und nordischen Spitz-Typen hervor. Manche Zuchtregister führen den Phalène als Varietät des Papillons, bei der FCI werden beide als Varietäten unter dem Rassenamen *Kontinentaler Zwergspaniel* geführt. Der Phalène war im 20. Jahrhundert beinahe ausgestorben, konnte sich aber in den letzten Jahren erholen.

Aufrechte und hängende Ohrformen können in einem Wurf vorkommen. Phalènes sind munter und intelligent.

SCHÖNE NAMEN Er heißt Phalène (Nachtfalter), weil seine Ohren wie dessen Flügel nach unten hängen. Die befederte Rute trug beiden Varietäten den Beinamen „Eichhörnchenhund" ein.

Zwergspitz

URSPRUNG Deutschland
GRÖSSE 20–28 cm
GEWICHT 1,5–3,5 kg
AUSLAUF
FELLPFLEGE
REGISTRIERUNG FCI, KC, AKCs
FARBEN schwarz, braun, weiß, orange, creme, grau gewolkt

Diese Rasse sieht aus wie eine Puderquaste auf vier Beinen. Der Zwergspitz, auch Pomeranian oder Loulou genannt, ist der kleinste der Deutschen Spitze.

SCHWARZ CREME ROT/LOH GOLD

GESCHICHTE

Der Zwergspitz ist der kleinste der Deutschen Spitze. Im 19. Jahrhundert wurde er in Pommern zunächst als Kleinspitz herangezüchtet; daher stammt sein Zweitname „Pomeranian“. Diese Kleinspitze gelangten zu Beginn des 19. Jahrhunderts nach England, wo man sie immer weiter verkleinerte, möglicherweise auch durch die Einkreuzung von aus Italien eingeführten Volpinos.

GUT GEBÜRSTET Das lange, gerade Fell hat eine dichte Unterwolle und erfordert regelmäßiges Bürsten, damit sich keine Zotteln bilden.

EIGENSCHAFTEN

Der niedliche und muntere Zwergspitz ist ein guter Familienhund und für das Stadtleben geeignet. Er ist zudem ein guter Wächter, da er sein Terrain lautstark verteidigt, und fordert sogar größere Hunde heraus, auch wenn er einem Eindringling nicht viel entgegensetzen kann. Zwergspitze sind langlebige Hunde, obwohl sie gelegentlich zu Knie- und Augenproblemen neigen.

FARBE UND GRÖSSE Die frühen Zwergspitze waren in der Regel weiß und etwas größer, doch in der Folge einer weiteren Miniaturisierung setzten sich Rot- und Sandtöne durch.

Pudel (Klein, Zwerg und Toy)

URSPRUNG Frankreich
GRÖSSE 23–38 cm
GEWICHT 1,5–5,5 kg
AUSLAUF
FELLPFLEGE
REGISTRIERUNG FCI, KC, AKCs
FARBEN alle einheitlichen Farben zulässig

Während der Großpudel (siehe S. 354) immer noch als Gebrauchshund betrachtet werden kann, wurden die kleineren Varietäten ausschließlich als Gesellschafts- und Begleithunde gezüchtet.

SCHWARZ CREME BLAU GOLD DUNKELBRAUN

GESCHICHTE

Wenn über die Herkunft des Großpudels noch diskutiert werden kann, so stammen die verkleinerten Formen eindeutig aus Frankreich. Diese Hunde waren niemals als Jagd- und Wasserhunde gedacht, auch wenn sie all diese Instinkte ihrer größeren Vorfahren noch in sich tragen. Sie sind bis heute beliebte Zirkushunde, nicht zuletzt wegen ihrer hohen Intelligenz. Seit dem 18. Jahrhundert tanzen sie, spielen in Dramen mit, balancieren auf Seilen und können sogar Karten spielen und Zaubertricks vorführen, wobei sie auf das winzigste Zeichen ihres Dompteurs reagieren.

EIGENSCHAFTEN

Wenn sich ihnen die Möglichkeit bietet, sind sie gelehrige und unterhaltsame Gefährten. Als modisches Accessoire wird ihnen schnell langweilig, und sie reagieren destruktiv. Die Fellpflege hängt von der Schur ab. Einige gesundheitliche Probleme wie Ohrinfektionen sind nicht auszuschließen.

EINFACH ZU HALTEN Bei Welpen wird das Fell in der Regel noch nicht geschoren. Für ausgewachsene Hunde gelten strengere Ausstellungsrichtlinien.

TOY PUDEL Die kleinste Pudel-Varietät ist bestens geeignet für ein Leben in der Stadt. Die Kleinsten haben mit etwa 14 Jahren die längste Lebenserwartung.

ZWERGPUDEL Diese Varietät war in Zirkussen sehr beliebt und Mitte des 20. Jahrhunderts überaus angesagt. Jedoch führte die Überzüchtung dazu, dass die Rasse wieder an Beliebtheit verlor – zum Segen ihrer Gesundheit.

Mops

URSPRUNG China
GRÖSSE 25–28 cm
GEWICHT 6,5–8,5 kg
AUSLAUF
FELLPFLEGE
REGISTRIERUNG FCI, KC, AKCs
FARBEN silber, apricot, falb, schwarz

Diese kleinen Hunde stecken voller Energie. Der Name leitet sich vom niederdeutschen Wort „mopen" ab, was „den Mund verziehen" bedeutet und sich wohl auf den Gesichtsausdruck bezieht.

SCHWARZ GRAU GOLD

GESCHICHTE

Diese Rasse wurde vor mindestens 2000 Jahren in China entwickelt, wo sie als Lo-Chiang-Sze bekannt war und von Adligen und Mönchen gehalten wurde. Im 16. Jahrhundert gelangte der Hund auf Schiffen der Holländischen Ostindienkompanie nach Europa. Angeblich rettete einer dieser kleinen Hunde das Leben Wilhelms von Oranien, weil er kläffend vor einem Attentäter warnte. Von Holland aus verbreitete sich die Rasse bald in ganz Europa und wurde vor allem in wohlhabenden Kreisen ein beliebter Schoßhund.

EIGENSCHAFTEN

Der Gesichtsausdruck ist zwar gelegentlich mürrisch und der Blick trotzig, und zuweilen können diese Hunde auch recht dickköpfig sein, doch eigentlich sind Möpse intelligente und verspielte Tiere sowie bezaubernde Begleiter.

ÄHNLICHKEITEN Diese Rasse hat immer noch eine gewisse Ähnlichkeit mit den Statuen, die chinesische Tempel- und Palastpforten säumen.

MODEWANDEL Das ursprüngliche Mopsgesicht, wie es zum Beispiel in Hogarths Selbstbildnis *Der Maler mit dem Mops* zu sehen ist, hatte eine länglichere Form. Die extrem verkürzte Schnauze der heutigen Hunde führt häufig zu Atem- und Augenproblemen.

MODISCHE FARBEN Möpse mit hellem Haarkleid waren bis ins 19. Jahrhundert bevorzugt, bis neuartige schwarze Exemplare aus Fernost nach Europa gelangten.

Shih Tzu

URSPRUNG Tibet/China
GRÖSSE 20–28 cm
GEWICHT 4–7,5 kg
AUSLAUF
FELLPFLEGE
REGISTRIERUNG FCI, KC, AKCs
FARBEN alle Farben zulässig

Während es über die Aussprache des Namens dieser Rasse unterschiedliche Meinungen gibt, so herrscht doch Einigkeit bei seiner Übersetzung „Löwenhund".

SCHWARZ | BLAU | GOLD | SCHWARZ UND WEISS | LOH UND WEISS

GESCHICHTE

Lange wurde angenommen, dass der Shih Tzu eine Kreuzung aus Pekinese und Lhasa Apso sei, denn genau so sieht er aus. Doch neuerliche DNA-Analysen haben ergeben, dass es sich um eine der ältesten eigenständigen Rassen der Welt handelt. Vermutlich gelangte sie von Tibet aus nach China. Am Kaiserhof erfreute sie sich größter Beliebtheit und wurde von dort aus weiter verbreitet.

BLUMENARTIG Das lange Haar über dem Augenbogen hat dem Shih Tzu den Spitznamen „Chrysanthemenhund" eingetragen.

PERFEKTE SYMMETRIE Zweifarbige Shih Tzus sind sehr häufig. Eine weiße Blesse, die sich vom Fang bis zur Stirn erstreckt, und eine weiße Rutenspitze sind überaus beliebt.

Deshalb gilt der Shih Tzu eher als chinesische denn als tibetische Rasse. Im frühen 20. Jahrhundert gelangte sie nach Europa, wo sie sich sehr schnell etablieren konnte.

EIGENSCHAFTEN

Das üppige Fell besteht aus langem Deckhaar und einer wattigen Unterwolle, weshalb der Shih Tzu gründliche Fellpflege braucht. Er ist ein gutmütiger Familienhund, entspannt im Verhältnis zu anderen Hunden und kinderlieb, wenn auch etwas eigensinnig. Außerdem ist er ein aufmerksamer Wächter.

SCHWARZ-WEISS Die dichte Unterwolle des Shih Tzus wird sehr schnell stumpf. Hundebesitzern, die sich nicht viel um Fellpflege kümmern wollen, ist also von dieser Rasse abzuraten.

Tibet-Terrier

URSPRUNG Tibet
GRÖSSE 36–41 cm
GEWICHT 8–14 kg
AUSLAUF
FELLPFLEGE
REGISTRIERUNG FCI, KC, AKCs
FARBEN alle Farben zulässig, außer leber- und schokoladenbraun

Angeblich stammt diese uralte Rasse aus einem vergessenen Tal, wo sie von Mönchen gezüchtet und an Außenstehende immer nur verschenkt, nie aber verkauft wurde.

GESCHICHTE

Gen-Analysen haben unlängst bestätigt, dass der Tibet-Terrier eine der ältesten Rassen überhaupt ist. Er stammt aus der Provinz Tsang, dem religiösen Zentrum Tibets, und wurde in Klöstern als Begleit- und Wachhund, von tibetischen Nomadenstämmen aber auch als Hütehund für ihre Viehherden gehalten. Die ersten Hunde, die nach Europa gelangten, waren zwei Welpen, die eine Ärztin als Dank für ihre Behandlung erhalten hatte, denn diese Hunde wurden in der Regel nur verschenkt und nicht verkauft. Tibet-Terrier haben sich als lebhafte, liebevolle und recht gehorsame Begleiter, die meist wenig Auslauf benötigen, gut etabliert. Immer noch steckt in ihnen ein überraschend lautstarker Wächter.

EINFACHER NAME Der tibetische Name Do Kyi Apso beschreibt die Rasse als „langhaarigen Ketten- oder Wachhund".

ENTSPANNT Tibet-Terrier sind anhängliche Begleiter, in denen auch kleine Wächter stecken. Sie zeigen die Intelligenz eines Hütehundes, doch in dem von Natur aus entspannten Hund fließt kein Tropfen Terrierblut. Die Bezeichnung als Terrier war offensichtlich ein Versehen bei der Eintragung der Rasse.

Tibet-Spaniel

URSPRUNG Tibet
GRÖSSE 25 cm
GEWICHT 4–7 kg
AUSLAUF
FELLPFLEGE
REGISTRIERUNG FCI, KC, AKCs
FARBEN alle Farben zulässig

Diese liebevoll auch „Tibbies“ genannten Hunde gehören trotz ihres Namens nicht zu den Spaniels und wurden auch nie für die Jagd eingesetzt.

CREME GOLD DUNKELBRAUN LEBERFARBEN SCHWARZ UND WEISS

GESCHICHTE

Hunde dieses Typs wurden in Klöstern gehalten und ähneln jenen Hunden, die in chinesischen Bronzen dargestellt sind; im 8. Jahrhundert waren sie auch in Korea bekannt. Hunde wurden als Geschenke zwischen den buddhistischen Zentren ausgetauscht, und der Tibet-Spaniel weist gewisse gemeinsame Züge mit dem Pekinesen und dem Japan-Chin auf. Er wurde mitunter als Wachhund eingesetzt und nimmt auch heute noch gern einen hohen Platz ein, um seine Umgebung zu überschauen. Die extrovertierten und lebendigen Tiere benötigen mehr Auslauf als andere kleine Hunde.

FAMILIENÄHNLICHKEIT Der gewölbte Kopf, die stumpfe Schnauze und die leicht o-beinigen Vorderläufe zeigen Ähnlichkeiten mit dem Pekinesen und dem Japan-Chin.

Volpino Italiano

URSPRUNG Italien
GRÖSSE 28–30 cm
GEWICHT 4–5 kg
AUSLAUF
FELLPFLEGE
REGISTRIERUNG FCI
FARBEN weiß, rot; champagner wird geduldet

Dieser kleine, dem Zwergspitz sehr ähnliche Spitz-Typ hat seinen Namen vom italienischen Wort *volpe* (Fuchs).

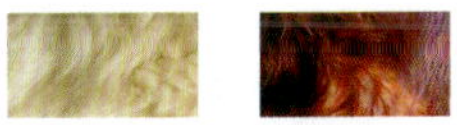

CREME ROT/LOH

GESCHICHTE

Der Volpino Italiano, auch Cane de Quirinale genannt, stammt von denselben alten Schlägen ab wie andere europäische Spitzrassen und hat sich vor vielen Jahrhunderten in Italien als Seitenlinie des deutschen Zwergspitzes entwickelt. Auch Michelangelo besaß angeblich einen dieser Hunde. Sie waren vor allem bei fahrenden Händlern beliebte Wachhunde, die mit ihrem Gekläffe die größeren Mastinos alarmieren sollten. Im 20. Jahrhundert verlor der Volpino an Beliebtheit, und ungeachtet der Zuchtbemühungen in Italien ist er nach wie vor eine eher seltene Rasse.

EINFARBIG Heute sind nur noch einfarbige weiße oder cremefarbene Tiere im Ausstellungsring erwünscht.

TERRIER

Terrier sind zähe und unnachgiebige Hunde, die jede Sekunde des Tages nutzen. Als miniaturisierte Laufhunde bestand ihre Aufgabe ursprünglich darin, Beutetiere auch unterirdisch zu verfolgen, um sie entweder zu töten oder aus dem Bau zu treiben; der Name leitet sich von *terre* ab, dem französischen Wort für „Erde". Diese Arbeit erforderte kleine, aber umso mutigere Erdhunde, und Terrier stürzen sich mit Begeisterung und großem Selbstbewusstsein in Fuchs- oder Dachsbaue oder greifen auch größere Hunde an. Während sie im 16. Jahrhundert als streitsüchtig und bissig beschrieben wurden, gelten sie heute als sehr unterhaltsam, und es ist schwer, sich nicht in diese lebenslustigen Gesellen zu verlieben.

ENERGIEBÜNDEL Manchmal ist es kaum zu glauben, wie viel Hund in so wenig Körper stecken kann. Mit ihrer unglaublichen Energie und ihrem Eifer sind Terrier-Rassen wie der Parson Russell Terrier (siehe S. 156) loyale und unterhaltsame Begleiter.

Affenpinscher

URSPRUNG Deutschland
GRÖSSE 25 cm
GEWICHT 3–4 kg
AUSLAUF
FELLPFLEGE
REGISTRIERUNG FCI, KC, AKCs
FARBEN schwarz, grau, silber, rot, schwarz und loh, beige

Dieser muntere kleine Hund ist nach seinem affenähnlichen Gesicht benannt. Seine Ahnen sind schon auf Darstellungen von Albrecht Dürer zu sehen.

SCHWARZ GRAU ROT/LOH SCHWARZ UND LOH

GESCHICHTE

Die Ahnen des Affenpinschers lassen sich nicht mit Gewissheit ermitteln, vermutlich entstand er aus Kreuzungen zwischen Deutschem Pinscher und einer brachycephalen Rasse. Er ist seit dem 17. Jahrhundert bekannt, weshalb auch der Mops seine Gene im Spiel haben könnte. Der Affenpinscher wiederum könnte beim Belgischen Griffon mitgemischt haben. Ursprünglich gab es auch eine größere Varietät. Affenpinscher sind in den USA beliebter als in Deutschland. Die freundlichen Tiere eignen sich bestens als Familienhunde, auch in der Stadt, und vertragen sich mit anderen Hunden.

JÄGER Das verkürzte Gesicht hindert die Hunde nicht daran, erfolgreiche Rattenjäger zu sein. Geschickt fangen sie Kleinwild und Nager.

Airedale Terrier

URSPRUNG Großbritannien
GRÖSSE 58 cm
GEWICHT 20 kg
AUSLAUF
FELLPFLEGE
REGISTRIERUNG FCI, KC, AKCs
FARBEN schwarz und loh

Der Airedale Terrier, eigentlich zu groß für die Bezeichnung Erdhund, wird gelegentlich „König der Terrier" genannt. Ältere Namen sind Bingley Terrier, ein Hinweis auf seine frühesten Wurzeln, und Waterside Terrier wegen seiner Vergangenheit als Otterjäger.

GESCHICHTE

Der Airedale Terrier ist, abgesehen von der Größe, in jeder Beziehung ein echter Terrier. Er wurde aus Kreuzungen zwischen dem heute ausgestorbenen Old English Brokenhaired Terrier und dem Otterhound gezüchtet, um Beute im Wasser zu verfolgen. Er wurde auch als Boten- und Polizeihund eingesetzt.

STRASSENKÄMPFER Auch wenn sich diese Rasse meist sehr ruhig verhält, neigt der Airedale dazu, sich mit anderen Hunden anzulegen.

GUTER FREUND Die Besitzer von Airedale Terriern sprechen von einem treuen, mutigen und munteren Gefährten.

American Pit Bull Terrier

URSPRUNG USA
GRÖSSE 46–56 cm
GEWICHT 22,5–36,5 kg
AUSLAUF
FELLPFLEGE
REGISTRIERUNG AKCs
FARBEN alle Farben zulässig

Dies ist das Vorzeigemodell aller bullartigen Terrier- und Kampfhundrassen. In Deutschland fällt die Haltung dieser Rasse in den meisten Bundesländern unter die Kampfhundeverordnung.

ROT/LOH | GOLD UND WEISS | SCHWARZ UND WEISS | LOH UND WEISS | SCHWARZ GESTROMT

GESCHICHTE

Bis zur Mitte des 20. Jahrhunderts geht die Entwicklung dieses Hundes und die des American Staffordshire Terriers gemeinsame Wege, dann trennten sich die Linien. Der American Pit Bull Terrier hatte dabei das schlechtere Los. Durch die begrenzte Anerkennung bei Zuchtorganisationen gibt es keine starke gemeinsame Zuchtpolitik. Die Rasse ist aggressiv gegenüber anderen Hunden. Zwar ist sie weniger aggressiv gegenüber Menschen als etwa ein Mastiff, doch kein bullartiger Hund sollte mit Kindern allein gelassen werden!

IMAGEPROBLEME Die Aggressivität des American Pit Bull Terriers wurde von seinen Besitzern häufig auch noch gefördert, was unausweichlich zu gesetzlichen Konsequenzen führte.

American Staffordshire Terrier

URSPRUNG USA
GRÖSSE 43–48 cm
GEWICHT 18–23 kg
AUSLAUF
FELLPFLEGE
REGISTRIERUNG FCI, AKCs
FARBEN alle Farben zulässig, mit oder ohne weiße Abzeichen

Diese Rasse darf nicht mit dem ursprünglich britischen Staffordshire Terrier verwechselt werden. Sie ist bulliger und näher mit dem American Pit Bull Terrier verwandt.

SCHWARZ | DUNKELBRAUN | SCHWARZ UND WEISS | LOH UND WEISS | SCHWARZ UND LOH

GESCHICHTE

Bullartige Terrier, darunter der Staffordshire Terrier, gelangten im 19. Jahrhundert in die USA, wo sie als Kampf- und Hofhunde gehalten wurden. Als Hundekämpfe im 20. Jahrhundert verboten wurden, entwickelte sich die Rasse respektabel – der Zusatz „American“ wurde später zur Abgrenzung zum britischen Staffordshire Terrier hinzugefügt –, während eine andere Linie als Pit Bull bekannt wurde. In den Händen von erfahrenen Haltern waren Kampfhunde früher bekannt für ihren Sanftmut gegenüber Menschen, da sie bereits im Welpenalter gründlich sozialisiert wurden. Bringt man ihm ebenjene Aufmerksamkeit entgegen, so kann dieser Hund ein anhänglicher Begleiter sein.

KLEIN, ABER STARK Auch wenn die Mastiff-Rassen größer sind – der starke Kiefer dieses Hundes kann ebenso großen Schaden anrichten.

American Toy Terrier

URSPRUNG USA
GRÖSSE 25 cm
GEWICHT 1,5–3 kg
AUSLAUF
FELLPFLEGE
REGISTRIERUNG AKCs
FARBEN schwarz und weiß, loh und weiß, trikolor

Dieser kleine Hund, beim AKC als Toy Fox Terrier registriert, aber auch als Amertoy bekannt, ist weniger energiegeladen als andere Terrier-Rassen.

SCHWARZ UND WEISS

LOH UND WEISS

GESCHICHTE

Dieser kleine Foxterrier-Typ ging im frühen 20. Jahrhundert aus den kleinsten Exemplaren unter Einkreuzungen von Chihuahua und English Toy Terrier hervor. Der ursprünglich als Rattenjäger eingesetzte Hund ist intelligent und athletisch.

KOMPAKTE FORM Dank seines sehr kurzen Fells ist dieser Hund recht pflegeleicht; im Winter freut er sich über ein Mäntelchen.

Australian Terrier

URSPRUNG Australien
GRÖSSE 25 cm
GEWICHT 5,5–6,5 kg
AUSLAUF
FELLPFLEGE
REGISTRIERUNG FCI, KC, AKCs
FARBEN sand bis rot, blau und loh

Dieser raubeinige Gebrauchshund ist der Vorfahre des Australian Silky Terriers, einer Begleithundrasse. Er profilierte sich nicht nur als unermüdlicher Schädlingsbekämpfer, sondern auch als aufmerksamer und lautstarker Wachhund.

GESCHICHTE

Wahrscheinlich hat der Australian Terrier die gleichen Vorfahren, aus denen auch die britischen Terrier-Rassen wie Yorkshire, Cairn und Skye Terrier hervorgegangen sind. Der Australian Terrier ist die erste native australische Rasse, die ausgestellt und für die 1880 ein Zuchtverein gegründet wurde. Heute ist er ein nützlicher Wachhund und ein kontaktfreudiger Gefährte.

DRAHTIG Das Fell dieses Terriers ist lang, drahtig und dennoch einfach zu pflegen. Die Rasse ist nicht so langlebig wie andere Terrier.

Bedlington Terrier

URSPRUNG Großbritannien
GRÖSSE 38–43 cm
GEWICHT 7,5–10,5 kg
AUSLAUF
FELLPFLEGE
REGISTRIERUNG FCI, KC, AKCs
FARBEN blau, sand, leberbraun, lohfarbene Abzeichen möglich

Der auch als Rothbury Terrier bekannte Hund stammt aus der Grafschaft Northumberland. Er hatte unterschiedliche Aufgaben: als Rattenjäger, Lauf-, Apportier- und sogar als Kampfhund.

GRAU GOLD

GESCHICHTE

Die Ursprünge dieser Rasse sind nicht bekannt, doch Terrier wie der Dandie Dinmont und der Otterhound könnten ihr die Leidenschaft fürs Graben vererbt haben, während ihr Jagdtrieb gut auf den Whippet-Einfluss zurückgehen könnte, der an der Silhouette erkennbar ist. Das Ergebnis ist ein überaus dynamischer Hund. Wenn er sich langweilt, kann er destruktiv reagieren. Wird er aber genügend beschäftigt, ist er ein gewinnender Begleiter.

KEIN FRIEDLICHES LAMM Das nicht haarende Fell wird gewöhnlich geschoren und verleiht ihm ein sanftes, schafartiges Äußeres, was allerdings nicht seinem Charakter entspricht.

Belgian Griffons

URSPRUNG Belgien
GRÖSSE 18–20 cm
GEWICHT 3–7 kg
AUSLAUF
FELLPFLEGE
REGISTRIERUNG FCI, KC, AKCs
FARBEN schwarz, rot, schwarz und loh

Je nach Organisation sind diese Hunde als eine Rasse mit drei Varietäten oder als drei verschiedene Rassen registriert. Unabhangig davon sind sie tolerante und freundliche Partner.

SCHWARZ ROT/LOH SCHWARZ UND LOH

GESCHICHTE

In Europa (FCI) werden drahthaarige Hunde je nach Farbe entweder als Brüsseler Griffon oder Belgischer Griffon bezeichnet, während der glatthaarige Typ als Kleiner Brabanter Griffon bekannt ist. Bei anderen Organisationen sind diese glatthaarigen Hunde eine Varietät des Brüsseler Griffons. Alle sind Nachfahren des Griffon d'Écurie (Stallgriffon); wahrscheinlich sind Einkreuzungen von Affenpinscher, Holländischem Smoushond, Yorkshire Terrier, English Toy Spaniel und Mops.

GLATTHAARIG In Europa wird die glatthaarige Varietät unter dem Namen Kleiner Brabanter Griffon als eigenständige Rasse geführt.

RAUHAARIG Bei rauhaarigen Hunden wird bei der FCI zwischen Brüsseler Griffon mit rötlichem Fell und Belgischem Griffon mit dunklem Fell unterschieden.

Border Terrier

URSPRUNG Großbritannien
GRÖSSE 25 cm
GEWICHT 5–7 kg
AUSLAUF
FELLPFLEGE
REGISTRIERUNG FCI, KC, AKCs
FARBEN grau, weizen, loh-rot, blau und loh

Auch wenn der Border Terrier mittlerweile ein beliebter Familienhund ist, so erweist er sich immer noch als echter Jäger. Er hat ein beharrliches, aber gehorsames Wesen.

GRAU

ROT/LOH

GOLD

GESCHICHTE

Hunde dieses Typs arbeiteten im späten 18. Jahrhundert im englisch-schottischen Grenzgebiet und töteten Ratten, Füchse und vielleicht auch Otter und Dachse. Aus ihnen entwickelten sich nicht nur der Border Terrier, sondern auch die weniger anerkannten Fell und Patterdale Terrier, die als Nutztiere gehalten wurden. Der Name Border Terrier (von engl.: *border* = Grenze) wurde ab dem späten 19. Jahrhundert für diesen Typ verwendet. Bereits im frühen 20. Jahrhundert wurde die Rasse anerkannt.

EIGENSCHAFTEN

Dieser Terrier gehört in Großbritannien zu den zehn beliebtesten Rassen, während er in Kontinentaleuropa weniger bekannt ist. Er ist daher nicht überzüchtet. Toleranter und weniger bissig als andere Terrier, lässt er sich gut abrichten und ist ein vortrefflicher Familienhund, allerdings immer noch genug Terrier, um seine Besitzer auf Trab zu halten.

PERFEKTE GRÖSSE Der Border Terrier ist ein guter Ungezieferjäger – langläufig genug, um lange Strecken zu laufen, aber klein genug, um in einen Fuchsbau einzudringen.

FELLPFLEGE Das harte Fell ist wetterfest und einfach zu pflegen. Schmutz lässt sich schnell ausbürsten. Das Fell liegt glatter an, wenn lockeres Haar zweimal pro Jahr von Hand ausgezupft wird.

Boston Terrier

URSPRUNG USA
GRÖSSE 38–43 cm
GEWICHT 7–11,5 kg
AUSLAUF
FELLPFLEGE
REGISTRIERUNG FCI, KC, AKCs
FARBEN gestromt, schwarz oder seal mit weißen Abzeichen

Mit Mastiff- und Kampfhundblut würde man einen bulligeren Hund erwarten, doch der Boston Terrier ist einer der entspanntesten Terrier überhaupt, wenn nicht sogar ein kleiner Faulenzer.

SCHWARZ UND WEISS

SCHWARZ GESTROMT

GESCHICHTE

Die Geschichte des Boston reicht zurück bis ins späte 19. Jahrhundert; er ist eine Kreuzung aus alten englischen und französischen Bulldoggen mit dem heute ausgestorbenen White Terrier mit konstanter Selektion zur Größenreduzierung. Die Rasse hatte sofort großen Erfolg und ist auch heute noch aufgrund ihrer gewinnenden und folgsamen Art sehr beliebt.

GROSSE OHREN Die Ohren des Boston Terriers sind von Natur aus aufrecht und fledermausartig. Die Rute ist kurz. Früher wurde beides kupiert, was heute nicht mehr zulässig ist.

Brasilianischer Terrier

URSPRUNG Brasilien
GRÖSSE 36–41 cm
GEWICHT 7–9 kg
AUSLAUF
FELLPFLEGE
REGISTRIERUNG FCI
FARBEN trikolor

Die auch unter dem Namen Terrier Brasileiro geführte Rasse ist in ihrer Heimat sehr beliebt, außerhalb Brasiliens aber wenig bekannt.

GESCHICHTE

Der nächste Vorfahre dieser Ende des 19. oder Anfang des 20. Jahrhunderts entwickelten Rasse ist der Jack Russell Terrier, dem er sowohl optisch als auch charakterlich gleicht. Zwergpinscher könnten eingekreuzt worden sein, um ihn größer zu machen. Er wurde als Hofhund und auch für die Jagd gehalten: in der Meute auf Wild oder allein auf Ratten. Heute trifft man den Hund auch in der Stadt an, aber sein lautes Kläffen, obschon es ihn zu einem guten Wächter macht, könnte Ärger mit den Nachbarn einbringen. Sein hohes Energielevel erfordert viel Auslauf.

BRASILIANISCH Die schlanken, gerundeten Proportionen dieser Rasse unterscheiden sie vom Foxterrier. Die Rute, die in Brasilien noch kupiert werden darf, reicht bis oberhalb des Sprunggelenks.

BOSTON TERRIER Nicht alle Terrier sind Energiebündel. Einige, wie der Boston Terrier, wurden von ihrer umtriebigen Natur weggezüchtet und zu gutmütigen, entspannten Begleitern entwickelt, die in jede Umgebung passen.

Bullterrier

URSPRUNG Großbritannien
GRÖSSE 53–56 cm
GEWICHT 23,5–28 kg
AUSLAUF
FELLPFLEGE
REGISTRIERUNG FCI, KC, AKCs
FARBEN alle Farben zulässig, außer blau oder leberbraun

Diese Rasse, die sofort an der gekrümmten römischen Profillinie des Kopfes zu erkennen ist, wurde zunächst als Kampfhund gezüchtet und gilt in der Regel als zuverlässig.

SCHWARZ UND WEISS

LOH UND WEISS

SCHWARZ, WEISS UND LOH

SCHWARZ GESTROMT

GESCHICHTE

Diese Rasse entstand im 19. Jahrhundert in England. Der Erstzüchter John Hinks kreuzte die heute ausgestorbenen White English Terrier mit Bulldoggen. Der daraus resultierende Hund hatte als Kampfhund wie als Begleiter sofort Erfolg. Er ist aktiv und intelligent, tolerant und eigentlich nicht sehr bissfreudig, sollte aber nicht einfach von der Leine gelassen werden.

ORIGINALFARBE Der Erstzüchter bevorzugte Weiß, das in manchen Zuchtregistern immer noch die einzig zugelassene Farbe ist. Doch damit geht auch ein erhöhtes Risiko für Taubheit und andere gesundheitliche Probleme einher. Abzeichen am Kopf sind zulässig.

Cairn Terrier

URSPRUNG Großbritannien
GRÖSSE 23–25 cm
GEWICHT 6–6,6 kg
AUSLAUF
FELLPFLEGE
REGISTRIERUNG FCI, KC, AKCs
FARBEN creme, weizen, rot, sand, grau, gestromt

Dieser kompakte, zottige kleine Terrier aus Schottland war lange Zeit eine sehr beliebte Rasse. Er hat eine robuste Konstitution und ein ebensolches Temperament.

CREME

GRAU

SCHWARZ GESTROMT

GESCHICHTE

Die genauen Ursprünge des Cairn Terriers sind ungewiss, doch stehen sie in engem Zusammenhang mit der Entwicklung anderer Terrier, wie des Scottish, Skye und West Highland White Terriers. Sein Name leitet sich von der gälischen Bezeichnung der zur Landmarkierung eingesetzten Steinhaufen (*cairn*) ab, in denen sich Ungeziefer versteckte, das der Terrier eifrig jagte. Auch heute noch lieben es diese Terrier, zu jagen und zu graben – nicht unbedingt zur Freude stolzer Hobbygärtner. Der Cairn Terrier ist – auch in der Stadt – ein guter Wachhund und Begleiter.

FELLPFLEGE Das harte, drahtige Deckhaar des Cairn Terriers kann im Sommer um die Augenpartie getrimmt werden, damit die weiche Unterwolle zum Vorschein kommt.

Cesky Terrier

URSPRUNG Tschechien
GRÖSSE 25–36 cm
GEWICHT 5,5–8 kg
AUSLAUF
FELLPFLEGE
REGISTRIERUNG FCI
FARBEN blau-grau oder rot-braun

Der Cesky oder Böhmische Terrier, eine relativ neue Züchtung in der von englischen Rassen dominierten Terrier-Gruppe, stammt aus Tschechien und hat in kurzer Zeit große Popularität erlangt.

BLAU

ROT/LOH

GESCHICHTE

Der Cesky Terrier wurde Mitte des 20. Jahrhunderts entwickelt und 1963 anerkannt. Sein Erstzüchter war der Genetiker Dr. Frantisek Horak, der einen Hund entwickeln wollte, der niederläufiger, schmaler und effektiver bei der Baujagd als der Deutsche Jagdterrier sein sollte. Er kreuzte Sealyham, Scottish und vielleicht auch Dandie Dinmont Terrier ein, was zu einer kompakten Rasse mit langem Haar und auffälligem Bart führte. Weitere Einkreuzungen des Sealyham Terriers, der Rasse, der der Cesky am ähnlichsten ist, fanden in den 1980er-Jahren statt, um den Typ zu verbessern.

EIGENSCHAFTEN

Die typischen Terrier-Eigenschaften sind offensichtlich: Diese Rasse ist lebhaft und kann bissig und eigensinnig sein. Cesky Terrier sind außerdem vertrauenswürdig, furchtlos, beschützerisch und verspielt. Frühes Abrichten und Sozialisation helfen, das Beste aus der Rasse hervorzuholen. Die langlebigen Hunde haben eine gute Konstitution, wenngleich sie an Schottenkrampf – Krämpfen nach größerer körperlicher Anstrengung – leiden können, der sich aber medikamentös behandeln lässt.

SCHUR DES CESKY TERRIERS Anders als bei anderen Terriern wird das Fell dieser Rasse bis auf die langen, weichen Haare an den Läufen und an der Unterlinie geschoren.

CESKY-KOPF Die Klappohren, ein Erbe des Sealyham Terriers, lassen weniger Schmutz ins Innenohr eindringen, wenn die Hunde unter der Erde arbeiten. Am nicht geschorenen Vorderkopf bilden die Kinnhaare einen imposanten Bart.

Dandie Dinmont Terrier

URSPRUNG Großbritannien
GRÖSSE 20–28 cm
GEWICHT 8–11 kg
AUSLAUF
FELLPFLEGE
REGISTRIERUNG FCI, KC, AKCs
FARBEN blauschwarz bis silbergrau, rotbraun bis blass loh

Diese Rasse ist nach einer Figur aus dem 1815 erschienenen Roman *Guy Mannering* von Sir Walter Scott benannt. Die Rottöne werden „Mustard", die Schwarzschattierungen „Pepper" genannt.

ROT/LOH

SCHWARZ UND LOH

NIEDERLÄUFIG Wegen seiner kurzen Läufe kann es beim Dandie Dinmont Terrier zu Rückenproblemen kommen.

GESCHICHTE

Dieser Terrier wurde im englisch-schottischen Grenzland zur Otter- und Dachsjagd eingesetzt. Auch bei ihm lassen sich die Ursprünge nicht ganz klären. Wahrscheinlich liegen sie bei Hunden von Sinti und Roma. Die Verbindung zu dem berühmten Schriftsteller stärkte das Ansehen der Rasse, doch heute ist sie sehr selten. Der Dandie Dinmont Terrier ist entspannter als viele andere Terrier und gelassen im Umgang mit anderen Hunden und Kindern.

Holländischer Smoushund

URSPRUNG Niederlande
GRÖSSE 36–43 cm
GEWICHT 9–10 kg
AUSLAUF
FELLPFLEGE
REGISTRIERUNG FCI
FARBEN Gelbschattierungen, dunkelstrohfarben bevorzugt

Der Holländische Smoushund oder Hollandse Smoushond folgte früher Kutschen und jagte Ratten in den Stallungen – weshalb er als Stall- oder Kutschenhund bezeichnet wurde. Er ist größer als Terrier und hat ein untersetztes, aber athletisches Gebäude.

GESCHICHTE

Der Ursprung der Rasse ist unbekannt, doch lässt sich die Abstammung vom deutschen Schnauzer erkennen. Im 19. Jahrhundert war er ein beliebter Hund, doch sein Stern sank im 20. Jahrhundert. In den 1970er-Jahren bemühte sich die Züchterin H. M. Barkman um die Neuzüchtung der Rasse mithilfe von alten Standards, Fotografien und Hunderichtern mit gutem Gedächtnis. Die Bestände sind in den Niederlanden gesichert, außerhalb ist die Rasse aber kaum verbreitet – wodurch sie ihren „Nationalcharakter" behält. Als typischer Terrier ist der Smoushund ein laut bellender Wächter.

LEICHTE PFLEGE Das zottige Fell des Smoushond sollte zerzaust und ungebürstet aussehen. Lose Haare werden zweimal pro Jahr herausgetrimmt.

English Toy Terrier

URSPRUNG Großbritannien
GRÖSSE 25–30 cm
GEWICHT 2,5–3,5 kg
AUSLAUF
FELLPFLEGE
REGISTRIERUNG FCI, KC
FARBEN schwarz und loh

Diese zierliche Rasse hat Ähnlichkeit mit dem Toy Manchester Terrier. Mittlerweile ist sie so selten, dass die amerikanische Rasse eingekreuzt wird, um den Genpool zu vergrößern.

GESCHICHTE

Diese Rasse wurde im 19. Jahrhundert aus zwerghaften Manchester Terriern zur Kaninchen- und Rattenjagd entwickelt. Heute wird der English Toy Terrier aber fast ausschließlich als munterer Stadtgefährte und kleiner Wachhund gehalten.

KLEINE UNTERSCHIEDE Ungewöhnlich für Terrier – doch diese zierliche Miniaturisierung hat einen geschwungenen Rücken, gut aufgezogene Lenden und spitze Ohren.

Deutscher Jagdterrier

URSPRUNG Deutschland
GRÖSSE 41 cm
GEWICHT 9–10 kg
AUSLAUF
FELLPFLEGE
REGISTRIERUNG FCI
FARBEN rot, braun und loh, schwarz und loh

Der Deutsche Jagdterrier, der für die Arbeit über und unter der Erde entwickelt wurde, wird seinem Namen gerecht. Nach wie vor wird er fast ausschließlich von Jägern gehalten.

ROT/LOH

SCHWARZ UND LOH

ZÄHER TYP Der kräftig gebaute und willensstarke Jagdterrier ist ein zäher und wetterresistenter Hund, dem auch kalte Nächte im Freien nichts ausmachen und der zu Lande und zu Wasser ein leidenschaftlicher Jäger ist.

GESCHICHTE

Die Rasse wurde in Bayern entwickelt, jedoch lassen sich ihre Wurzeln auf alte English Black-and-tan-Terrier sowie Fox- und Welsh Terrier zurückführen. Der Jagdterrier ist ein sehr lebhafter und neugieriger Hund, ideal für sein Einsatzgebiet, und kann destruktiv werden, wenn er unterfordert ist. Er ist ein guter Wachhund und Begleiter für draußen und sollte nur in ländlicher Umgebung gehalten werden.

Glen of Imaal Terrier

URSPRUNG Irland
GRÖSSE 36 cm
GEWICHT 16 kg
AUSLAUF
FELLPFLEGE
REGISTRIERUNG FCI, KC, AKCs
FARBEN blau, weizen, gestromt

Der Standard dieser Rasse besagt, dass er stets den „Eindruck von großer Stärke und maximaler Substanz" vermitteln sollte.

BLAU · GOLD · SCHWARZ GESTROMT

GESCHICHTE

Die Wurzeln der Rasse sind unbekannt. Bevor dieser Terrier auch zur Schädlingsbekämpfung und Dachsjagd eingesetzt wurde, musste er in Rädern laufen, um Bratenspieße zu drehen. Er ist ein guter Wächter: Der Glen of Imaal Terrier lässt viele mit seiner untersetzten Statur und der breiten Brust instinktiv zurückweichen. Er kann so schwer sein wie wesentlich größere Hunde und sollte dementsprechend gefüttert und bewegt werden.

JÄHRLICHE PFLEGE Das raue Deckhaar sollte im Sommer von Hand getrimmt werden.

Irish Terrier

URSPRUNG Irland
GRÖSSE 46 cm
GEWICHT 11,5–12,5 kg
AUSLAUF
FELLPFLEGE
REGISTRIERUNG FCI, KC, AKCs
FARBEN gold, weizen, rot

Diese Rasse wird auch Irish Red Terrier oder von ihren Fans „Daredevil" (Draufgänger) genannt. Selbst die Rassestandards erwähnen die Furchtlosigkeit dieses Terriers.

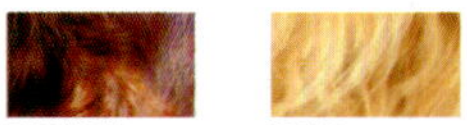

ROT/LOH · GOLD

GESCHICHTE

Diese Hunde entwickelten sich im 19. Jahrhundert durch Züchtung aus Wach- und Rattenhundschlägen. Gegen Ende jenes Jahrhunderts waren sie die erste irische Rasse, die vom englischen Kennel Club anerkannt und in die Vereinigten Staaten exportiert wurde. In Irland wird der Irish Terrier nach wie vor als Jagdhund, aber immer häufiger auch als Haus- und Familienhund gehalten.

Wenn er genügend Auslauf bekommt, um seine unbändige Energie umzusetzen, ist er im Haus ein angenehmer Geselle. Er ist berechenbar im Umgang mit Menschen, aber keineswegs mit anderen Tieren.

IRISCHES ROT Meistens ist das Haarkleid dunkelrot; es ist in der Regel härter als bei blassen Fellfarben. Die Rute wurde früher kupiert; in ihrer natürlichen Länge wird sie hoch getragen.

Jack Russell Terrier

URSPRUNG Großbritannien
GRÖSSE 25–30 cm
GEWICHT 4–7 kg
AUSLAUF
FELLPFLEGE
REGISTRIERUNG FCI
FARBEN bikolor, trikolor

Diese Terrier sind voller Charakter und von Natur aus furchtlose kleine Abenteurer. Nicht selten geraten sie dadurch in Bedrängnis oder in eine gefährliche Lage.

SCHWARZ UND WEISS

SCHWARZ UND LOH

SCHWARZ, WEISS UND LOH

WEIT GEREIST Der erste Mensch, der beide Pole bereiste, Ranulph Fiennes, wurde von seinem Jack Russell Terrier „Bothie" begleitet: eine außergewöhnliche Leistung für eine kleine ländliche Jagdhundrasse.

GESCHICHTE

Der Jack Russell Terrier ist nach seinem Erstzüchter benannt. Dieser entwickelte einen Terrier, der mutig genug war, um in einen Bau zu gehen und einen Fuchs zu sprengen, und außerdem lange Strecken laufen konnte. Diese Hunde wurden später mit mehreren anderen Rassen gekreuzt, wodurch sich ihr unterschiedliches Aussehen erklären lässt.

EIGENSCHAFTEN

Jack Russells sind sowohl als Begleiter wie auch als Gebrauchshunde, häufig auf Bauernhöfen, sehr beliebt. Auch haben sie sich als aufmerksame Wachhunde erwiesen, mit einem im Vergleich zu ihrer Körpergröße überraschend lauten Organ.

RICHTIGE GRÖSSE Für die Arbeit im Fuchsbau sollte der Brustumfang eines Hundes nie größer sein als 35 cm.

Kerry Blue Terrier

URSPRUNG Irland
GRÖSSE 43–48 cm
GEWICHT 15–18 kg
AUSLAUF
FELLPFLEGE
REGISTRIERUNG FCI, KC, AKCs
FARBEN blau

Diese Rasse, die auch als Irish Blue Terrier bekannt ist, tauchte zuerst in der Grafschaft Kerry im Südwesten Irlands auf, war aber nie auf diesen Teil der Insel begrenzt. Sie ist traditionell der Nationalhund Irlands, aber überraschend selten für eine Rasse mit diesem Status.

FARBWECHSEL Kerry Blue Terrier kommen mit schwarzem Fell auf die Welt, das sich nach und nach aufhellt – ein Prozess, der bis zu zwei Jahre dauern kann.

GESCHICHTE

Die Ursprünge des Kerry Blue Terriers sind unklar. Er könnte aus Kreuzungen des Soft-coated Wheaten Terriers mit Bedlington Terrier, Irish Terrier und sogar dem Irischen Wolfshund hervorgegangen sein. Auch sind genetische Einflüsse eines Portugiesischen Wasserhundes möglich, der von einem im Hafen liegenden Schiff kam. Der Kerry Blue Terrier war ein beliebter Hofhund, der Ungeziefer und Otter jagte. Offiziell anerkannt wurde die Rasse allerdings erst im späten 19. Jahrhundert.

EIGENSCHAFTEN

Heute findet man die Rasse überwiegend als Haus- und Begleithund, nur selten wird sie noch als Jagdhund gehalten. Der Kerry Blue Terrier ist ein sehr energiegeladener und temperamentvoller Gefährte. Die Fellpflege kann relativ aufwendig sein, vor allem wenn das Barthaar belassen wird.

FELLPFLEGE Das wellige Haar ist weich und seidig. Früher ließ man es zu witterungsbeständigen Kordeln verfilzen, doch sollte der Hund täglich gebürstet und alle sechs bis zehn Wochen getrimmt werden.

Lakeland Terrier

URSPRUNG Großbritannien
GRÖSSE 36–46 cm
GEWICHT 6,8–7,7 kg
AUSLAUF
FELLPFLEGE
REGISTRIERUNG FCI, KC, AKCs
FARBEN schwarz, blau, weizen, rot, leberbraun, rot grizzle, blau oder schwarz und loh

Die Rasse wurde zur Arbeit auf dem felsigen Gelände des Lake Districts entwickelt, um zum Schutz der Schafe Füchse zu vertreiben. Der kühne Jäger hat jedoch nie größere Bekanntheit erlangt.

SCHWARZ | BLAU | ROT/LOH | GOLD | SCHWARZ UND LOH

GESCHICHTE

Dieser Hofhund ist vermutlich ein Nachfahre des heute ausgestorbenen Black-and-tan-Terriers, wohl mit Einflüssen des frühen Bedlington, Border und Dandie Dinmont Terriers. Er wurde gezüchtet, um seiner Beute unterirdisch zu folgen. Trotz seiner Gelehrigkeit kann er seine Erziehung vergessen, wenn er einer heißen Fährte folgt. Er stellt sich selbst größeren Gegnern furchtlos und unnachgiebig entgegen, und doch ist er mit seinem überschwänglichen Wesen freundlich zu Fremden. Trotz seiner Größe ist er keine ideale Wahl für einen unerfahrenen Hundehalter. Nach gutem Training ist er allerdings ein effektiver Wächter.

WIDERSTANDSFÄHIG Das wetterfeste Fell hat ein raues, drahtiges Deckhaar und eine weiche Unterwolle. Die Rute wird aufrecht getragen.

Lucas Terrier

URSPRUNG Großbritannien
GRÖSSE 23–30 cm
GEWICHT 5–9 kg
AUSLAUF
FELLPFLEGE
REGISTRIERUNG –
FARBEN sand; weiß; silber; loh und schwarz, weiß und loh, schwarz oder grau, trikolor

Diese sehr seltenen Terrier gibt es erst seit etwa 60 Jahren. Bislang sind sie nicht anerkannt; nichtsdestoweniger haben sie es geschafft, eine zweite Linie hervorzubringen.

SCHWARZ UND WEISS | LOH UND WEISS | SCHWARZ UND LOH | SCHWARZ, WEISS UND LOH

IDEALER GEFÄHRTE Der Lucas Terrier bewegt sich mit Begeisterung im Freien, ist im Haus jedoch ein ruhiger Zeitgenosse und eignet sich auch für ein Leben in der Stadt. Die Rasse gilt als gesund und intelligent.

GESCHICHTE

Diese Kreuzung aus Sealyham und Norfolk Terrier wurde in den 1940er-Jahren von Sir Jocelyn Lucas gezüchtet, um Wild vor die Flinte zu treiben. Er dachte nie an eine offizielle Anerkennung der Rasse, ebenso wenig wie es die heutigen Züchter tun. Einige haben auch Plummer und Fell Terrier eingekreuzt und damit einen Hund für die unterirdische Arbeit entwickelt: die Working Lucas Terrier.

Manchester Terrier

URSPRUNG Großbritannien
GRÖSSE 38–41 cm
GEWICHT 5,5–10 kg
AUSLAUF
FELLPFLEGE
REGISTRIERUNG FCI, KC, AKCs
FARBEN schwarz und loh

Während es den Manchester Terrier in Europa nur in einer Größe gibt, ist in Nordamerika noch eine kleinere Toy-Varietät bekannt, die dem English Toy Terrier (siehe S. 149) sehr ähnlich ist.

GESCHICHTE

Viele britische Terrier-Rassen stammen von alten Black-and-tan-Typen ab, die sich bis ins Mittelalter zurückverfolgen lassen. Aus diesen Schlägen wurde im 19. Jahrhundert von John Hulme auch der Manchester Terrier gezüchtet. Für eine größere Schnelligkeit kreuzte Hulme Whippets ein. Das Resultat war eine für die Ratten- und Kaninchenjagd geeignete Rasse, die eine Zeit lang als „The Gentleman's Terrier" bezeichnet wurde. Er neigt aber dazu, andere Hunde zu provozieren, und ist zu freiheitsliebend, um ein guter Hausgenosse zu sein.

OHRTYPEN In Europa haben die Ohren des Manchester Terriers immer ihre natürliche Form, in Amerika dürfen sie noch kupiert werden.

Zwergpinscher

URSPRUNG Deutschland
GRÖSSE 38–41 cm
GEWICHT 5,5–10 kg
AUSLAUF
FELLPFLEGE
REGISTRIERUNG FCI, KC, AKCs
FARBEN loh; schwarz und loh; blau oder schokoladenbraun und loh teilweise erlaubt

Der Zwergpinscher mag zwar aussehen wie eine neuerliche als Schoßhund miniaturisierte Gebrauchshundrasse, doch war der Hund lange als Rattenjäger von großem Nutzen.

ROT/LOH

SCHWARZ UND LOH

GESCHICHTE

Diese Rasse wurde vor mindestens 500 Jahren aus dem größeren Deutschen Pinscher entwickelt. Die frühen Hunde waren unnachgiebige Rattenjäger. Mittlerweile wurden sie zu dem English Toy Terrier gleichenden Begleithunden verfeinert. Der Zwergpinscher ist ein guter Wachhund und lebhafter Begleiter.

WANDELNDE MODE Amerikanische Standards fordern teilweise kupierte Ohren und eine kupierte Rute. In Europa dürfen nur unkupierte Hunde gezeigt werden.

Norfolk Terrier

URSPRUNG Großbritannien
GRÖSSE 25 cm
GEWICHT 5–5,5 kg
AUSLAUF
FELLPFLEGE
REGISTRIERUNG FCI, KC, AKCs
FARBEN grau, weizen, rot, schwarz und loh

Dieser Hund gehört zu den kleinsten Terriern und ist fast identisch mit dem Norwich Terrier. Das wesentliche Unterscheidungsmerkmal zwischen den beiden Rassen ist die Ohrform.

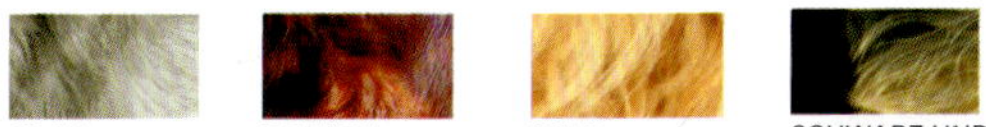

GRAU ROT/LOH GOLD SCHWARZ UND LOH

GESCHICHTE

Meuten kleiner rothaariger Terrier dieses Typs wurden einst in der Grafschaft Norfolk von Sinti und Roma als Rattenfänger eingesetzt. Im späten 19. Jahrhundert wurden daraus der Norwich und der Norfolk Terrier gezüchtet. Der Norwich wurde 1936 anerkannt, der Norfolk etwa 30 Jahre später. Diese Hunde sind zu klein für eine größere Jagdstrecke und wurden stattdessen als Hofhunde gehalten, um die Scheunen und Ställe rattenfrei zu halten. Da sie in Meuten arbeiteten, sind sie recht tolerant gegenüber anderen Hunden. Der Norfolk ist eine grundsätzlich gesunde und langlebige Rasse.

GEKLAPPT Bevor die beiden Terrier-Typen getrennt wurden, kupierte man meist Ohren, die natürlich nach vorn klappten – was heute verboten ist.

Norwich Terrier

URSPRUNG Großbritannien
GRÖSSE 25 cm
GEWICHT 5–5,5 kg
AUSLAUF
FELLPFLEGE
REGISTRIERUNG FCI, KC, AKCs
FARBEN grau, weizen, rot, schwarz und loh

Mit diesem Namen wurden ursprünglich sowohl der Typ mit aufrechten Ohren als auch der mit den weich nach vorn geklappten Ohren bezeichnet, den wir heute als Norfolk Terrier kennen.

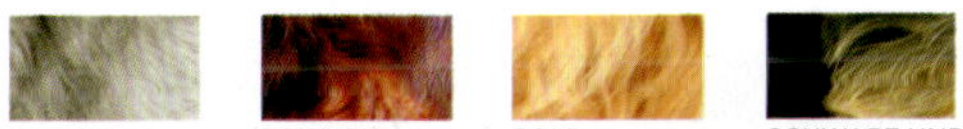

GRAU ROT/LOH GOLD SCHWARZ UND LOH

GESCHICHTE

Vermutlich wurden lokale Rattenjäger, Cairn Terrier und irische Terrier-Rassen für die Zucht des Norwich Terriers verwendet, der entweder selbst als Trumpington Terrier bezeichnet wurde, oder es war ein heute ausgestorbener Typ dieses Namens, der in diese Rasse eingekreuzt wurde. Im 19. Jahrhundert wurde sie dann Cantab Terrier genannt und war ein Haustier für Studenten der Universität Cambridge. In die USA wurde der Hund als Jones Terrier exportiert. Er ist ein relativ fügsamer und ruhiger Terrier, der sehr gut mit älteren Kindern auskommt.

KURZ GERATEN Auch wenn der Norwich Terrier ein aktives und munteres Kerlchen ist, sind Spaziergänge wegen seiner geringen Größe mit ihm nie sehr lang.

Parson Russell Terrier

URSPRUNG Großbritannien
GRÖSSE 28–38 cm
GEWICHT 5–8 kg
AUSLAUF
FELLPFLEGE
REGISTRIERUNG FCI, KC, AKCs
FARBEN weiß mit braunen oder schwarzen Abzeichen, trikolor

Der Parson Russel Terrier ist weit weniger bekannt als sein Verwandter, der Jack Russell Terrier, doch im Ausstellungsring wesentlich anerkannter.

SCHWARZ UND WEISS — LOH UND WEISS — SCHWARZ, WEISS UND LOH

GESCHICHTE

Diese Rasse wurde, ebenso wie ihr Namensverwandter mit den kürzeren Läufen, aus weißen Terriern entwickelt, die für die Arbeit im Fuchsbau gebraucht wurden. Sie wurden für ihren ursprünglichen Einsatz im Bau aber bald zu groß. Pfarrer John Jack Russell entwickelte aus den Schlägen seine eigenen schnellen und mutigen Hunde, die näher am ursprünglichen Typ blieben. Nach diversen Auseinandersetzungen wurden beide Russell-Terrier als eigenständige Rassen anerkannt.

FELLVARIANTEN Beim Parson Russell Terrier gibt es eine drahthaarige – die Russell selbst bevorzugte – und eine glatthaarige Varietät. Beide Fellarten sind leicht zu pflegen und gleichermaßen verbreitet.

Patterdale Terrier

URSPRUNG Großbritannien
GRÖSSE 30 cm
GEWICHT 5,5–6 kg
AUSLAUF
FELLPFLEGE
REGISTRIERUNG –
FARBEN schwarz, bronze, grau grizzle, rot mit schwarz, lohfarbene Tüpfelung möglich

Die Hunde mit dieser Rassebezeichnung können unterschiedlich sein. Sie sind reine Gebrauchshunde, und als solche müssen sie nicht den Anforderungen eines Rassestandards entsprechen.

SCHWARZ — ROT/LOH — DUNKELBRAUN — SCHWARZ UND LOH

GESCHICHTE

Früher hatte jedes Dorf oder Tal in Großbritannien seine eigenen Terrier. Einigen gelang der Sprung vom Nutztier in den Ausstellungsring, andere verschwanden, wieder andere haben als Gebrauchshunde überlebt. Die nach einem Dorf in Cumbria benannte Rasse wird im Lake District und in Yorkshire auf Fuchs, Hasen und Ratten angesetzt und ist auch in den USA bekannt.

BREITER STANDARD Patterdale Terrier sind meistens glatthaarig und schwarz. Rauhaarige Hunde werden auch Fellterrier genannt. Als Gebrauchshunde sind sie variabel in Größe und Körperbau.

Plummer Terrier

URSPRUNG Großbritannien
GRÖSSE 29–33 cm
GEWICHT 5,5–7 kg
AUSLAUF
FELLPFLEGE
REGISTRIERUNG –
FARBEN rot und weiß

Diese Rasse ist erst wenige Jahrzehnte alt und hat bereits eine große Fangemeinde gefunden. Sie ist das Resultat der Leidenschaft für die Rattenjagd eines leicht exzentrischen Mannes, nach dem sie auch benannt ist.

GESCHICHTE

Brian Plummer begann in den 1960er-Jahren mit der Züchtung dieser Rasse, für die er Jack Russell Terrier, Bullterrier, Beagle und Fellterrier auswählte, um eine mutige und robuste Rasse zu entwickeln. Heute sind die Hunde größer als die allerersten Kreuzungen, doch bei der überirdischen Ungezieferjagd sind sie zuverlässige Arbeiter. Zwar sind sie nicht von den großen Organisationen anerkannt, aber sehr beliebt bei jenen, die einen echten Gebrauchshund suchen. Eine breitere Akzeptanz könnte dagegen helfen, ihre Zukunft zu sichern.

ZÄHER GESELLE Mit einem Rassestandard, der „ehrenhaft erworbene Narben" zulässt, ist dies ein Gebrauchshund von der Nase bis zur Schwanzspitze und kein Haustier.

Russischer Toy Terrier

URSPRUNG Russland
GRÖSSE 20–28 cm
GEWICHT 2–3 kg
AUSLAUF
FELLPFLEGE
REGISTRIERUNG FCI
FARBEN schwarz und loh, rot, sand, selten loh und braun oder blau

Außerhalb Russlands ist dieser Zwerg-Terrier kaum bekannt und nur schwer zu finden. Andere Namen sind Moskauer Toy Terrier, Russischer Zwerghund oder Russkiy Toy.

ROT/LOH

SCHWARZ UND LOH

GESCHICHTE

Ende des 19. Jahrhunderts war der English Toy Terrier eine der beliebtesten Rassen in Russland. Nach über sieben Jahrzehnten kommunistischer Herrschaft war sie jedoch beinahe verschwunden. Die verbliebenen Hunde dieses Typs wurden in eine neue Richtung gezüchtet. Nach wie vor sind die Hunde sehr aktiv und brauchen sehr viel Beschäftigung, doch sind sie sanfter und besser zu führen als die meisten anderen Terrier.

LEICHTGEWICHT Feingliedrige Läufe tragen einen zierlichen Rumpf, und der relativ kleine Schädel sitzt auf einem langen Hals.

ÄHNLICHKEITEN Die kurzhaarige Varietät erinnert an ihre Vorfahren. Es gibt auch eine langhaarige Varietät mit sehr auffälligen Ohren.

Scottish Terrier

URSPRUNG Großbritannien
GRÖSSE 25–28 cm
GEWICHT 8,5–10,5 kg
AUSLAUF
FELLPFLEGE
REGISTRIERUNG FCI, KC, AKCs
FARBEN schwarz, weizen, schwarz gestromt, rot gestromt

Diese Rasse erhielt im 19. Jahrhundert vom Earl of Dumbarton den Beinamen „Diehard" (Dickschädel).

SCHWARZ GOLD SCHWARZ GESTROMT

GESCHICHTE

Diese Rasse ging im 19. Jahrhundert aus Terriern von den Äußeren Hebriden hervor, die als Typ seit dem 16. Jahrhundert bekannt waren. Alle Scottish Terrier lassen sich auf eine Hündin namens „Splinter" zurückführen. In den 1930er-Jahren war die Rasse in den USA sehr beliebt, wohl auch, weil Präsident Roosevelt einen solchen Hund besaß. Die Hunde sind loyale, intelligente und zuweilen auch dickköpfige Tiere, die eher Begleiter als echte Terrier sind.

TYPISCH Neben den großen, sehr hoch angesetzten Ohren ist auch der Bart ein auffälliges Merkmal. Der Scottish Terrier hat ein doppeltes Haarkleid; bei wärmerem Wetter ist ihm ein gut getrimmtes Fell sehr willkommen.

Sealyham Terrier

URSPRUNG Großbritannien
GRÖSSE 25–28 cm
GEWICHT 10–11,5 kg
AUSLAUF
FELLPFLEGE
REGISTRIERUNG FCI, KC, AKCs
FARBEN weiß, weiß mit gelben, braunen, blauen oder schwarzen Abzeichen am Kopf

Die früher sehr verbreitete, doch heute selbst in ihrer Heimat Wales selten gewordene arbeitsame Rasse zeichnete sich bei der Jagd auf Otter und anderes Kleinwild aus.

GOLD UND WEISS SCHWARZ UND WEISS LOH UND WEISS

FELLPFLEGE Die Vorbereitung des Haarkleids für eine Hundeschau nimmt beim Sealyham Terrier viel Zeit in Anspruch. Auch das Fell muss drei- bis viermal im Jahr getrimmt werden.

GESCHICHTE

Die Zucht des Sealyham Terriers wurde Mitte des 19. Jahrhunderts vor allem von Captain John Edwards im Südwesten von Wales vorangetrieben. Er verwendete Bassets sowie Bull, Fox-, West Highland White und Dandie Dinmont Terrier, um einen kleinen Hund zu entwickeln, der sowohl unterirdisch als auch im Wasser jagen konnte. Die Entschlossenheit und Begeisterung für das Jagen bringen es mit sich, dass diese Terrier als Hausgenossen sehr schwierig sein können.

Skye Terrier

URSPRUNG Großbritannien
GRÖSSE 25 cm
GEWICHT 8,5–11,5 kg
AUSLAUF
FELLPFLEGE
REGISTRIERUNG FCI, KC, AKCs
FARBEN schwarz, grau, falb, creme

Diese Rasse ist in die Geschichte eingegangen: Ein „Grayfriars Bobby" genannter Skye Terrier soll in Edinburgh 14 Jahre lang am Grab seines verstorbenen Herrchens gewacht haben.

SCHWARZ

CREME

GRAU

GOLD

GESCHICHTE

Terrier von der Insel Skye mit ins Gesicht fallendem Kopfhaar wurden bereits im 16. Jahrhundert beschrieben und könnten entweder dem Skye oder aber dem Scottish Terrier ähnlich gesehen haben, der aus Schlägen von der Insel herausgezüchtet wurde. Ihre kleinwüchsige Statur könnte auf dieselben Vorfahren wie die des Schwedischen Vallhunds oder des Welsh Corgi zurückzuführen sein. Es wird aber auch die Legende eines spanischen Schiffwracks berichtet, von dem sich Malteser Hunde auf die Insel retten konnten. Skye Terrier wurden als Ungezieferjäger und Begleiter gehalten.

EIGENSCHAFTEN

Durch ihr auffälliges langes Haarkleid, das den zierlichen Körper bedeckt, wurde die Rasse schnell für Ausstellungszwecke und als Begleithund entdeckt. Die Bestände sind in den letzten Jahren allerdings zurückgegangen, und die Rasse steht in ihrer Heimat kurz vor dem Aussterben. Der Skye besitzt die ganze Terrier-Lebhaftigkeit, die im Vergleich zu fügsameren Rassen störend wirken kann, aber er ist ein guter Wachhund und in der Stadt wie auf dem Land ein prächtiger Gefährte.

FELLPFLEGE Das lange Fell, das den Reiz dieser Rasse ausmacht, verliert nicht so schnell seinen Glanz, doch sollte es bei Gebrauchshunden geschoren werden.

OBEN ODER UNTEN? Die Ohren des Skye können aufrecht oder nach vorn geklappt sein. In den meisten Ländern kommen aufrechte Ohren häufiger vor. In Australien haben die begrenzten Bestände der Rasse aber dazu geführt, dass die meisten Tiere Klappohren haben.

SCOTTISH TERRIER (siehe S. 158) Über die Jahre hinweg wurden bei dieser Rasse verschiedene Modefarben bevorzugt. Die abgebildeten Hunde gleichen frühen Exemplaren, die fast immer ein helleres Fell hatten. Schwarze Hunde blieben zunächst unberücksichtigt.

Chipie
Chipie
Chipie

Foxterrier (Glatthaar)

URSPRUNG Großbritannien
GRÖSSE 25–28 cm
GEWICHT 6,5–10 kg
AUSLAUF
FELLPFLEGE
REGISTRIERUNG FCI, KC, AKCs
FARBEN weiß, weiß und loh, weiß und schwarz, trikolor

Diese Rasse wurde aus denselben Schlägen gezüchtet wie die Jack und Parson Russell Terrier, wird aber heute fast nur noch als Begleithund gehalten. Für die Stadt ist sie allerdings ungeeignet.

SCHWARZ UND WEISS — LOH UND WEISS — SCHWARZ, WEISS UND LOH

GESCHICHTE

Als Foxterrier wurde früher jeder für die Fuchsjagd gebrauchte Terrier bezeichnet. Dieser Hundetyp wurde erstmals in den 1860er-Jahren präsentiert. Unter seinen Vorfahren dürften Beagles ebenso wie Bullterrier sein. Er ist ein energischer, zuweilen dickköpfiger Geselle.

FARBGEBUNG Weiße Foxterrier können nicht mit einem Fuchs verwechselt werden.

Soft-coated Wheaten Terrier

URSPRUNG Irland
GRÖSSE 46–48 cm
GEWICHT 16–18 kg
AUSLAUF
FELLPFLEGE
REGISTRIERUNG FCI, KC, AKCs
FARBEN weizen

Dieser Hund, in jeder Hinsicht ein Terrier, war ursprünglich ein Allzweck-Hofhund, der zum Hüten und Bewachen von Viehherden ebenso wie zum Jagen eingesetzt wurde. Er ist einer der entspannteren Terrier-Typen.

GESCHICHTE

Diese vielseitige Rasse ist vermutlich mit dem Irish und dem Kerry Blue Terrier verwandt und war über viele Jahrhunderte auf den Bauernhöfen im Südwesten Irlands zu Hause. Der Soft-coated Wheaten Terrier ist ruhiger als seine Verwandten – was der eigentliche Grund dafür sein mag, dass er zur beliebteren Rasse wurde. Er ist einer der wenigen kinderfreundlichen Terrier.

FARBWECHSEL In den USA wird das Fell generell länger belassen, während die europäischen Schläge in der Regel ein dickeres Haarkleid haben. Das Fell ist bei der Geburt kupferrot und hellt dann immer mehr auf.

Staffordshire Bullterrier

URSPRUNG Großbritannien
GRÖSSE 36–41 cm
GEWICHT 11–17,5 kg
AUSLAUF
FELLPFLEGE
REGISTRIERUNG FCI, KC, AKCs
FARBEN alle Farben zulässig, außer leberbraun; einheitlich oder mit weißen Abzeichen

Diese Rasse fällt in den meisten deutschen Bundesländern unter die Kampfhundeverordnung. Dabei jagte er früher in den engen englischen Arbeitersiedlungen Ratten und passte auf Kinder auf.

SCHWARZ | ROT/LOH | GOLD UND WEISS | SCHWARZ UND WEISS | SCHWARZ GESTROMT

GESCHICHTE

Er hat zwar eine Vergangenheit als Kampfhund, doch galt der Staffordshire Bullterrier früher als menschen- und kinderfreundliche Rasse. Trifft er aber auf andere Hunde, ist er ein rücksichtsloser Kämpfer. Er sollte nicht nur als Wachhund eingesetzt werden, da er eine möglichst gründliche Sozialisierung braucht.

KAMPFGESICHT Für Hundekämpfe waren große Fänge erforderlich; deshalb wurden kurzschnäuzige Bullenbeißer mit Terriern gekreuzt.

Welsh Terrier

URSPRUNG Großbritannien
GRÖSSE 38 cm
GEWICHT 9 kg
AUSLAUF
FELLPFLEGE
REGISTRIERUNG FCI, KC, AKCs
FARBEN schwarz und loh

Diese Rasse ist optisch der moderne Vertreter eines alten britischen Typs, aber ruhiger als viele andere Terrier. Ursprünglich wurde er für die Jagd auf Ratten eingesetzt.

GESCHICHTE

Vermutlich handelt es sich bei dieser Rasse um den Nachfahren jenes historischen Typs, der als rauhaariger Black-and-tan-Terrier bezeichnet wird und früher in Großbritannien weitverbreitet war. Der Typ wurde noch im 19. Jahrhundert als Old English Terrier bezeichnet, doch in den 1880er-Jahren schließlich als Welsh Terrier anerkannt. Unter diesem Namen gelangte er auch in die USA, wo er heute am weitesten verbreitet ist. Da er früher in Meuten gehalten wurde, ist der Welsh Terrier weniger aggressiv.

FELLPFLEGE Das Fell ist leicht zu pflegen, bis auf den Bart, der regelmäßig geschnitten werden muss, damit er in Form bleibt.

West Highland White Terrier

URSPRUNG Großbritannien
GRÖSSE 25–28 cm
GEWICHT 6,5–10 kg
AUSLAUF
FELLPFLEGE
REGISTRIERUNG FCI, KC, AKCs
FARBEN weiß

Dieser seit Langem beliebte kleine Hund gilt als unerschrocken, wachsam und mutig, aber auch als spaßiger, freundlicher Geselle. Seine Entwicklung hatte ganz nüchterne Gründe.

GESCHICHTE

Dieser Terrier stammt von weißen Exemplaren aus weizenfarbenen Cairn-Terrier-Würfen ab. Im 19. Jahrhundert trieben solche kleinen Hunde Wild vor die Flinte der Jäger und wurden dabei wegen ihrer Fellfarbe gelegentlich für Wild gehalten und erschossen. Deshalb war ein weißer Hund, der sich aus jeder Entfernung von der Beute unterscheiden ließ, gefragt.

HAUTKRANKHEITEN Zwar rettete das weiße Fell das Leben vieler Westies, doch alles hat seinen Preis: Weißhaarige Hunde leiden häufiger unter Hautkrankheiten, und dieser Terrier ist besonders anfällig für Kontakt- oder Lebensmittelallergien.

Foxterrier (Drahthaar)

URSPRUNG Großbritannien
GRÖSSE 25–28 cm
GEWICHT 6,5–10 kg
AUSLAUF
FELLPFLEGE
REGISTRIERUNG FCI, KC, AKCs
FARBEN weiß, weiß und schwarz, weiß und loh, trikolor

Dieses Energiebündel galt bei einigen Zuchtverbänden lange als die drahthaarige Varietät des Glatthaarigen Foxterriers. Sie haben gemeinsame Wurzeln und wurden untereinander gekreuzt.

SCHWARZ UND WEISS

LOH UND WEISS

GESCHICHTE

Ab den 1860er-Jahren versuchten Fuchsjagd-Anhänger, den idealen rauhaarigen Terrier zu züchten, möglicherweise aus denselben rauhaarigen schwarz- und lohfarbenen Terrier-Schlägen, aus denen auch der Welsh Terrier hervorgegangen ist. Der Drahthaarige Foxterrier tauchte gut 20 Jahre nach dem Glatthaarigen im Ausstellungsring auf, erlangte in den 1930er-Jahren aber größere Beliebtheit, als er in den *Der-Dünne-Mann*-Filmen und in *Tim-und-Struppi*-Comics auftauchte. Erst in letzter Zeit hat er wieder an Boden verloren.

EINE FRAGE DER GRÖSSE Der ideale Terrier konnte mit den Reitern mithalten und war ein guter Fuchssprenger.

Yorkshire Terrier

URSPRUNG Großbritannien
GRÖSSE 23 cm
GEWICHT bis zu 3,1 kg
AUSLAUF
FELLPFLEGE
REGISTRIERUNG FCI, KC, AKCs
FARBEN stahlblau und loh

Auch wenn der kleine Yorkshire Terrier bei den meisten Zuchtorganisationen als Gesellschaftshund eingestuft ist, so wurde er von Berg- und Mühlenarbeitern als Rattenfänger gehalten – ohne Schleifchen im Haar. Im Innersten ist er ein Terrier geblieben, der alles und jeden herausfordert.

GESCHICHTE

Mitte des 19. Jahrhunderts war Yorkshire das Zentrum der Industrialisierung in Großbritannien. Viele Arbeiter, die es aus Schottland dorthin zog, brachten ihre Hunde mit. Clydesdale, Paisley, Skye, Waterside und English Black-and-tan Terrier könnten auf der Ahnentafel des Yorkie stehen. Aus diesem Mix entstand ein für die Ungezieferjagd sehr begabter Hund. Heute steht die Rasse zu Recht ganz oben auf der Beliebtheitsskala, jedoch leiden Größe und Intelligenz unter der Überzüchtung. Die selektive Züchtung noch kleinerer Tiere führte in manchen Linien allerdings zu Knie- und Atembeschwerden.

ALLTAGSKLEID Das lange, silbern glänzende Fell braucht Zeit zum Wachsen. Gewöhnlich wird das Haarkleid kürzer getrimmt.

MINIHUNDE Selbst die kleinsten Yorkshire Terrier bringen gelegentlich Welpen zur Welt, die größer werden als sie selbst, was nicht von Nachteil ist, denn immer kleinere Züchtungen können zu gesundheitlichen Problemen führen.

LAUF- UND WINDHUNDE

Hunde in dieser Gruppe jagen entweder auf Sicht oder auf Fährte und Spur. Sichthunde (Windhunde) sind hochläufige, schlanke, elegante und stille Jäger. Durch Genanalysen konnte bestätigt werden, dass die frühen Typen zu den ältesten Hunderassen überhaupt gehören. Sie stammen aus dem Mittleren Osten und wurden vor bereits 5000 Jahren für die Jagd eingesetzt. Sie erspähten die Beute, jagten ihr hinterher und rangen sie nieder. Spürhunde (Laufhunde) sind im Vergleich dazu relativ junge Züchtungen, die im Mittelalter zu größter Popularität gelangten. Mit ihrem niedrigeren Gebäude und ihren sensiblen Nasen sind sie prädestiniert für die Fährtenjagd. Allein oder in der Meute nehmen sie die Spur ihrer Beute auf und verfolgen sie meist Laut gebend, überlassen die Erlegung der Beute jedoch dem Jäger.

BEAGLE-WELPE (siehe S. 178) Diese Gruppe reicht vom kleinen Beagle wie diesem Welpen bis hin zum majestätischen Afghanen. Unabhängig von ihrer Größe und Erscheinung halten die aktiven, aufmerksamen Hunde mit ihrem großen Bewegungsdrang auch ihre Besitzer auf Trab.

Afghane

URSPRUNG Afghanistan
GRÖSSE 64–74 cm
GEWICHT 22,5–27,5 kg
AUSLAUF
FELLPFLEGE
REGISTRIERUNG FCI, KC, AKCs
FARBEN alle Farben zulässig, einheitlich oder schattiert

Der Afghane ist wahrscheinlich der bekannteste aller Windhunde. Er stammt aus dem rauen afghanischen Bergland und gilt heute als eleganter Begleithund.

SCHWARZ CREME GRAU GOLD DUNKELBRAUN

GESCHICHTE

Der Afghane gehört zu den ältesten Hunderassen überhaupt. Unklar ist, vor wie vielen Tausend Jahren er ins afghanische Bergland kam, weit entfernt von der arabischen Halbinsel, wo dieser Hundetyp eigentlich herstammt. In seiner Heimat ist er als Tazi bekannt, und es existiert auch eine kurzhaarigere Varietät, die Baluchi Hound genannt wird. Im Westen hat sich die langhaarige Varietät als Begleithund etabliert, die wegen ihrer aristokratischen Erscheinung und des prächtigen Fells bewundert wird. Dieser Hund legt seine Reserviertheit ab, wenn er Auslauf erhält und die Schnelligkeit und Unabhängigkeit seiner Vorfahren zeigt. Ein gutes Gehorsamstraining empfiehlt sich, wenn er zu Ihnen zurückkehren soll.

FREIE FARBWAHL Zwar ist Gold am weitesten verbreitet und gilt als klassische Afghanen-Farbe, doch sind alle einheitlichen Farben und Schattierungen zulässig.

MAJESTÄTISCH Der Kopf des Afghanen ist lang und elegant, doch sollte er nicht zu schmal sein. Die Ohren sind niedrig angesetzt und verleihen dem Kopf eine harmonische Form.

HOHER AUFWAND Es mag nicht überraschen, dass die Fellpflege sehr aufwendig ist. Ausstellungshunde sollten für ein optimal glänzendes Fell eher einmal pro Woche gebadet als gebürstet werden.

American Foxhound

URSPRUNG USA
GRÖSSE 53–64 cm
GEWICHT 29,5–34 kg
AUSLAUF
FELLPFLEGE
REGISTRIERUNG FCI, AKCs
FARBEN alle Farben zulässig

Schlanker und leichter gebaut als seine europäischen Verwandten, jagt der American Foxhound allein oder in der Meute und ist so für mehrere Jagdarten geeignet.

GOLD UND WEISS

SCHWARZ UND WEISS

LOH UND WEISS

SCHWARZ UND LOH

SCHWARZ, WEISS UND LOH

GESCHICHTE

Diese Hunde stammen von englischen Jagdhunden ab, die in den 1860er-Jahren in die Vereinigten Staaten gelangten. Irische und französische Laufhundschläge wurden eingekreuzt und verliehen der Rasse so einen etwas anderen Charakter. Heute finden Hunde aus Ausstellungslinien auch ihren Platz als gutmütige Begleiter. Sie sind loyal zu ihrer Familie und kinderlieb, doch wie alle Jagdhunde unberechenbar im Umgang mit anderen Tierarten.

GEBRAUCHSHUNDE Als Familienhund sollte nur ein Tier aus einer Ausstellungslinie gewählt werden. Hunde aus Arbeitslinien sind keine guten Hausgenossen.

Anglo-Français de Petite Vénerie

URSPRUNG Frankreich
GRÖSSE 46–56 cm
GEWICHT 15,5–20 kg
AUSLAUF
FELLPFLEGE
REGISTRIERUNG FCI
FARBEN orange und weiß, schwarz und weiß, trikolor

Diese kleinere Version des Grand Anglo-Français ist außerhalb Frankreichs nicht sehr bekannt. Sie hat für einen Laufhund eine sehr fügsame Natur und klassisch schöne Formen.

SCHWARZ UND WEISS

GOLD UND WEISS

SCHWARZ, WEISS UND LOH

GESCHICHTE

Die anfangs Petit Anglo-Français genannte Rasse ist ein Neuling, der im 20. Jahrhundert als Gegenpart zum Grand Anglo-Français entwickelt wurde und erst in den 1970er-Jahren einen eigenen Rassestandard erhielt. Er ging aus Kreuzungen von französischen Jagdhunden wie dem Poitevin mit kleineren Rassen hervor, darunter dem Beagle (siehe S. 178). Der lebendige Hund hat einen freundlichem Charakter und eine angenehme Stimme, ist aber dennoch ein ruhiger und zurückhaltender Hausgenosse.

MITTELGROSS Dies ist eine kräftige, solide gebaute, aber schlanke Rasse mittlerer Größe mit tiefer Brust. Tiere aus gesunden Schlägen werden etwa 12 Jahre alt.

Ariégeois

URSPRUNG Frankreich
GRÖSSE 53–61 cm
GEWICHT 25–30 kg
AUSLAUF
FELLPFLEGE
REGISTRIERUNG FCI
FARBEN schwarz und weiß, lohfarbene Abzeichen im Gesicht zulässig

Dieser freundliche Laufhund ist nach seiner Heimatregion im Südwesten Frankreichs benannt. Er fühlt sich in einer häuslichen Umgebung oder in einer Jagdmeute gleichermaßen wohl.

GESCHICHTE

Der Ariégeois wurde aus Kreuzungen zwischen Chien d'Artois (siehe S. 185) und anderen französischen Jagdhunden entwickelt. Ziel war ein etwas leichterer, kleinerer Typ mit demselben ausgezeichneten Geruchssinn.

Der Ariégeois ist eine gutmütige Rasse, die sich auch als Familienhund eignet. Er ist freundlich im Umgang mit Kindern und Artgenossen, aber nicht sehr zuverlässig gegenüber anderen Tierarten. Er lässt sich sehr gern von Fährten und Spuren ablenken. Deshalb ist unbedingt auf guten Gehorsam zu achten.

AUSDAUERND Diese gesellige Rasse fühlt sich in der Gegenwart von Menschen oder anderen Hunden wohl und freut sich über athletische Aktivitäten.

Azawakh

URSPRUNG Mali
GRÖSSE 58–75 cm
GEWICHT 17–25 kg
AUSLAUF
FELLPFLEGE
REGISTRIERUNG FCI, KC
FARBEN braun und weiß

Dieser auch als Tuareg Sloughi bekannte afrikanische Sichthund ist eine sehr hochläufige, elegante Rasse. Sie ist aufgeweckt, unabhängig und ausgezeichnet als Wachhund einzusetzen.

GOLD UND WEISS

LOH UND WEISS

GESCHICHTE

Der Azawakh war schon in der Antike bekannt. Er stammt aus der südlichen Sahara, wo er von den Tuareg gezüchtet wurde. Er hat große Ähnlichkeit mit dem ähnlich alten Sloughi (siehe S. 220). In seiner Heimat wird der Azawakh immer noch auf Kleinwild und Gazellen angesetzt, doch hat er sich auch als Wächter bewährt. Azawakhs sind überaus aktive Hunde, die bis zu 60 km/h schnell werden können. Sie eignen sich nicht für ein bewegungsarmes Leben in geschlossenen Räumen und mit kleinen Kindern, sondern brauchen reichlich Auslauf im Freien und einen möglichst geregelten Tagesablauf.

SCHÖNWETTER-HUND Typisch für Hunde aus wärmeren Klimazonen: leicht gebaut, mit sehr kurzem, feinem Haarkleid, das mehr Sonnenschutz als Wärmeisolierung ist.

Serbischer Laufhund

URSPRUNG Serbien und Montenegro
GRÖSSE 43–53 cm
GEWICHT 19,5–20,5 kg
AUSLAUF
FELLPFLEGE
REGISTRIERUNG FCI
FARBEN schwarz und loh

Nach dem Balkankrieg gab es einiges Gezerre um den Namen dieser Rasse. Der alte Name Balkanischer Laufhund wurde mit Zustimmung des FCI-Generalkomitees ersetzt. Gelegentlich wird sie auch als Serbische Bracke bezeichnet.

GESCHICHTE

Unter den diversen Laufhundrassen des ehemaligen Jugoslawien ist diese vielleicht die älteste und war lange auch die am weitesten verbreitete. Typischerweise wurden diese Hunde in der Meute sowohl auf Großwild wie Wildschweine als auch auf kleinere Tiere angesetzt. Von vielen Zuchtverbänden übersehen und ohne schriftlichen Standard, wurde der Serbische Laufhund über zwei Jahrhunderte von Jägern entwickelt, die in ihm einen guten Gebrauchshund sahen. Auch heute noch wird er für die Jagd eingesetzt.

Das Ergebnis ist eine zähe, muskulöse Rasse mit robuster Gesundheit. Der Serbische Laufhund eignet sich gut als Familienhund, braucht allerdings viel Auslauf auf freien Flächen. Er ist kein Stadthund.

LAUTES ORGAN Eines der auffälligsten Merkmale dieser Rasse ist der hohe Laut, den sie bei der Verfolgung einer Fährte von sich gibt.

ARBEITSKLEIDUNG Alles am Serbischen Laufhund – vom dichten, wetterfesten Fell bis zur breiten, tiefen Brust – deutet auf einen robusten Hund mit großer Ausdauer hin.

Basenji

URSPRUNG Zentralafrika
GRÖSSE 41–43 cm
GEWICHT 9,5–11 kg
AUSLAUF
FELLPFLEGE
REGISTRIERUNG FCI, KC, AKCs
FARBEN schwarz und weiß, loh und weiß, schwarz oder gestromt

Dieser Hund ähnelt jenen Tieren, die in alten ägyptischen Grabkammern dargestellt sind. Er hat die Tendenz, eher zu jaulen als zu bellen, was auf eine sehr alte Züchtung hindeutet.

SCHWARZ

SCHWARZ UND WEISS

LOH UND WEISS

GESCHICHTE

Die Geschichte des heutigen Basenjis beginnt in den 1930er-Jahren mit Hunden, die aus Afrika nach Europa importiert und zunächst Kongohunde genannt wurden. Sie sind nicht leicht abzurichten, aber sehr freundlich im Umgang mit Kindern.

FALSCHER EINDRUCK Die faltige Stirn verleiht dieser liebevollen und intelligenten Rasse einen unfreundlichen Gesichtsausdruck.

URTÜMLICHES AUSSEHEN Diese kleinen Hunde sind muskulös und kräftig. Die Rute wird typischerweise gerollt über der Kruppe getragen.

Basset Artésien-Normand

URSPRUNG Frankreich
GRÖSSE 25–36 cm
GEWICHT 14,5–15,5 kg
AUSLAUF
FELLPFLEGE
REGISTRIERUNG FCI
FARBEN loh und weiß, trikolor

Diese Rasse ist der Vorläufer des bekannteren Basset Hound (siehe S. 174). Sie hat denselben niedrigen Körperbau, lange Behänge, herabhängende Lefzen und die typische Färbung.

LOH UND WEISS

SCHWARZ, WEISS UND LOH

GESCHICHTE

Dieser ernst wirkende Laufhund kann bis ins 17. Jahrhundert zurückverfolgt werden. Er hat die Körperlänge größerer Hunde, aber kürzere Läufe. Die ursprünglich für die Jagd eingesetzte Rasse wurde Anfang des 20. Jahrhunderts in zwei getrennten Linien weitergezüchtet: als Gebrauchshund und als Ausstellungshund. Die Bemühungen des französischen Züchters Léon Verrier brachten die beiden Typen wieder zusammen, vor allem weil die Rasse durch die beiden Weltkriege fast ausgelöscht worden war.

NIEDRIG GEBAUT Dieser Jagdhund hat kurze, aber gerade Gliedmaßen, damit er zu Fuß gut mithalten kann und sich gleichzeitig problemlos durch Dickicht schlagen und über unebenes Gelände bewegen kann.

Basset Bleu de Gascogne

URSPRUNG Frankreich
GRÖSSE 30–36 cm
GEWICHT 16–18 kg
AUSLAUF
FELLPFLEGE
REGISTRIERUNG FCI
FARBEN blau und weiß mit schwarzen Platten und lohfarbenen Abzeichen

Diese anhängliche Rasse ist fröhlicher und lebhafter, als es ihr Aussehen vermuten lässt. Im Rassestandard wird die Stimme dieser wunderbaren Hunde als „heulend" bezeichnet.

DER EINDRUCK TÄUSCHT Dieser Basset ist eine lebendige Rasse, die viel Auslauf braucht, aber einfach in der Haltung ist. Sie ist gesund und langlebig; einzig Magendrehungen sind nicht ungewöhnlich.

GESCHICHTE

Der ursprüngliche Basset Bleu de Gascogne, dessen Geschichte bis ins Mittelalter zurückreicht, starb aus, doch wurde er Ende des 19. Jahrhunderts auf Betreiben von Jägern, insbesondere durch die Zuchtbemühungen von Alain Bourbon, neu erschaffen. Die Rasse lässt sich gut abrichten und eignet sich für eine Familie, auch in der Stadt. Der Basset Bleu kann sogar als Wachhund abgerichtet werden.

Basset Fauve de Bretagne

URSPRUNG Frankreich
GRÖSSE 33–38 cm
GEWICHT 16–18 kg
AUSLAUF
FELLPFLEGE
REGISTRIERUNG FCI, KC
FARBEN falb oder rot

Dieser drahthaarige Hund ist eine der unkonventionelleren und lebhafteren Basset-Rassen. Er blüht auf, wenn er viel beschäftigt wird, und kann sehr bestimmend und eigensinnig sein.

ROT/LOH

GOLD

ANPASSUNGSFÄHIG Das harte, raue Fell benötigt wenig Pflege. Die Rasse lässt sich auch in der Stadt halten, solange es einen Park in der Nähe gibt, in dem sich diese Hunde austoben können.

GESCHICHTE

Diese Rasse ging im 19. Jahrhundert aus Kreuzungen zwischen dem hochläufigen Griffon Fauve de Bretagne und niederläufigen Rassen aus der Vendée hervor. Sie ist außerhalb Frankreichs kaum bekannt und konnte sich nur in Großbritannien etablieren. Die für die Meutejagd gezüchteten Hunde sind freundlich zu Artgenossen und Kindern, allerdings sind sie nicht leicht abzurichten.

Basset Hound

URSPRUNG Großbritannien
GRÖSSE 33–36 cm
GEWICHT 18–27 kg
AUSLAUF
FELLPFLEGE
REGISTRIERUNG FCI, KC, AKCs
FARBEN alle Laufhundfarben

Der bekannteste aller Bassets trägt keine geografische Ursprungsbezeichnung in seinem Namen. Die genaue Herkunft lässt sich auch kaum bestimmen, doch gilt er als klassisch britische Rasse.

GOLD UND WEISS

LOH UND WEISS

SCHWARZ, WEISS UND LOH

GESCHICHTE

Der Basset stammt von Bluthunden ab, und seine Geschichte reicht bis ins 16. Jahrhundert zurück. Die erste Rassebeschreibung könnte die in Shakespeares *Sommernachtstraum* sein: „… weitmäulig, scheckig und ihr Kopf behangen/ Mit Ohren, die den Tau vom Grase streifen/ Krummbeinig, wammig wie Thessaliens Stiere/ Nicht schnell zur Jagd, doch ihrer Kehlen Ton/ Folgt aufeinander wie ein Glockenspiel."

Heute ist der Basset häufiger als Hausgenosse anzutreffen denn als Jagdhund. Er ist ein anhänglicher, leicht zu führender, kinderlieber Hund.

TRAURIGER AUSDRUCK Der Basset ist bekannt für seinen traurigen Gesichtsausdruck. Die stark hängenden Lider, Ohren und Lefzen lassen den Bluthund in der Ahnenreihe erkennen.

MASSIV GEBAUT Auf seinen kurzen, krummen Läufen ist der Basset nicht sehr schnell; er sollte aber nie schwerfällig wirken. Leichtere Typen werden immer noch bei der Jagd eingesetzt.

KLASSISCHE FARBEN Auch wenn es keine Beschränkungen für die Fellfarben gibt, da jede Laufhundfarbe erlaubt ist, sind doch die meisten Hunde dreifarbig, gefolgt von loh und weiß sowie zitronengelb und weiß.

Bayerischer Gebirgsschweißhund

URSPRUNG Deutschland
GRÖSSE 46–51 cm
GEWICHT 25–35 kg
AUSLAUF
FELLPFLEGE
REGISTRIERUNG FCI
FARBEN braun, rot, loh, falb- bis semmelfarben, rotgrau, auch dunkel gestichelt

Diese Rasse ist ein Spürhund, der von Jägern und Förstern im schwierigen Berggelände in Zentraleuropa überaus geschätzt und in erster Linie für die Nachsuche eingesetzt wird.

ROT/LOH

SCHWARZ GESTROMT

GESCHICHTE

Wie alle Leit- und Schweißhunde stammt auch diese Rasse von den Urjagdhunden, den Bracken, ab. Sie wurde und wird nach dem Schuss für die Nachsuche von verletztem Wild eingesetzt. Frühere Leithunde schwereren Typs wie der Hannoversche Schweißhund erwiesen sich für die Arbeit in schwierigem bergigem Gelände als ungeeignet. Deshalb züchtete Baron Karg-Bebenburg in den 1870er-Jahren einen leichteren, schnelleren Typ, der zum Gebirgsschweißhund führte. Mit der Weiterentwicklung der Feuerwaffen wuchs auch die Nachfrage nach diesem Hundetyp und führte 1912 zur Gründung des Klubs für diese Rasse.

Auch heute wird die Rasse fast ausschließlich als Gebrauchshund gehalten. Die sehr rassigen und muskulösen Hunde blühen bei der Arbeit auf und sind daher ungeeignet für das Leben in einer Stadtwohnung. Diese Rasse hat ein im Allgemeinen ruhiges Wesen, ist ihrem Besitzer treu ergeben und sehr gelehrig, eignet sich allerdings nicht als Wächter.

HÄNGELEFZEN Wie andere Schweiß- und Fährtenhunde hat der Bayerische Gebirgsschweißhund Hängelefzen, jedoch nicht sehr ausgeprägte. Dadurch können Gerüche besser aufgenommen und identifiziert werden.

ARBEITSKLEID Das gut schützende, dichte Fell ist glatt anliegend und eher hart als glänzend, mit feineren Haaren am Kopf. Dort, ebenso wie an der Rute, ist es häufig dunkler.

BASSET HOUND (siehe S. 174) Mit diesem außergewöhnlichen Hund wird seit fünfzig Jahren für Hush-Puppies-Schuhe geworben. Die Ausdrucksstärke des Basset-Gesichts animierte auch den britischen Zeichner Alex Graham zu seiner Comic-Serie *Wurzel* (im englischen Original *Fred Basset*).

Beagle

URSPRUNG Großbritannien
GRÖSSE 33–39 cm
GEWICHT 8–13,5 kg
AUSLAUF
FELLPFLEGE
REGISTRIERUNG FCI, KC, AKCs
FARBEN alle Laufhundfarben

Der Beagle wird in Rassestandards sehr häufig als „fröhlich" beschrieben. Er hat eine glockenartige Stimme, eine lebhafte, neugierige Art und gibt einen ausgezeichneten Familienhund ab.

GOLD UND WEISS

SCHWARZ, WEISS UND LOH

GESCHICHTE

Der Beagle stammt wahrscheinlich vom größeren Harrier ab, der in Großbritannien seit dem Mittelalter für die Jagd eingesetzt wurde. Diese kleineren Hunde konnten sogar von berittenen Jägern in den Satteltaschen mitgenommen werden, um in der Meute oder allein Kaninchen und Vogelwild zu jagen. Heute variieren die Hunde je nach Zwinger in ihrer Größe und haben immer eine ganz besondere Persönlichkeit.

ZUM LIEBHABEN Die anhängliche Natur der Beagles kommt in ihrem liebenswerten Gesicht zum Ausdruck. Mit Ausnahme von „Snoopy" sind sie nicht zuverlässig im Umgang mit kleinen Säugern und Vögeln.

GEBÄUDE Der Beagle sieht aus wie ein kleiner Foxhound. Er ist kräftig gebaut mit einer hoch angesetzten, „fröhlich" getragenen Rute und hat ein kurzes, glatt anliegendes Fell, das leicht zu pflegen ist.

EIGENSCHAFTEN

Beagles sind sehr kontaktfreudig und sehnen sich nach der Gesellschaft eines Menschen oder Artgenossen. Wenn er oft allein gelassen wird, sollte man ihm einen Partner zur Seite stellen, denn sonst fühlt er sich schnell einsam.

In der richtigen Umgebung kann ein Beagle eine wahre Freude sein: fröhlich, anhänglich, gutmütig und freundlich zu Kindern sowie anderen Hunden. Jedoch ist er nicht besonders leicht abzurichten und neigt dazu, seiner eigenen Nase zu folgen.

Beagle Harrier

URSPRUNG Frankreich
GRÖSSE 43–48 cm
GEWICHT 18–20 kg
AUSLAUF
FELLPFLEGE
REGISTRIERUNG FCI
FARBEN trikolor

Es mag erstaunen, aber diese Rasse ging aus zwei alten und sehr britischen Rassen hervor, gilt aber selbst als französische. Sie vereint viele der besten Eigenschaften ihrer Vorfahren.

GUTE EIGENSCHAFTEN Der Beagle Harrier hat ein friedliches Wesen, die freundlichen Züge und das pflegeleichte kurze, dichte Fell des Beagles, ist jedoch etwas größer. Auch lässt er sich leichter abrichten.

GESCHICHTE

Der Beagle Harrier ist, wie der Name schon vermuten lässt, eine Kreuzung aus Beagle und dem größeren Harrier und wurde im 19. Jahrhundert von Baron Gérard für die Hasenjagd entwickelt. Der Beagle Harrier arbeitet immer noch in kleinen Meuten; die Veränderungen im 20. Jahrhundert haben der Rasse allerdings zu schaffen gemacht, und so bleibt sie außerhalb ihrer Heimat recht selten.

Berner Laufhund

URSPRUNG Schweiz
GRÖSSE 46–58 cm
GEWICHT 15,5–20 kg
AUSLAUF
FELLPFLEGE
REGISTRIERUNG FCI
FARBEN weiß mit schwarzen Platten und lohfarbenen Abzeichen auf dem Kopf

Der Berner Laufhund ist der bekannteste der vier überlebenden Varietäten des Schweizer Laufhundes, auch Chien Courant Suisse genannt. Von den anderen Varietäten grenzt er sich hauptsächlich durch die Fellfarbe ab.

GESCHICHTE

Diese attraktiven Laufhunde begleiten Jäger in den Schweizer Bergen bereits seit dem Mittelalter und heften sich auf die Fährte von Reh- und Kleinwild. Bis zum Ende des 19. Jahrhunderts gab es fünf Varietäten, eine jedoch ist mit dem Rückgang der Jagd verschwunden. Der Arbeitshund mit robuster Gesundheit ist auch ein gutmütiger und friedlicher Begleiter, kann aber eigensinnig sein und ist nicht einfach abzurichten.

ALTE WURZELN Der schlanke Körperbau und das gut isolierende, dichte Fell dieser Rasse haben einen alten Ursprung.

Black-and-tan-Coonhound

URSPRUNG USA
GRÖSSE 58–69 cm
GEWICHT 25–34 kg
AUSLAUF
FELLPFLEGE
REGISTRIERUNG FCI, AKCs
FARBEN schwarz und loh

Diese Rasse, auch Schwarz-rote Waschbärenhunde genannt, ist eine spezialisierte Gruppe von Jagdhunden, die gezüchtet wurden, um Waschbären oder Opossums aufzuspüren.

KRAFTVOLLE TIERE Dieser große Laufhund hat ein kräftiges und gut proportioniertes Gebäude mit einer tiefen Brust und starker Rute. Lange Gliedmaßen und ein raumgreifender Schritt machen ihn schnell.

GESCHICHTE

Der Black-and-tan-Coonhound wurde im 18. Jahrhundert in den Vereinigten Staaten entwickelt, doch erst 1945 folgte die offizielle Anerkennung. Er wurde aus Bluthund- und Foxhound-Schlägen gekreuzt. Vermutlich hat aber auch der Kerry Beagle seinen Beitrag geleistet. Der Coonhound heult bei seiner Arbeit, und der Jäger kann am Klang der Stimme erkennen, wann die Beute auf den Baum getrieben wurde.

Ursprünglich für die Waschbärenjagd gezüchtet, eignet sich die Rasse als vielseitiger und fähiger Jäger und wurde auch sehr erfolgreich auf die Jagd von Großwild wie Hirschen und sogar Berglöwen und Bären mitgeführt. Der Schwarz-rote ist der bekannteste aller Waschbärenhunde und wegen seines folgsamen Wesens besonders beliebt.

PROFIL Der Kopf ist fein modelliert und ohne Hautfalten. Die Ohren sind tief und weit hinten angesetzt und hängen herab. Von der Länge her sollten sie bis an den Nasenschwamm reichen.

PRAKTISCHES FELL Das kurze Fell ist schwarz mit lohfarbenem Brand auf Schnauze, Läufen und Brust. Das isolierende Haarkleid schützt sowohl vor Kälte als auch vor zu großer Hitze.

Bloodhound

URSPRUNG Belgien
GRÖSSE 58–69 cm
GEWICHT 30–50 kg
AUSLAUF
FELLPFLEGE
REGISTRIERUNG FCI, KC, AKCs
FARBEN schwarz und loh, leber-rot und loh, rot

Der in Belgien als Chien de St Hubert und in England als Bloodhound entwickelte Laufhund wurde früher auch auf die Spur von Kriminellen und entlaufenen Sklaven angesetzt.

ROT/LOH

SCHWARZ UND LOH

GESCHICHTE

Die Hunde wurden über Jahrhunderte von Benediktinermönchen in der Abtei Saint-Hubert in den Ardennen gehalten, und traditionell wurden jedes Jahr sechs Hunde an den französischen König als Geschenk für die königliche Meute übersandt. Mit den Normannen gelangten die Hunde nach England, und diese Linie wurde als Bloodhound bekannt; der Name leitet sich nicht etwa ab von seiner ausgezeichneten Fähigkeit, Blut zu riechen, sondern weil es Hunde von reinem Blut waren, die nur der Adel besitzen durfte.

EIGENSCHAFTEN

Der sanftmütige, anhängliche Bluthund muss in Gegenwart von Kindern nur deshalb beobachtet werden, weil er die Kleinen aus Versehen umrempeln könnte. Er ist nicht ganz einfach abzurichten, da er sich schnell von interessanten Gerüchen ablenken lässt und weiß, wie er seine traurigen Augen wirkungsvoll einsetzen kann. Leider hat er eine nicht allzu lange Lebenserwartung und ist eine der anfälligsten Rassen für Meteorismus (Blähsucht). Ebenso sind wie bei anderen großen Rassen Gelenkprobleme und Tumore nicht selten.

KLASSISCHES AUSSEHEN Die Fellfarben sind relativ beschränkt, wenngleich es früher eine größere Vielfalt gab, darunter auch einen weißen Schlag, der als Talbot Hound bekannt war, im 17. Jahrhundert aber verschwand.

Barsoi

URSPRUNG Russland
GRÖSSE 69–79 cm
GEWICHT 34–47,5 kg
AUSLAUF
FELLPFLEGE
REGISTRIERUNG FCI, KC, AKCs
FARBEN weiß, gold, loh oder grau mit schwarzen Abzeichen, ein- oder mehrfarbig

Dieser elegante Hund wurde in Russland für die Wolfsjagd eingesetzt und deshalb auch Wolfshund genannt. Im letzten Jahrhundert ist ihm der Übergang zum Begleithund gelungen.

CREME

GOLD

GOLD UND WEISS

SCHWARZ UND WEISS

LOH UND WEISS

GESCHICHTE

Windhunde gelangten im Mittelalter aus ihrer Ursprungsregion Arabien nach Russland. Hier wurden sie zum Barsoi, im Russischen die Bezeichnung für Windhund, weiterentwickelt. Dazu gehören auch einige im Westen nahezu unbekannte Raritäten wie der Tajgan und der Chortaj. Der Barsoi gelangte im 19. Jahrhundert nach Westeuropa, wo er als prestigeträchtiges Haustier in adligen Häusern vornehmlich als Begleiter und nicht als Jagdhund gehalten wurde.

Heute ist er als Haustier weithin bekannt, ohne die Athletik seiner Vorfahren und seinen freiheitsliebenden Geist verloren zu haben. Ein Zusammenleben mit artfremden Haustieren ist also kaum möglich. Der Barsoi benötigt sehr viel Bewegung, wird der ungestümen Art von kleinen Kindern aber schnell überdrüssig und bevorzugt stattdessen einen ruhigen und geordneten Tagesablauf.

EDLES PROFIL Der Kopf ist auffallend lang und schmal mit einem leicht gekrümmten Fang. Die Ohren liegen in Normalstellung flach am Hals an.

FELLPFLEGE Das seidige Haarkleid ist eine Herausforderung, wenn das Winterfell im Frühjahr abgeworfen wird. Ansonsten ist es einfach zu pflegen und sollte lediglich regelmäßig gebürstet werden. Die Haare zwischen den Zehen müssen geschnitten werden.

SCHNELLER LÄUFER Wie alle Windhunde ist auch der Barsoi pfeilschnell. Draußen lässt er sich sehr gern ablenken. Ständige Wachsamkeit ist also gefordert.

Briquet Griffon Vendéen

URSPRUNG Frankreich
GRÖSSE 48–56 cm
GEWICHT 23–24 kg
AUSLAUF
FELLPFLEGE
REGISTRIERUNG FCI
FARBEN weiß und schwarz, weiß und orange, schwarz und loh, trikolor, falb mit schwarz

Der Name identifiziert diese Rasse als kleineren Hund (Briquet), der erstmals von einem königlichen „Schreiber" (altfranz.: *greffier*) gezüchtet wurde und aus der Region Vendée stammt.

CREME

SCHWARZ, WEISS UND LOH

GESCHICHTE

Dieser Hund wurde im 19. Jahrhundert entwickelt. Die Rasse wird heute wieder in Meuten für die Wildschwein- und Hirschjagd ebenso wie für Trials eingesetzt. Der Briquet Griffon Vendéen ist eine zähe, kälteresistente Rasse mit wetterfestem Fell, das weiße Abzeichen haben kann. Diese Hunde können eigensinnig und gelegentlich auch bissig sein; manche neigen zum Geifern.

KOPF Das dichte krause Fell des Hundes bildet auf beiden Seiten der schwarzen Nase seine Barthaare.

GRÖSSE Diese zähe Rasse liegt in der Größe zwischen dem Grand und dem Basset Griffon Vendéen.

Chart Polski

URSPRUNG Polen
GRÖSSE 68–80 cm
GEWICHT 40 kg
AUSLAUF
FELLPFLEGE
REGISTRIERUNG FCI
FARBEN alle Farben zulässig

In Europa haben sich verschiedene Windhund-Typen herausgebildet. Der Chart Polski wird auch Polnischer Windhund genannt und konnte von einer Gruppe von Züchtern erhalten werden.

SCHWARZ | CREME | ROT/LOH | SCHWARZ UND LOH | BLAU UND LOH GESCHECKT

GESCHICHTE

Als Nachfahre früher Windhunde wie des asiatischen Windhundes existiert der Chart Polski als Jagdhund seit dem 15. Jahrhundert, möglicherweise auch schon länger; alte Handschriften zeigen Hunde dieses Typs. Angesichts der schwierigen politischen Verhältnisse im 20. Jahrhundert gibt es Irritationen über russische Ansprüche, der Chart Polski sei vom Barsoi abstämmig und demnach eine russische Rasse.

Nach den beiden Weltkriegen war der Chart Polski stark gefährdet. Doch gelang es polnischen Züchtern, die Rasse wiederzubeleben. In Westeuropa wurde sie erst nach dem Fall des Eisernen Vorhangs richtig bekannt.

KEIN LEICHTGEWICHT Der Chart Polski sieht zwar schlank und elegant aus, doch ist er kräftiger und weniger feingliedrig als andere kurzhaarige Windhunde. Er widersteht Hitze ebenso wie Kälte.

KOPF EINES JÄGERS Der kräftige und doch feine Kopf wird hoch auf einem langen, starken Hals getragen. Der gefühlvolle Augenausdruck und der muntere und anmutige Blick täuschen über die Tatsache hinweg, dass der Chart Polski ein unbarmherziger Jäger ist.

EIGENSCHAFTEN

Die Rasse ist heute immer noch selten. Wie viele Sichthunde besitzt der Chart Polski einen ruhigen Charakter. Er ist ein treuer Familienhund und verträgt sich gut mit Kindern; Fremden gegenüber verhält er sich häufig zurückhaltend. Bei der Jagd ist er flink und unermüdlich.

Chien d'Artois

URSPRUNG Frankreich
GRÖSSE 51–56 cm
GEWICHT 18–24 kg
AUSLAUF
FELLPFLEGE
REGISTRIERUNG FCI
FARBEN trikolor

Diese Rasse, die früher auch Picard oder Briquet genannt wurde, arbeitet dank ihres kompakten Gebäudes im Unterholz ebenso wie auf dem freien Feld. Sie wurde in kleinen Meuten auf Hasen, aber auch auf Hirsche und Wildschweine angesetzt.

GESCHICHTE

Hunde dieses Typs waren vom Mittelalter an für ihre Spur- und Fährtensicherheit bekannt und im 17. Jahrhundert als Artois-Laufhunde berühmt. Im 19. Jahrhundert waren sie beinahe ausgestorben, doch verstärkte Zuchtbemühungen ab dem Beginn des 20. Jahrhunderts konnten die Bestände wieder stabilisieren. Die geselligen Hunde benötigen eine konsequente Führung.

FRANZÖSISCHE MODE Der ganz besondere Typ ging durch Einkreuzungen von englischen Rassen im 19. Jahrhundert fast verloren.

Cirneco dell'Etna

URSPRUNG Italien
GRÖSSE 51–56 cm
GEWICHT 8–12 kg
AUSLAUF
FELLPFLEGE
REGISTRIERUNG FCI
FARBEN falb oder falb mit weiß, weiß, weiß mit orange, falb gestromt

Diese Rasse, auch Sizilianische Bracke oder Ätnahund genannt, hat Ähnlichkeiten mit dem Pharaonenhund.

CREME

GOLD

GOLD UND WEISS

GESCHICHTE

Die Vorfahren dieser Rasse kamen vor etwa 3000 Jahren mit den Phöniziern nach Sizilien. Sie ist nach dem markantesten Punkt der Insel, dem Vulkan Ätna, benannt. Gewisse Ähnlichkeiten bestehen zum Pharaonenhund und zum Podenco Ibicenco. Der Cirneco dell'Etna ist aber kleiner und hat sich auf Wildkaninchen und -hasen spezialisiert, die er auf Sicht und Spur jagt.

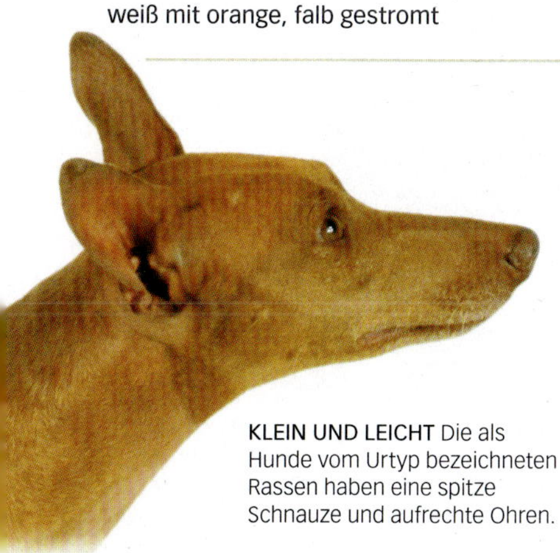

KLEIN UND LEICHT Die als Hunde vom Urtyp bezeichneten Rassen haben eine spitze Schnauze und aufrechte Ohren.

ELEGANT Der Cirneco dell'Etna ist schlank und leicht gebaut, gleichzeitig aber ein robustes, kräftiges Kerlchen.

Dackel

URSPRUNG Deutschland
GRÖSSE 18–23 cm
GEWICHT 7–11,5 kg
AUSLAUF
FELLPFLEGE
REGISTRIERUNG FCI, KC, AKCs
FARBEN einfarbig, bikolor, gescheckt oder gestromt; weiß nicht zulässig

Der Dackel, auch Dachshund oder Teckel genannt, umfasst eine ganze Gruppe, die nach Größe und Felltyp differenziert wird. Man unterscheidet zwischen Arbeits- und Ausstellungsschlägen.

CREME BLAU ROT/LOH GOLD SCHWARZ UND LOH

GESCHICHTE

Kleine, niederläufige Hunde gibt es schon seit Tausenden von Jahren, und der Dackel ist als Typ schon seit dem Mittelalter bekannt. Die aus Bracken hervorgegangenen Hunde wurden ausgewählt, weil sie aufgrund ihrer kleinen Statur besser für die Arbeit unter der Erde geeignet waren.

Heute werden Dackel sowohl als Gebrauchshunde wie auch als Begleiter gehalten. Arbeitsschläge haben einen kürzeren Rücken und längere Läufe als Ausstellungsschläge. Letztere leiden wie andere niederläufige Rassen besonders häufig unter Rückenbeschwerden.

VOLLER POTENZIAL Die Größe eines Welpen ist noch nicht besonders aussagekräftig. Seine endgültige Größe lässt sich nicht erahnen, auch wenn die einzelnen Linien gewöhnlich bestimmte Größen hervorbringen.

RAUHAARDACKEL Diese Dackelvarietät gilt als die ausgeglichenste der drei Felltypen, ist weniger resolut als das kurzhaarige Original und breiter als der Langhaardackel.

VARIETÄTEN

Neben den verschiedenen Größen (siehe Infobox) unterscheidet man zwischen kurz-, rau- und langhaarigen Fellarten. Der Kurzhaardackel, der ursprüngliche Jagd-Typ, ist die älteste Varietät. Der Rauhaardackel entstand durch Einkreuzungen von drahthaarigen Pinschern und des Dandie Dinmont Terriers zur Veredelung der Kopfform. Der Langhaardackel scheint aus Einkreuzungen von niederläufigen Spaniels hervorgegangen zu sein, die gleichzeitig eine weitere Miniaturisierung herbeiführten. Die Unterschiede zwischen den Varietäten hatten auch Einfluss auf das Temperament der Tiere.

EIGENSCHAFTEN

Zwar lassen sich diese kleinen Hunde gut in der Stadt halten, da sie nicht viel Platz und Auslauf brauchen, doch ist bei der Auswahl der Varietät Umsicht geboten. Sie unterscheiden sich in ihrem Temperament, und manche Hunde scheinen den Willen von viel größeren Artgenossen in konzentrierter Form zu haben. Dackel sollten deshalb bereits in jungem Alter gut und konsequent erzogen werden, wenn man lebenslangen Ärger vermeiden möchte.

KURZHAARDACKEL Der ursprüngliche kurzhaarige Felltyp ist der reizbarste. Kurzhaardackel können Angstbeißer sein.

LANGHAARDACKEL Spaniel-Einschläge hinterließen dieser Varietät nicht nur das seidige Fell, sondern auch eine weniger hartnäckige und fast schüchterne Art, als sie ihren kurzhaarigen Verwandten zu eigen ist.

Größe des Dackels

Bei der FCI sind drei Größen registriert, die nicht nach Widerristhöhe, sondern nach Brustumfang eingeteilt werden:
Dackel (über 35 cm), Zwergdackel (30–35 cm) und Kaninchendackel (weniger als 30 cm).
Britische und amerikanische Verbände unterscheiden zwischen den beiden Größen Standard und Miniatur. Die Grenze liegt bei einem Gewicht von 5 kg.

Deerhound

URSPRUNG Großbritannien
GRÖSSE 71–76 cm
GEWICHT 36–45,5 kg
AUSLAUF
FELLPFLEGE
REGISTRIERUNG FCI, KC, AKCs
FARBEN grau, gestromt, gelb, sand-rot oder rot-falb mit schwarzen Punkten, weiße Abzeichen erlaubt

Da die Rasse ursprünglich aus Schottland stammt, wird sie auch Scottish Deerhound genannt. Einst für die Jagd auf Hirsche (engl.: *deer*) entwickelt, ist dieser große Hund heute ein sanfter Begleiter.

GRAU

ROT/LOH

GOLD

SCHWARZ GESTROMT

GESCHICHTE

Drahthaarige Laufhunde sind seit über 500 Jahren bekannt. Wahrscheinlich stammen sie von eingeführten kurzhaarigen Windhunden ab, die mit an das raue schottische Klima angepassten längerhaarigen Rassen gekreuzt wurden. Die Hunde jagten Hirsche in Meuten, doch mit dem Niedergang des Clan-Systems und dem Übergang zur Flintenjagd erlebte diese Rasse im 18. Jahrhundert einen Rückgang. Sie wurde im 19. Jahrhundert wiederbelebt, ist aber nach wie vor rar.

Deerhounds sind intelligente und gut abzurichtende Hunde, die freundlich zu anderen Hunden und Kindern sind. Täglich ausreichend Bewegung ist für sie unerlässlich.

TYPISCH DEERHOUND Alles an dieser Rasse, vom Kopf bis zur Rute, hat eine lange, starke und keilförmige Linie. Das Fell ist zottig.

Drever

URSPRUNG Schweden
GRÖSSE 30–41 cm
GEWICHT 13,5–15 kg
AUSLAUF
FELLPFLEGE
REGISTRIERUNG FCI
FARBEN falb und weiß, schwarz und weiß, trikolor

Die auch als Schwedische Dachsbracke bezeichnete Rasse ist ein vollendeter Spürhund. Sie wird für die Stöber- und Treibarbeit eingesetzt.

GOLD UND WEISS

SCHWARZ UND WEISS

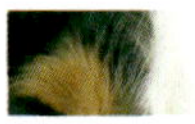
SCHWARZ, WEISS UND LOH

LANGSAM, ABER BESTÄNDIG Mit seinen kurzen Läufen ist der Drever nicht der allerschnellste Laufhund, doch hat er eine unglaubliche Ausdauer.

GESCHICHTE

Diese Rasse ist die Wiederbelebung eines historischen Typs, die aus Kreuzungen zwischen Westfälischer Dachsbracke und lokalen Laufhunden hervorging. Wenn er nicht jagt, ist der Drever ein gemütlicher, leicht zu führender Begleiter, doch ist er etwas eigenbrötlerisch und demnach nicht unbedingt der ideale Familienhund.

HÜBSCHES GESICHT Der Drever hat einen wohlproportionierten Kopf und im Gegensatz zu einigen anderen Laufhunden straffe Lider und Lefzen.

Dunker

URSPRUNG Norwegen
GRÖSSE 48–56 cm
GEWICHT 16–22 kg
AUSLAUF
FELLPFLEGE
REGISTRIERUNG FCI
FARBEN schwarz oder blau gefleckt mit falbfarbenen oder weißen Abzeichen

Dieser Laufhund, den man außerhalb seiner Heimat kaum findet, ist in Norwegen eine der beliebtesten Jagdhundrassen. Er wird zur Spürjagd und zum Apportieren von Hasen eingesetzt.

GESCHICHTE

Die Rasse, auch Dunkerbracke oder Norwegischer Laufhund genannt, wurde bis zur Mitte des 19. Jahrhunderts von Wilhelm Dunker entwickelt, der die russische Harlekinbracke mit norwegischen Spürhunden kreuzte. Das Ergebnis ist ein beharrlicher, verlässlicher Hund mit enormer Kondition. Einzige gesundheitliche Einschränkung ist die Anfälligkeit für Hüftdysplasie. Dunker sind unbekümmerte Hunde, die sich leicht an ein Stadt- oder Familienleben anpassen können.

KRÄFTIGER KÖRPERBAU Der tiefe, breite und wohlgerundete Körper hat einen starken Knochenbau, gut bemuskelte Gliedmaßen und ein kurzes, aber sehr dichtes Fell.

English Coonhound

URSPRUNG USA
GRÖSSE 53–69 cm
GEWICHT 18–30 kg
AUSLAUF
FELLPFLEGE
REGISTRIERUNG AKC3
FARBEN alle Laufhundfarben zulässig, meist rot getüpfelt

Entgegen seinem Namen ist dieser robuste Laufhund eine ganz und gar amerikanische Rasse, die ursprünglich in den Südstaaten für die Jagd auf Waschbären und ähnliche Beute entwickelt wurde.

BLAU | ROT/LOH | SCHWARZ UND WEISS | LOH UND WEISS | SCHWARZ, WEISS UND LOH

BAU UND HAARKLEID Dieser Coonhound ist relativ klein, doch kräftig und robust gebaut. Die langen Behänge und die Lefzen sind typisch für Laufhunde.

GESCHICHTE

Diese Rasse, die im frühen 19. Jahrhundert gezüchtet wurde, wird gelegentlich als Redtick Coonhound bezeichnet – ein passenderer Name, denn unter ihren Vorfahren sind auch französische Hunde.

Dieser Coonhound ist in erster Linie ein Jagdhund: robust und aktiv mit viel Energie. Er gibt aber auch einen gutmütigen Familienhund und Hausgenossen ab, solange keine potenziellen kleinen Beutetiere in der Nähe sind.

Finnischer Laufhund

URSPRUNG Finnland
GRÖSSE 56–63 cm
GEWICHT 20–25 kg
AUSLAUF
FELLPFLEGE
REGISTRIERUNG FCI, AKCs
FARBEN trikolor

Der Finnische Laufhund, auch Suomenajokoira oder Finnenbracke genannt, ist ein Spürhund für die Hasen- und Fuchsjagd. Der Hund mit der vollen Stimme ist der beliebteste finnische Gebrauchshund.

GUTES NÄSCHEN Dieser unermüdliche Laufhund genießt die Jagd, egal unter welchen äußeren Bedingungen. Er arbeitet unabhängig, spürt Wild auf, treibt es aufs freie Feld und zeigt dies dem Jäger durch andauernde, kurze Laute an.

GESCHICHTE

Quellen zufolge stammt diese harrierartige Rasse aus dem 18. Jahrhundert und wurde von einem Goldschmied namens Tammelin aus schwedischen, deutschen und französischen Laufhunden entwickelt. Der Standard jedoch legt seine Ursprünge auf die 1890er-Jahre und nennt lediglich finnische Hunde als Vorfahren, die europäischen Rassen glichen. Hin oder her, der Finnische Laufhund ist ein begeisterter Spuren- und Fährtenleser, der dem Jäger das Wild vor die Flinte treibt und erlegtes Vogelwild auch nachsucht, jedoch nicht apportiert.

EIGENSCHAFTEN

Diese lebendige Rasse braucht viel Bewegung im Freien. Der freundliche Hund blüht in menschlicher Gesellschaft auf und versteht sich gut mit Kindern. Als Wächter ist er ungeeignet. In der Regel kommt er gut mit anderen Hunden aus, wenngleich Rüden etwas übermütig sein können.

SOMMERFELL Die Rasse ist kräftig gebaut, jedoch nicht schwer. Das Fell ist nicht besonders dicht; im Sommer können die Hunde die Nächte draußen verbringen, im Winter hingegen brauchen sie eine geschützte Schlafstelle.

Français

URSPRUNG Frankreich
GRÖSSE 60–72 cm
GEWICHT 34–35 kg
AUSLAUF
FELLPFLEGE
REGISTRIERUNG FCI, AKCs
FARBEN weiß und schwarz oder orange, trikolor

Der Französische Laufhund wird in drei Rassen eingeteilt: den Dreifarbigen, den Weiß-Schwarzen und den Weiß-Orangen. Alle drei werden für die Jagd eingesetzt.

GOLD UND WEISS

SCHWARZ UND WEISS

LOH UND WEISS

GESCHICHTE

Der Französische Weiß-Schwarze Laufhund verdankt seine Existenz Michel Beauchamp, der Harrier mit Hunden aus Poitou, der Normandie und Saintonge kreuzte. Zwischen den beiden Weltkriegen waren diese Hunde bei Gebrauchsprüfungen sehr erfolgreich und wurden 1957 anerkannt. Im selben Jahr präsentierte der Züchter Henri de Falandre erstmals dreifarbige Hunde, die ausgestorbenen französischen Jagdhunden glichen und die er aus Anglo-Français, Poitevin, Billy und Bleu de Gascogne entwickelt hatte. Der Französische Weiß-Orange Laufhund war die jüngste Züchtung, und auch in ihm fließt Billy-Blut. Alle drei Laufhundrassen sind sanftmütige Gesellen.

BELIEBTE FARBEN Der Französische Dreifarbige Laufhund ist unter den drei Rassen die am weitesten verbreitete. Der Weiß-Orange Laufhund ist dagegen in seinen Beständen gefährdet.

Deutsche Bracke

URSPRUNG Deutschland
GRÖSSE 41–53 cm
GEWICHT 20 kg
AUSLAUF
FELLPFLEGE
REGISTRIERUNG FCI
FARBEN trikolor

Die Deutsche Bracke, ein enthusiastischer, robuster Laufhund, ist das letzte Beispiel eines Jagdhundes, der, mit kleinen regionalen Abweichungen, einst überall in Deutschland verbreitet war.

GESCHICHTE

Die Brackenvarietät stammt von der Westfälischen Bracke ab. Sie hat das dreifarbige Fell einer Varietät, die als Sauerländer Holzbracke bekannt war und mit lokalen Steinbracken gekreuzt wurde. Die loyale, freundliche Rasse ist friedliebend und ruhig im Haus, doch im Freien ein leidenschaftlicher und unbeirrbarer Jäger, wenn sie erst einmal Witterung aufgenommen hat.

RASSEMERKMALE Die rosa Nase ist ein charakteristisches Merkmal dieser Rasse. Die relativ langläufigen Bracken sind größer als die Dachsbracken, die wiederum höher sind als Dachshund-Typen.

Grand Anglo-Français

URSPRUNG Frankreich
GRÖSSE 61–69 cm
GEWICHT 30–32 kg
AUSLAUF
FELLPFLEGE
REGISTRIERUNG FCI
FARBEN weiß und schwarz, weiß und orange, trikolor

Die drei Farben dieses Laufhundes sind in eigenen Rassestandards anerkannt; davon abgesehen, unterscheiden sich die Hunde kaum. Die dreifarbige Varietät ist am weitesten verbreitet.

GOLD UND WEISS — SCHWARZ UND WEISS — SCHWARZ, WEISS UND LOH

GESCHICHTE

Diese Hunde gingen im 19. Jahrhundert aus französischen Laufhunden und English Foxhounds hervor. Der für die Wolfjagd bestimmte französische Poitevin vererbte dem Dreifarbigen seine Fellfarben, während der Bleu de Gascogne oder der Gascogne Saintongeois für die Färbung der weiß-schwarzen Rasse verantwortlich sein könnte. Alle drei Rassen sind Hunde mit starkem, aber kompaktem Gebäude, die traditionell in der Meute auf Großwild angesetzt wurden. Diese Hunde haben ein ruhiges, wenig aggressives Gemüt. Sie verfügen über eine außerordentliche Kondition und das für einen Jagdhund erforderliche Bedürfnis nach Bewegung.

BELIEBTE WAHL Seinem Fell hat es der dreifarbige Typ zu verdanken, dass er auch außerhalb von Jagdkreisen eine beliebte Rasse ist.

Grand Basset Griffon Vendéen

URSPRUNG Frankreich
GRÖSSE 38–41 cm
GEWICHT 18–20 kg
AUSLAUF
FELLPFLEGE
REGISTRIERUNG FCI
FARBEN weiß und schwarz, schwarz und loh, weiß und orange, trikolor, falb

Diese Rasse ist kleiner als ihre Vorgänger, doch immer noch größer als viele andere Basset-Typen. Sie wurde speziell für die Hasenjagd auf diese Größe heruntergezüchtet.

GOLD UND WEISS — SCHWARZ UND LOH — SCHWARZ, WEISS UND LOH

GESCHICHTE

Diese Rasse wurde Ende des 19. Jahrhunderts durch die Arbeit Paul Dezamys und des Grafen von Elva entwickelt, der auch bei der Züchtung des Briquet Griffon Vendéen mitgewirkt hat. Wie alle französischen Bassets stammt er von größeren Laufhunden ab – in diesem Fall vom Grand Griffon. Die Rasse ist anpassungsfähig, ausgeglichen und fühlt sich auch in der Stadt und in einer Familie wohl.

KLEIN, ABER OHO Diese Basset-Rasse wurde bewusst auf diese Größe gezüchtet, um Hasen effektiv jagen zu können. Natürlich kann sie auch größeres Wild verfolgen.

Grand Bleu de Gascogne

URSPRUNG Frankreich
GRÖSSE 64–71 cm
GEWICHT 32–35 kg
AUSLAUF
FELLPFLEGE
REGISTRIERUNG FCI
FARBEN schwarz gescheckt mit weiß, mit schwarzen Platten auf Gesicht und Körper

Heute ist diese Rasse in den USA verbreiteter als in ihrem Heimatland Frankreich, insbesondere seit der Wolf, auf den der Grand Bleu de Gascogne angesetzt wurde, dort ausgerottet ist.

WANDELNDE MODE Bilder vom Anfang des 20. Jahrhunderts zeigen Hunde mit hauptsächlich schwarzem Fell; heute haben sie weniger Platten und sind eher blau.

MASKE Der Kopf hat eine auffällige schwarze Maske, die auf dem Schädeldach nicht zusammenläuft. Der helle Zwischenraum und die schwarzen Flecken dazwischen sind typisch.

FRANZÖSISCHE MODE Der Grand Bleu de Gascogne ist ein durch und durch französischer Laufhund – vom gefühlvollen Ausdruck über die noble Haltung bis hin zum eindrucksvollen, kräftigen Gebäude.

GESCHICHTE

Der Grand Bleu de Gascogne ist eine sehr alte Rasse, die ihren Ursprung im Mittelalter in der südwestfranzösischen Gascogne hat. Aus Aufzeichnungen aus dem 14. Jahrhundert geht hervor, dass der Comte de Foix sie zur Wolf-, Bären- und Wildschweinjagd hielt. Wie viele Spürhunde ist auch diese Rasse nicht besonders schnell, sondern überzeugt eher durch ihr unglaubliches Durchhaltevermögen.

Sie ist gutmütig und ruhig im Umgang mit Kindern, wird aber in einer städtischen Umgebung nicht glücklich. Der Grand Bleu de Gascogne braucht ein großes Pensum an Auslauf. Für einen so großen Hund hat er mit über zehn Jahren eine relativ hohe Lebenserwartung.

Grand Griffon Vendéen

URSPRUNG Frankreich
GRÖSSE 61–66 cm
GEWICHT 30–35 kg
AUSLAUF
FELLPFLEGE
REGISTRIERUNG FCI
FARBEN weiß und schwarz, schwarz und loh, weiß und orange, trikolor, falb

Die älteste und größte Rasse der Griffon-Vendéen-Gruppe wurde ursprünglich für die Jagd auf Wildschweine und Hirsche gezüchtet. Diese Rasse wird heute immer seltener.

GOLD UND WEISS · SCHWARZ UND WEISS · SCHWARZ, WEISS UND LOH

GESCHICHTE

Der erste Laufhund aus der Vendée war der Grand Vendéen, eine alte kurzhaarige Rasse. Der drahthaarige Grand Griffon Vendéen ist sein Nachfahre, mit Einschlägen anderer Rassen wie des Griffon Fauve de Bretagne. Die kleineren Griffon-Rassen, die mit den Zusätzen „Briquet“, „Grand“ oder „Petit Basset“ gekennzeichnet sind, folgten dieser größeren Rasse. Heute ist er, vielleicht wegen seiner Größe, die seltenste Rasse innerhalb der Gruppe. Zwar ist er ein gehorsamer, ruhiger und auch im Umgang mit Kindern und Artgenossen verlässlicher Gefährte, doch braucht er viel Raum und reichlich körperliche und geistige Bewegung.

WETTERFEST Das drahtige Deckhaar und die wattige Unterwolle sind ein idealer Schutz für die Jagd bei Nässe, doch braucht ein solches Fell gründliche Pflege.

Griechischer Laufhund

URSPRUNG Griechenland
GRÖSSE 48–56 cm
GEWICHT 17–20 kg
AUSLAUF
FELLPFLEGE
REGISTRIERUNG FCI
FARBEN schwarz und loh, weißes Abzeichen auf der Brust zulässig

Diese Rasse, auch Griechische Bracke oder Hellinikos Ichnilatis genannt, konnte durch die geografische Isolation ihren reinen Typ bewahren. Sie wurde als erste griechische Rasse anerkannt.

GESCHICHTE

Der Griechische Laufhund ist eine sehr alte Rasse, die in der Antike aus Sicht- und Spürhunden entwickelt wurde. Seine Vorfahren waren als „Hasenhunde“ bekannt und breiteten sich mit fahrenden Händlern aus.

Heute ist er ein guter Helfer bei der Hasen- und Wildschweinjagd. Wenn ihm langweilig wird, kann er destruktiv werden, weshalb er sich nur für engagierte Besitzer eignet.

ANTIKES AUSSEHEN Die robuste, gesunde Rasse ist in allen Proportionen maßvoll. Sie hat eine eng anliegende Haut und ein glattes, leicht zu pflegendes Fell.

Greyhound

URSPRUNG Großbritannien
GRÖSSE 69–76 cm
GEWICHT 27–31,5 kg
AUSLAUF
FELLPFLEGE
REGISTRIERUNG FCI, KC, AKCs
FARBEN schwarz, weiß, rot, blau, falb, sand, gestromt, alle Farben auch mit weiß

Es gibt ungarische, italienische, russische und andere Windhunde; der englische ist auch kurz als Greyhound bekannt. Er ist den Hunden des Urtyps sehr ähnlich.

SCHWARZ

BLAU

ROT/LOH

GOLD

SCHWARZ UND WEISS

GESCHICHTE

Als Hinweis auf das Alter dieses Hundetyps können altägyptische Artefakte dienen, auf denen Hunde zu sehen sind, die dem heutigen Greyhound sehr ähnlich sehen. DNA-Analysen haben 2004 eine erstaunlich nahe Verwandtschaft zu Hütehunden ergeben. Daraus kann man schließen, dass sich der moderne Greyhound in jüngerer Zeit aus einem größeren Genpool entwickelt hat. Das „Grey" im Namen Greyhound ist nicht mit „grau" zu übersetzen; es stammt aus dem Altenglischen und bedeutet so viel wie „fein". Greyhounds wurden für die Jagd eingesetzt, heute allerdings hauptsächlich bei Hunderennen.

EIGENSCHAFTEN

Ungeachtet ihrer Schnelligkeit können Greyhounds im Haus entspannte und gemütliche Gesellen sein. Allerdings sind sie nicht für die Stadt und für Familien mit Kleinkindern geeignet. Sie neigen dazu, ihre Erziehung zu vergessen, wenn sie eine potenzielle Beute erspähen.

AUF TEMPO GETRIMMT Greyhounds erreichen Spitzengeschwindigkeiten von bis zu 70 km/h; Rennhunden „in Rente" fällt es mitunter schwer, ihre Gewohnheiten aufzugeben, wenn sie kleine Tiere sehen.

SCHNELLES LEBEN Rennhunde haben eine kurze Karriere, und häufig landen ausgemusterte Tiere im Heim. Abseits der Rennbahn sind Greyhounds ruhig und sanftmütig.

Griffon Fauve de Bretagne

URSPRUNG Frankreich
GRÖSSE 48–56 cm
GEWICHT 18–22 kg
AUSLAUF
FELLPFLEGE
REGISTRIERUNG FCI
FARBEN Falbschattierungen von Weizengelb bis Ziegelrot

Dieser intelligente und anpassungsfähige Laufhund wurde ursprünglich auf den Wolf angesetzt. Die geselligen und anhänglichen Tiere haben jedoch nie größere Verbreitung gefunden.

ROT/LOH

GOLD

GESCHICHTE

Diese bretonische Rasse gehört zu den ältesten französischen Laufhunden und fand bereits im 14. Jahrhundert als Meute eines Huet des Ventes Erwähnung. Mit der Ausrottung der Wölfe im 19. Jahrhundert sanken auch die Griffon-Bestände, bis nach dem Zweiten Weltkrieg intensive Zuchtbemühungen die Rasse retten konnten. Die Entwicklung und der Gebrauch dieses Hundes stehen unter dem Motto des Zuchtverbandes: „An oberster Stelle die Jagd", weshalb die Rasse fast nur von Jägern gehalten wird und außerhalb Frankreichs nicht sehr verbreitet ist.

BRETONISCHE QUALITÄT Die Rasse hat ein knochiges, muskulöses Gebäude und ein raues, wetterfestes Haarkleid. Die Hunde sind unermüdlich, wenn sie auf einer Spur oder Fährte sind.

Griffon Nivernais

URSPRUNG Frankreich
GRÖSSE 53–64 cm
GEWICHT 22,5–25 kg
AUSLAUF
FELLPFLEGE
REGISTRIERUNG FCI
FARBEN sand bis falb mit schwarzer oder blauer Wolkung

Dieser etwas traurig aussehende Laufhund ist die Wiedereinführung eines alten Typs aus Zentralfrankreich. Er ist ein energievoller und gutmütiger Hund, der sehr frühes Gehorsamstraining braucht, damit er nicht ständig seinem Spürtrieb nachgeht.

GESCHICHTE

Der Griffon Nivernais war im Mittelalter eine beliebte Jagdhundrasse, wurde aber aus den königlichen Meuten von weißen Hunden verdrängt. In Nivernais hielt sich die Rasse, starb aber während der Französischen Revolution aus. Ende des 19. Jahrhunderts wurde sie aus regionalen Hunden, Griffon Vendéen, Foxhound und Otterhound neu erschaffen.

ZOTTIGER KERL Der Griffon Nivernais ist eine mutige und muskulöse Rasse, deren Körperbau auf Ausdauer ausgelegt ist. Er wurde bei der Wildschweinjagd eingesetzt.

Hamiltonstövare

URSPRUNG Schweden
GRÖSSE 46–61 cm
GEWICHT 22,5–27 kg
AUSLAUF
FELLPFLEGE
REGISTRIERUNG FCI, KC
FARBEN trikolor

Diese Rasse, auch als Hamilton-Laufhund oder Hamilton-Bracke bezeichnet, wurde vom Gründer des schwedischen Zuchtverbandes, Graf Adolf Patrik Hamilton, entwickelt. Sie wurde zunächst bei der Hasen- und Fuchsjagd eingesetzt, hat jedoch zuletzt auch jenseits ihrer eigentlichen Verwendung und außerhalb ihres Heimatlandes Freunde gewonnen.

GESCHICHTE

Bis zum Ende des 18. Jahrhunderts war die Jagd in Schweden nur Adligen erlaubt; erst dann wurden die Restriktionen gelockert. Alte Laufhundrassen verbreiteten sich, und neue wurden in den folgenden Jahrzehnten entwickelt. Bei der ersten schwedischen Hundeschau 1886 wurden annähernd 200 Laufhunde ausgestellt. Die zunächst als Schwedischer Laufhund bekannte Rasse entstand aus Kreuzungen von Foxhound, Harrier und Rassen aus Süddeutschland und der Schweiz. 1921 wurde sie nach ihrem Züchter umbenannt.

EIGENSCHAFTEN

Bei der Jagd wird der Hamiltonstövare zum Aufspüren und Aufscheuchen von Kleinwild eingesetzt. Er ist ruhig im Umgang mit Kindern und anderen Hunden und wird deshalb immer mehr als Begleithund gehalten, doch braucht er sehr viel Auslauf.

KRAFTPAKET Der Hamiltonstövare ist eine wohlproportionierte, athletische und gut bemuskelte Rasse. Das Haarkleid ist hart und liegt glatt am Körper an.

Hannoverscher Schweißhund

URSPRUNG Deutschland
GRÖSSE 51–61 cm
GEWICHT 38,5–45 kg
AUSLAUF
FELLPFLEGE
REGISTRIERUNG FCI
FARBEN hell- bis dunkelrot, mehr oder weniger gestromt, mit oder ohne Maske

Der Hannoversche Schweißhund ist ein direkter Nachfahre des mittelalterlichen Leithundes. Der kräftige Spürhund ist der nächste deutsche Verwandte des Bluthundes.

ROT/LOH

SCHWARZ UND LOH

GESCHICHTE

Leithunde aus der Rassegruppe der Bracken wurden schon im frühen Mittelalter zur Jagd eingesetzt. Mit dem Aufkommen von Schusswaffen wurden sie auch für die Nachsuche von Hochwild gebraucht und machten auch hier eine gute Figur. Die heutige Rasse gilt als fast unveränderter direkter Nachfahre des alten Leithundes, auch wenn es am Hannoverschen Jägerhof eine intensive Zuchtarbeit gab, um einen Laufhund mit überragenden Spürqualitäten zu entwickeln, der auch heute noch fast ausschließlich als Gebrauchshund gehalten wird.

PERFEKTE ANATOMIE Nase und Lefzen sind besonders ausgeprägt, um Gerüche aufzunehmen.

SCHWERGEWICHT Die stämmige Rasse besitzt Entschlossenheit und Ausdauer; der Bayerische Gebirgsschweißhund ist aus ihr hervorgegangen.

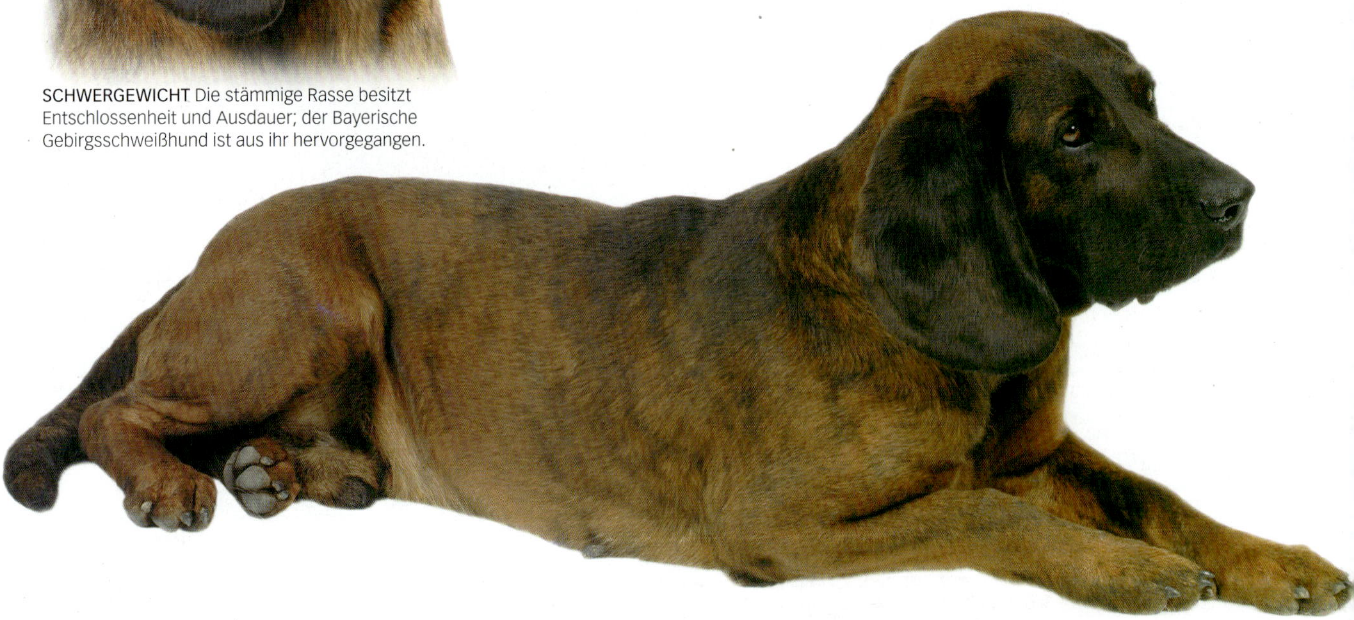

Harrier

URSPRUNG Großbritannien
GRÖSSE 48–56 cm
GEWICHT 22–27 kg
AUSLAUF
FELLPFLEGE
REGISTRIERUNG FCI, AKCs
FARBEN alle Laufhundfarben, üblicherweise weiß mit gelb, rot oder schwarz

Die Wurzeln dieser klassischen englischen Laufhundrasse lassen sich bis ins Mittelalter zurückverfolgen; im 20. Jahrhundert stand sie allerdings vor dem Aussterben.

GOLD UND WEISS | SCHWARZ UND WEISS | LOH UND WEISS | SCHWARZ, WEISS UND LOH

HARRIER-TYP In Frankreich wird der Hund meistens dreifarbig gezüchtet.

GESCHICHTE

Der Name „Harrier" leitet sich ab vom altfranzösischen *harrier*, was so viel wie „Jagdhund" bedeutet. Die frühesten Aufzeichnungen stammen aus dem Jahr 1260 und beschreiben die Penistone-Meute aus dem Westen Englands. Die Rasse ist eng mit dem Beagle und dem English Foxhound verwandt. Ihre Zukunft ist heute gesichert, und man trifft den Harrier sowohl als Jagdhund in der Meute wie auch als Begleithund an. Er ist ein sehr geselliges Tier.

AUSGEGLICHENER HUND Der aktive Harrier ist am glücklichsten, wenn er in der Landschaft herumlaufen und -schnüffeln kann.

Ungarischer Windhund

URSPRUNG Ungarn
GRÖSSE 64–71 cm
GEWICHT 23–31 kg
AUSLAUF
FELLPFLEGE
REGISTRIERUNG FCI
FARBEN alle Laufhundfarben

Diese elegante und kraftvolle Rasse ist außerhalb ihrer Heimat sehr selten. Manche behaupten, der Magyar Agar, so sein ungarischer Name, sei noch schneller als der Greyhound.

CREME | SCHWARZ UND WEISS | LOH UND WEISS | SCHWARZ, WEISS UND LOH

GESCHICHTE

Vermutlich stammt die Rasse von asiatischen Windhunden ab, die im 9. Jahrhundert von den Magyaren nach Ungarn gebracht wurden. Die Hunde wurden im 19. Jahrhundert mit dem Greyhound gekreuzt, um ihre Schnelligkeit zu verbessern. Der Magyar Agar ist ein zäher und scheinbar unermüdlicher Windhund.

DÜNNES FELL Das kurze Haarkleid dieser Rasse ist leicht zu pflegen. Zwar ist es im Winter etwas länger, isoliert aber relativ wenig, weshalb die schlanke Rasse in der kalten Jahreszeit einen Wärmeschutz benötigt.

Hygenhund

URSPRUNG Norwegen
GRÖSSE 48–58 cm
GEWICHT 20–24 kg
AUSLAUF
FELLPFLEGE
REGISTRIERUNG FCI
FARBEN Rotschattierungen, schwarz und loh, mit Weiß erlaubt, weiß und rot, trikolor

Dieser kompakte Laufhund ist nach seinem Erstzüchter benannt. Er ist außerhalb seiner Heimat Norwegen nicht weitverbreitet und vorwiegend ein reiner Gebrauchshund geblieben.

GESCHICHTE

Der Hygenhund ging im frühen 19. Jahrhundert aus Kreuzungen von norddeutschen Laufhunden mit skandinavischen Rassen hervor, darunter der heute ausgestorbene Ringerike Laufhund. Das Ziel war die Züchtung einer kleinen, für die Hasenjagd idealen Rasse. Das Ergebnis ist ein lebhafter Hund mit unglaublicher Ausdauer über lange Distanzen, der sich nicht gut fürs Stadtleben eignet. Wegen seiner Neigung zum Schnappen ist er auch kein guter Familienhund.

OUTDOOR-TYP Ungeachtet seines kurzen Fells ist der Hygenhund eine zähe Rasse, die sich draußen am wohlsten fühlt.

Ibiza-Podenco

URSPRUNG Ibiza
GRÖSSE 58–71 cm
GEWICHT 19–25,5 kg
AUSLAUF
FELLPFLEGE
REGISTRIERUNG FCI, KC, AKCs
FARBEN rot und weiß, weiß, rot

Diesen Urtyp-Hund, der auch als Podenco Ibicenco und in seiner Heimat als Ca Eivissec bezeichnet wird, gibt es in zwei Varietäten: rau- und glatthaarig.

PRIMITIVER KOPF Der längliche Schädel des Ibiza-Podencos ähnelt dem des Pharaonenhundes und des Cirnecos dell'Etna.

GESCHICHTE

Diese Rasse galt als direkter Nachfahre alter Hundetypen, die in der Antike mit Handelsleuten aus Nordafrika auf die Balearen gelangten. Ein Gentest im Jahr 2004 hat aber ergeben, dass sich die Rasse erst sehr viel später entwickelt hat.

Als Meutehund ist der Ibiza-Podenco entspannt im Umgang mit anderen Hunden und freundlich zu Kindern, doch nicht besonders fügsam. Er neigt dazu, hinter allem herzurennen, was sich bewegt.

NICHT ANTIK Auch wenn DNA-Studien belegen, dass die Wurzeln des Ibiza-Podencos keineswegs bis in die Antike zurückreichen, ist er doch die perfekte Verkörperung eines Urtyps.

Irischer Wolfshund

URSPRUNG Irland
GRÖSSE 81–86 cm
GEWICHT 46,5–54,5 kg
AUSLAUF
FELLPFLEGE
REGISTRIERUNG FCI, KC, AKCs
FARBEN grau, stahlgrau, gestromt, rot, schwarz, reinweiß, falb, weizen

Bei dieser riesigen Rasse kann man sich leicht die Furcht einflößenden keltischen Laufhunde (Cú Faoil) vorstellen, die auf Wolf, Elch und Wildschwein angesetzt wurden.

GRAU

ROT/LOH

ZOTTIGER KERL Das grobe, drahtige Deckhaar wird im Sommer am besten von Hand ausgezupft, sodass für die wärmeren Monate nur die dünne Unterwolle bleibt.

SANFTE AUGEN Trotz seiner Größe und all seiner Kraft ist der Wolfshund ein sanftmütiger Riese, der seine Zuneigung durch endloses Schlecken zeigt.

GESCHICHTE

Die Vorfahren dieses Laufhundes kamen wahrscheinlich mit den Römern nach Irland. Im 19. Jahrhundert sank der Bestand drastisch, denn der Irische Wolfshund eignete sich nicht für die Flintenjagd. Die Rasse konnte von Captain Graham gerettet werden, der die Linien mit Deerhound-, Doggen- und Barsoi-Blut auffrischte.

Heute ist der Wolfshund ein heiterer Hausgefährte, der freundlich zu Kindern und Artgenossen ist. Sein Jagdinstinkt ist weniger ausgeprägt als bei anderen Laufhunden. Leider hat die Rasse keine lange Lebenserwartung und ist wie andere sehr große und tiefbrüstige Rassen anfällig für Tumore und Magenverdrehung.

IRISCHER WOLFSHUND Das Motto der Rasse könnte lauten: „Sanft, wenn gekost, grimmig, wenn erbost." Eigentlich ist diese heitere Rasse aber nur sehr schwer zu provozieren – und das ist gut so, denn so mancher Wolfshund wiegt mehr als ein Erwachsener.

Istrianer Bracke (Rauhaarige)

URSPRUNG Kroatien
GRÖSSE 46–58 cm
GEWICHT 16–24 kg
AUSLAUF
FELLPFLEGE
REGISTRIERUNG FCI
FARBEN reinweiß mit orangefarbenen Ohren, Tüpfelungen oder Abzeichen

Dieser stille, emsige Jäger wird in seiner Heimat und auch im Rassestandard Istraski Ostrodlaki Gonic genannt.

GESCHICHTE

Die Rauhaarige Istrianer Bracke wurde im 19. Jahrhundert durch Einkreuzungen des französischen Griffon Vendéen aus der Kurzhaarigen Istrianer Bracke entwickelt. Damals war sie auch als *barbini* bekannt.

Zwar verschwand die Rasse nach dem Ersten Weltkrieg fast völlig, doch konnte sie wiederbelebt werden, und 1948 wurde sie mit einem eigenen Rassestandard anerkannt.

Wie ihre glatthaarige Verwandte wurde diese Bracke für die Jagd auf Fuchs und Hase entwickelt. Auch heute noch wird sie fast ausschließlich von Jägern gehalten, für die sie entweder frei oder am Schweißriemen arbeitet. Das eigentliche Ziel der Einkreuzungen, die auch zu einem längeren Haarkleid führten, war es, die Stimme des Hundes zu verbessern, die tief und klangvoll ist. Diese Bracke kann einen guten Wachhund abgeben.

ERNSTER BLICK Im Rassestandard wird der Ausdruck dieses Hundes als „ernst und düster, manchmal sogar finster" beschrieben, was allerdings im Widerspruch zu seinem sanften, ruhigen Charakter steht.

ROBUSTER TYP Diese Rasse ist hervorragend an die harsche, bergige Landschaft Istriens angepasst. Das lange, borstige Deckhaar und die dichte, kurze Unterwolle bilden einen wetterfesten Schutz.

Istrianer Bracke (Kurzhaarige)

URSPRUNG Kroatien
GRÖSSE 46–53 cm
GEWICHT 15,5–22,5 kg
AUSLAUF
FELLPFLEGE
REGISTRIERUNG FCI
FARBEN reinweiß mit orangefarbenen Ohren und Abzeichen auf dem Körper

Diese Rasse heißt in der Landessprache Istarski Kratkodlaki Gonic. Die Halbinsel Istrien in der Adria gehört sowohl zu Kroatien als auch zu Slowenien, und beide Länder erheben Anspruch auf diese Rasse, die wesentlich älter ist als alle nationalen Ansprüche.

EDEL Diese Bracke vermittelt mit den klaren Linien und ihrem leichten Gangwerk einen noblen Eindruck. Abzeichen sind nur sehr begrenzt erlaubt, und ein sattes helles Orange wird sehr geschätzt.

GESCHICHTE

Die Kurzhaarige Istrianer Bracke gilt als die älteste Laufhundrasse auf dem Balkan, die aus Kreuzungen zwischen arabischen Windhunden und europäischen Laufhunden hervorging. Ihre Wurzeln reichen bis ins Mittelalter zurück; Fresken aus dem 15. Jahrhundert, Gemälde und schriftliche Aufzeichnungen belegen diesen Hundetyp. Er wurde seit jeher für die Jagd auf Fuchs und Hase eingesetzt und ist auch heute noch ein fähiger und begeisterter Jäger.

HUND MIT MASKE Eine geteilte Maske über Augen und Ohren ist typisch. Orange getüpfelte Ohren gelten als Zeichen reiner Abstammung. Ein kleiner Stern auf der Stirn ist charakteristisch.

EIGENSCHAFTEN

Bei der Jagd ist dieser Hund voller Energie, wenn er nicht arbeitet hingegen ein sanfter, ruhiger Zeitgenosse, der seinem Besitzer treu ergeben ist. Er ist entspannt im Umgang mit anderen Hunden und Kindern, gehorsam und pflegeleicht. In städtischer Umgebung fühlt er sich nicht sehr wohl. Er hat eine durchdringende, eher schneidende Stimme.

Spinone Italiano

URSPRUNG Italien
GRÖSSE 61–66 cm
GEWICHT 32–37 kg
AUSLAUF
FELLPFLEGE
REGISTRIERUNG FCI, KC, AKCs
FARBEN weiß, weiß mit orangefarbenen oder kastanienbraunen Flecken

Diese Rasse ist ein vielseitig einsetzbarer Jagdhund mit einem dicken, drahtigen Fell, das ihn schützt, wenn er sich durch dorniges Dickicht bewegt, um das Wild herauszutreiben.

CREME

GOLD UND WEISS

LOH UND WEISS

NATÜRLICHER KRAGEN Die Nachteile dieser Rasse sind, dass das zottige Fell unangenehm zu riechen beginnt, wenn es nicht regelmäßig und konsequent gepflegt wird, und dass der Hund ständig geifert.

GESCHICHTE

Die Ursprünge des Spinone Italiano, auch Italienischer Rauhaariger Vorstehhund genannt, können bis ins 13. Jahrhundert zurückverfolgt werden, als er im Piemont auftauchte. Möglicherweise stammt er vom älteren Segugio ab. Bis ins 20. Jahrhundert war er die beliebteste Jagdhundrasse in Italien, bis Pointer und Setter ihn ablösten. Im Zweiten Weltkrieg verschwand die Rasse beinahe. Heute ist sie wieder weiter verbreitet.

FREUNDLICHES GESICHT Der Spinone Italiano ist eine gutmütige Rasse. Trotz seiner Größe und der tiefen Stimme ist er eher loyaler Begleiter als eifriger Wächter.

EIGENSCHAFTEN

Der Spinone sucht und apportiert Wild, würgt es aber nicht ab. Seine Ahnen haben ihm ein fügsames Wesen vererbt. Er neigt viel weniger dazu davonzujagen als klassische Laufhunde. Seine bevorzugte Gangart scheint das gemütliche Trotten zu sein – ideal für Spaziergänge. Diese Qualitäten und seine geduldige Natur machen ihn zu einem beliebten Hausgefährten.

Jura Laufhund

URSPRUNG Schweiz
GRÖSSE 46–58 cm
GEWICHT 15,5–20 kg
AUSLAUF
FELLPFLEGE
REGISTRIERUNG FCI
FARBEN schwarz und loh, gelegentlich mit weißem Brustabzeichen

Neben dem Berner, dem Luzerner und dem Schwyzer ist der Jura Laufhund eine von vier Varietäten, die unter der Bezeichnung Schweizer Laufhund zusammengefasst sind.

GESCHICHTE

Die im Mittelalter im Schweizer Jura entwickelte Rasse wurde auch als Bruno oder Bruno du Jura bezeichnet. Die Hunde wurden für die Jagd auf Kleinwild gebraucht. Sie sind freundlich im Umgang mit Kindern und Artgenossen, können aber auch dickköpfig sein.

FRANZÖSISCHER EINSCHLAG Der Jura unterscheidet sich durch den breiteren Kopf und die faltigere Haut von den anderen Schweizer Laufhunden und erinnert noch am ehesten an seinen Vorfahren, den St. Hubertushund.

Kerry Beagle

URSPRUNG Irland
GRÖSSE 56–61 cm
GEWICHT 20–25 kg
AUSLAUF
FELLPFLEGE
REGISTRIERUNG –
FARBEN schwarz und loh, blau und loh, weiß und loh, trikolor

Auch wenn er von großen Zuchtorganisationen nicht anerkannt ist, gehört der Kerry Beagle zu den ältesten irischen Rassen. Er wurde über Jahrhunderte in Südwestirland bei der Jagd eingesetzt.

LOH UND WEISS

SCHWARZ UND LOH

SCHWARZ, WEISS UND LOH

BLAU-LOH GESCHECKT

KEIN ZWERG Hinter der Bezeichnung Beagle wird ein kleiner Laufhund vermutet. Doch der Kerry Beagle reicht mit seiner Größe eher an English oder American Foxhounds heran.

GESCHICHTE

Den Kerry Beagle gibt es seit dem Mittelalter. Wahrscheinlich wurde er aus anderen, größeren Laufhunden kleiner gezüchtet, um einen geeigneteren Typ für die Jagd auf Kleinwild zu erhalten. Zwar ist der Kerry Beagle eine Rasse mit bis ins 18. Jahrhundert zurückreichenden Zuchtbüchern, doch starb er im 20. Jahrhundert fast aus. Heute erfreut er sich einer Art Comeback bei Field-Trials und als lebhafter, freundlicher Hausgefährte, der auch für Familien geeignet ist.

NICHT NUR HÜBSCH Der Kerry Beagle gelangte mit den frühen Siedlern nach Nordamerika und wirkte bei der Entwicklung amerikanischer Laufhundrassen mit.

Lurcher

URSPRUNG Großbritannien
GRÖSSE 65–75 cm
GEWICHT 22–32 kg
AUSLAUF
FELLPFLEGE
REGISTRIERUNG –
FARBEN alle Farben zulässig

Der Lurcher ist keine Rasse wie jede andere – in der Tat lässt sich darüber streiten, ob es sich überhaupt um eine Rasse handelt. Er ist eigentlich eine ursprüngliche Promenadenmischung.

SCHWARZ | GRAU | BLAU | SCHWARZ UND WEISS | SCHWARZ GESTROMT

GESCHICHTE

Seit Jahrhunderten hielten Sinti und Roma Kreuzungen aus Greyhound, Collie oder Terrier. Der Name Lurcher leitet sich vom Roma-Wort für „Dieb" ab: *lur* – ein passender Titel für einen schnellfüßigen, stillen Windhund, der zum klassischen Wilderer-Hund wurde. Er ist der ultimative Landhund, der sich erstaunlich friedlich zeigt, wenn er nicht unterwegs ist.

VARIABLER TYP Heute werden Lurcher üblicherweise untereinander verpaart, doch diese Hunde sind immer noch sehr unterschiedlich in Größe, Farbe und Felltyp.

Luzerner Laufhund

URSPRUNG Schweiz
GRÖSSE 46–58 cm
GEWICHT 15,5–20 kg
AUSLAUF
FELLPFLEGE
REGISTRIERUNG FCI
FARBEN schwarz und weiß gesprenkelt, mit schwarzen Platten und lohfarbenen Abzeichen

Dieser aus der Zentralschweiz stammende Hund ist eine von vier Varietäten. Der Berner und der Jura stammen aus der Westschweiz, der Schwyzer Laufhund aus der Ostschweiz.

GESCHICHTE

Die Ursprünge der in den Schweizer Alpen gezüchteten Varietät sind nicht bekannt; jedoch existiert sie seit dem Mittelalter. Wie die anderen Schweizer-Laufhund-Varietäten ist auch der Luzerner relativ klein und deshalb bestens geeignet für die Spur- und Fährtenjagd in bergigem Gelände.

Der Luzerner ist ein friedlicher Familiengefährte. Er ist lieber Haus- als Wachhund.

AUSSERGEWÖHNLICHE FARBEN Die auffällige Fellfarbe und -musterung des Luzerners legen die Vermutung nahe, dass er gemeinsame Vorfahren mit dem französischen Petit Bleu de Gascogne hat.

Schweizerischer Niederlaufhund

URSPRUNG Schweiz
GRÖSSE 33–41 cm
GEWICHT 13,5–18 kg
AUSLAUF
FELLPFLEGE
REGISTRIERUNG FCI
FARBEN weiß mit schwarz und loh, schwarz und loh, schwarz und weiß, weiß mit orange

Die vier Schweizer Laufhund-Varietäten – Berner, Jura, Luzerner und Schwyzer – haben jeweils niederläufige Verwandte, die unter der Bezeichnung Schweizerische Niederlaufhunde zusammengefasst werden.

GESCHICHTE

Ende des 19. Jahrhunderts wurde in einigen Schweizer Kantonen die Revierjagd eingeführt. Die existierenden Laufhundtypen schienen für die kleineren Reviere zu schnell. Deshalb wurden durch Selektion und Einkreuzungen von Zwergrassen kleinere Hunde entwickelt. Die zu Hause unkomplizierten Hunde benötigen ein hohes Pensum an Aktivitäten und sind unermüdliche Jäger.

AUSSER DER REIHE Generell ähneln diese Laufhunde ihren größeren Verwandten. Den Berner Niederlaufhund gibt es nicht nur als glatthaarige, sondern auch als rauhaarige Varietät.

Otterhound

URSPRUNG Großbritannien
GRÖSSE 58–69 cm
GEWICHT 29,5–54,5 kg
AUSLAUF
FELLPFLEGE
REGISTRIERUNG FCI, KC, AKCs
FARBEN alle Farben zulässig

Heute sind Otter selten und geschützt, doch früher war ihre Population so groß, dass sie eher als Plage galten. Der Otterhound war ein Spezialist für die Lösung von derlei Problemen.

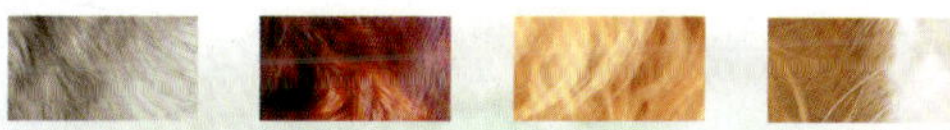

GRAU — ROT/LOH — GOLD — LOH UND WEISS

GESCHICHTE

Die genauen Ursprünge des Otterhound lassen sich nicht nachvollziehen, doch gibt es ihn seit mindestens tausend Jahren. Bluthunde, frühe Foxhounds und rauhaarige Terrier-Schläge oder der Nivernais Griffon könnten zu seinen Vorfahren gehören. Der verlässliche Otterhound ist ein guter Partner fürs Landleben.

WASSERFEST Mit seinem rauen, gut isolierenden Fell kann der Otterhound seine Beute durch Flüsse bis zu deren Dämmen verfolgen. Für die tägliche Bekämpfung von Ottern war eine abgehärtete Rasse mit guter Kondition gefragt.

Petit Basset Griffon Vendéen

URSPRUNG Frankreich
GRÖSSE 33–38 cm
GEWICHT 11,5–16 kg
AUSLAUF
FELLPFLEGE
REGISTRIERUNG FCI
FARBEN weiß, weiß und orange, trikolor

Der im Vergleich zu den anderen Griffon-Vendéen-Rassen – Grand, Briquet und selbst zum Grand Basset – kleine Laufhund ist heute der beliebteste der ganzen Gruppe.

CREME

GOLD UND WEISS

SCHWARZ, WEISS UND LOH

GESCHICHTE

Diese Rasse wurde noch vor dem Grand Basset, nämlich im 18. Jahrhundert, für die Hasenjagd entwickelt. Sie hat ungefähr den gleichen Körperbau, doch wesentlich kürzere Läufe. In Frankreich war sie lange Zeit als Jagdhund bekannt, hat aber in jüngerer Vergangenheit auch als Begleithund viele Freunde gefunden, nicht nur in ihrer Heimat. Die intelligente Rasse hat einen starken Unabhängigkeitstrieb, fordert lautstark Aufmerksamkeit und braucht viel Beschäftigung, doch gibt sie auch einen lustigen und aktiven Gefährten ab. Ihr Fell verlangt sorgfältige Pflege.

HIPPIE-LOOK Das zottige Fell lässt diese Rasse immer etwas ungepflegt und rustikal aussehen. Die Hunde lassen sich auch gut in der Stadt halten, solange es genügend Parks für die täglichen Aktivitäten gibt.

KURZE LÄUFE Die kurzen Läufe sollten gerade und kräftig sein. Viele dieser Hunde leiden unter Rückenproblemen.

Petit Bleu de Gascogne

URSPRUNG Frankreich
GRÖSSE 51–58 cm
GEWICHT 18–20 kg
AUSLAUF
FELLPFLEGE
REGISTRIERUNG FCI
FARBEN schwarz-weiß gesprenkelt, mit lohfarbenen Abzeichen

Dieser für die Hasenjagd entwickelte Laufhund ist nicht wirklich als klein zu bezeichnen, liegt er doch zwischen Grand Bleu und Basset Bleu de Gascogne. Er ist nicht sehr häufig anzutreffen, am ehesten in seinem Heimatland.

GESCHICHTE

Die Wurzeln dieses Laufhundes reichen bis ins Mittelalter zurück. Am häufigsten findet man ihn nach wie vor in seiner Heimat, im Südwesten Frankreichs. Der Petit Bleu de Gascogne wurde gezüchtet, um der schwierigen Hasenspur zu folgen, und hat er mit seiner ausgezeichneten Nase erst einmal Witterung aufgenommen, folgt er ihr mit begeisterter Konzentration. Gepaart mit einer scheinbar endlosen Ausdauer, kann das Ausführen eines solchen Hundes zeitintensiv sein. Doch für alle, die gern in ländlicher Umgebung spazieren gehen, ist dieser Hund ein guter Gefährte.

KRAFT UND AUSDAUER Diese allgemein gesunde und langlebige Rasse hat eine tiefe Brust und ein kräftiges, gut bemuskeltes Gebäude. Sie braucht weite Flächen zum Auslaufen und fühlt sich in der Stadt nicht wohl.

Petit Griffon de Gascogne

URSPRUNG Frankreich
GRÖSSE 43–53 cm
GEWICHT 18–19 kg
AUSLAUF
FELLPFLEGE
REGISTRIERUNG AKCs
FARBEN schwarz-weiß gescheckt und gewolkt, mit lohfarbenen Abzeichen

Dieser rustikal aussehende Laufhund wird offiziell als Petit Griffon Bleu de Gascogne mit nur einer Fellfarbe anerkannt und ist die zottige Version des Petit Bleu de Gascogne.

GESCHICHTE

Die Herkunft dieses rauhaarigen Laufhundes ist unklar. Der Rassestandard erwähnt alte Wurzeln aus einer Kreuzung von Petit Bleu mit einem Griffon-Typ. Im späten 20. Jahrhundert war er fast ausgestorben. In den letzten Jahren jedoch erlebte die Rasse einen Wiederaufschwung. Der Petit Griffon de Gascogne ist ein freundlicher Gefährte, der sich auch für Familien eignet.

SCHÜTZENDES HAARKLEID Mit seiner dicken Haut und dem borstigen Haarkleid eignet sich dieser Hund ausgezeichnet für zugewachsenes Gelände. Wenn das zottige Fell jedoch nicht regelmäßig gepflegt wird, riecht es schnell unangenehm.

Pharaonenhund

URSPRUNG Malta
GRÖSSE 53–64 cm
GEWICHT 20,5–25 kg
AUSLAUF
FELLPFLEGE
REGISTRIERUNG FCI, KC, AKCs
FARBEN loh mit kleinen weißen Abzeichen

Der maltesische Name dieser Rasse ist Kelb Tal-Fenek, was „Hasenhund" bedeutet. Der deutsche Name bezieht sich auf ihre vermuteten antiken Wurzeln.

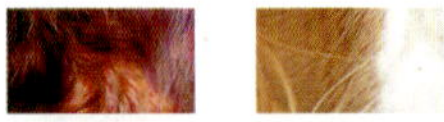

ROT/LOH

LOH UND WEISS

GESCHICHTE

Ihren Namen hat diese Rasse wegen ihrer starken Ähnlichkeit mit Darstellungen auf antiken ägyptischen Artefakten erhalten. Pharaonenhunde werden je nach Zuchtorganisation in die Gruppe der Lauf- und Windhunde oder der Hunde vom Urtyp eingeteilt. Allgemein galt die Vermutung, dass er direkt von diesen altertümlichen Hunden abstammt, die sich durch phönizische oder karthargische Händler über den Mittelmeerraum ausbreiteten und dann isoliert auf der Insel Malta weitergezüchtet wurden. Eine Genanalyse im Jahr 2005 legte jedoch den Schluss nahe, dass diese Rasse jüngeren Ursprungs ist und eine zufällige oder gewollte Wiederbelebung jenes Urtyps ist. Der Pharaonenhund eignet sich als Begleiter, doch die Haltung dieser überaus aktiven, intelligenten Rasse mit eigenem Kopf und unbändigem Jagdtrieb ist nichts für unerfahrene Besitzer.

GUT-WETTER-FREUND Das solide Gebäude und die gute Gesundheit des Pharaonenhundes zeigen sich in den kräftigen und klaren Konturen. Das dünne Fell isoliert nicht sehr gut.

Polnische Bracke

URSPRUNG Polen
GRÖSSE 56–66 cm
GEWICHT 25–32 kg
AUSLAUF 
FELLPFLEGE 
REGISTRIERUNG FCI
FARBEN schwarz und loh, weißer Stern, Blesse und Rutenspitze erlaubt

Der in seiner Heimat als Ogar Polski bezeichnete edle, kräftige Laufhund war bis zum Fall des Eisernen Vorhangs im Westen quasi unbekannt, und auch heute hat sich daran noch nicht viel geändert.

GESCHICHTE

Die Ursprünge dieser für die Großwildjagd entwickelten Rasse lassen sich bis ins 18. Jahrhundert verfolgen, aber nicht genau bestimmen. Das Äußere dieser Bracke lässt auf den Einfluss des französischen St. Hubertushundes schließen, der ebenso zu ihren Vorfahren gehören könnte wie deutsche Laufhunde ähnlicher Fellfarbe. Nach dem Zweiten Weltkrieg entging die Polnische Bracke nur knapp dem Aussterben. Heute scheint die Zukunft der Bracke in Polen und bedingt auch im Ausland gesichert. Sie wird immer noch für die Spürjagd eingesetzt, aber auch als Begleithund gehalten. Im Umgang mit Kindern ist sie verlässlich; sie kann sich auch an ein Stadtleben anpassen.

GUT GEBAUT Alles an dieser Rasse ist breit, stark und schwer – von der tiefen Brust und den gut bemuskelten Gliedmaßen bis hin zur dicken, tief angesetzten Rute. Selbst der Gang wirkt schwerfällig.

POLNISCHE FARBEN Die fast schwarze Fellfarbe des Rumpfes wurde *podzary* genannt, was in der alten polnischen Jägersprache „verbrannt" bedeutet. Der lohfarbene Brand kann in unterschiedlicher Intensität vorkommen; ein warmer Zimtton wird bevorzugt.

Porcelaine

URSPRUNG Frankreich
GRÖSSE 56–58 cm
GEWICHT 25–28 kg
AUSLAUF
FELLPFLEGE
REGISTRIERUNG FCI
FARBEN reinweiß mit begrenzten orangefarbenen Flecken und pigmentierter Haut

Dieser elegante Spürhund trägt seinen Namen wegen seines durchscheinenden, glänzenden Haarkleids. Ein anderer Name ist Chien de Franche-Comté. Die Verbreitung der Rasse ist hauptsächlich auf ihre Heimat Frankreich begrenzt.

GESCHICHTE

Der Porcelaine könnte die älteste aller französischen Laufhundrassen sein, die vom heute verschwundenen Montaimbœuf abstammen. Vor der Französischen Revolution war er ein beliebter Meutehund. Im 19. Jahrhundert gelang es Züchtern, die Rasse mit wenigen Hunden wieder aufzubauen. Er ist auch ein geselliger Familienhund.

EINZIGARTIGES MUSTER Orange getüpfelte Behänge und durchscheinende dunkle Flecken sind typisch für diese Rasse.

Portugiesischer Podengo

URSPRUNG Portugal
GRÖSSE 20–71 cm
GEWICHT 4,5–27 kg
AUSLAUF
FELLPFLEGE
REGISTRIERUNG FCI
FARBEN gelb, falb oder schwarz mit weiß

Der Portugiesische Podengo, auch Podengo Português genannt, kommt in den Varietäten *grande* (groß), *medio* (mittelgroß) und *pequeno* (klein) und glatt- oder drahthaarig vor.

GOLD UND WEISS

LOH UND WEISS

GESCHICHTE

Die Ursprünge dieser primitiven Laufhundrasse liegen im Dunkeln. Sie könnte aus denselben Linien wie der Pharaonenhund oder aus kleinen Iberischen Wölfen hervorgegangen sein. Der Podengo Português wird gelegentlich immer noch für die Jagd auf Kleinwild gebraucht, was ihm den Beinamen „Kaninchenhund" einbrachte. Der mittelgroße Podengo ist die mit Abstand häufigste Varietät.

Wenn er nicht arbeitet, ist er ein loyaler Familienhund. Gegenüber anderen Hunden kann er angriffslustig sein.

KRÄFTIGES GEBÄUDE Alle drei Podengos, vom nahezu ausgestorbenen Grande bis zum Pequeno, haben viel Energie und brauchen reichlich Beschäftigung, damit ihnen nicht langweilig wird.

Posavatz Laufhund

URSPRUNG Kroatien
GRÖSSE 43–58 cm
GEWICHT 16–20 kg
AUSLAUF
FELLPFLEGE
REGISTRIERUNG FCI
FARBEN alle Gelbschattierungen, weiße Abzeichen auf Kopf und Körper möglich

Diese Rasse ist als Posavski Gonic registriert. Der Posavatz ist ein unermüdlicher Laufhund, der hervorragend an die Bedingungen in Wäldern und im Unterholz angepasst ist.

GOLD UND WEISS

LOH UND WEISS

ÄHNLICHKEITEN Diese Rasse ist eng mit der Istrianer Bracke verwandt, hat aber ein unterschiedliches Fell und kann fast am ganzen Körper weiße Abzeichen tragen.

GESCHICHTE

Die Wurzeln dieser alten Rasse verlieren sich im Lauf der Geschichte. Sie stammt aus Kroatien, aus der Posavina, dem Sava-Tal südöstlich von Zagreb, und ist wie die Kurzhaarige Istrianer Bracke auf Fresken aus dem 15. Jahrhundert dargestellt. Der Posavatz Laufhund wurde ursprünglich *boskini* genannt und erst nach seiner endgültigen Registrierung Mitte des 20. Jahrhunderts unter seinem jetzigen Namen bekannt. Der robuste, beharrliche Jäger hat eine hohe Stimme. Er wird immer noch für die Jagd gebraucht, ist aber auch ein sanftmütiger Begleiter.

MASSGESCHNEIDERT Die Haut dieser Rasse liegt eng am Körper an, ohne Hautfalten wie Hängelefzen, die oft bei westlichen Laufhundrassen zu sehen sind.

LOKALE ZÜGE Der Schädel des Posavatz Laufhundes ist lang und schmal. Die geteilte Maske ist besonders charakteristisch für Laufhunde vom Balkan.

Rampur-Windhund

URSPRUNG Indien
GRÖSSE 55–75 cm
GEWICHT 26,5–30 kg
AUSLAUF
FELLPFLEGE
REGISTRIERUNG –
FARBEN schwarz, grau, gescheckt, gestromt, trikolor

Zwar ist der Rampur außerhalb Indiens eher selten, doch ist er die bekannteste einheimische indische Rasse. Der Name leitet sich von seiner Heimatregion Rampur in Uttar Pradesh ab.

GESCHICHTE

Jagdhunde werden in Indien schon seit Tausenden von Jahren gehalten. Als im 18. Jahrhundert Afghanen nach Indien kamen, brachten sie den Tazi, einen Furcht einflößenden, sehr eigensinnigen Windhund mit. Aus Kreuzungen mit gehorsameren englischen Greyhounds entstand der Rampur-Windhund. Die zähen Hunde sind instinktive Jäger, aber auch friedliebende Begleiter.

INDISCHER TYP Den schmalen, spitzen Kopf und den schlanken Körper hat der Rampur-Windhund gemeinsam mit dem Rajapalyam, der einst für Angriffe auf die britische Kavallerie eingesetzt wurde, und dem Mudhol oder Caravan Hound.

Saluki

URSPRUNG Iran
GRÖSSE 51–71 cm
GEWICHT 20–30 kg
AUSLAUF
FELLPFLEGE
REGISTRIERUNG FCI, KC, AKCs
FARBEN alle Farben und Farbkombinationen zulässig, außer gestromt

Die auch als Arabischer bzw. Persischer Windhund oder Gazellenhund bezeichnete Rasse ist ein flinker und eleganter Sichthund, der über Jahrhunderte für die Jagd eingesetzt wurde.

GESCHICHTE

Der Saluki gleicht alten Jagdhund-Darstellungen, und neuerliche DNA-Analysen haben ergeben, dass er nicht eine moderne Wiederbelebung ist, sondern tatsächlich eine uralte Rasse. Er stammt aus vorislamischen Zeiten, und während Hunde im Islam allgemein als unrein angesehen wurden, bildete der Saluki immer eine Ausnahme. Der weiße Fleck, der oft auf der Brust zu finden ist, ist bei den Beduinen auch als „Kuss Allahs“ bekannt. Der Saluki gelangte in den 1840er-Jahren nach Europa, erfreute sich allerdings erst zu Beginn des 20. Jahrhunderts einer größeren Beliebtheit. Er fühlt sich in Familien und sogar in der Stadt wohl.

NATÜRLICHE VARIANTEN Weil diese Rasse über ein riesiges Gebiet verbreitet war, sind eine Reihe von geografisch unterschiedlichen Typen entstanden. Es gibt auch glatthaarige und befederte Typen.

Schillerstövare

URSPRUNG Schweden
GRÖSSE 51–61 cm
GEWICHT 18–24 kg
AUSLAUF
FELLPFLEGE
REGISTRIERUNG FCI
FARBEN schwarz und loh

Der Schillerstövare wird auch Schiller Laufhund oder Schiller-Bracke genannt. Er wurde im 19. Jahrhundert in Schweden entwickelt und nach seinem Erstzüchter benannt.

EINDEUTIGE FARBEN Die Originalhunde des Erstzüchters Per Schiller waren eher klein und hatten ein schwarz-lohfarbenes Fell mit sehr begrenzten weißen Abzeichen. Die heutige Rasse ist größer, aber nach wie vor schwarz und loh.

GESCHICHTE

Als das Jagdprivileg für den Adel Ende des 18. Jahrhunderts aufgehoben wurde und Bürger ebenfalls jagen durften, nahmen auch die Laufhunde in Zahl und Rassenvielfalt zu. Auf der ersten nationalen Hundeschau 1886 stellte ein junger Landwirt, Per Schiller, seine Hunde aus, Abkömmlinge schwedischer Laufhunde vom Gut Kaflås. Diese wiederum stammten von schwarz-lohfarbenen deutschen Laufhunden ab. Die Hunde des jungen Mannes gelten als Begründer dieser Rasse, die hauptsächlich mit britischen Harriern, aber auch mit Schweizer Laufhunden weiterentwickelt wurde.

EIGENSCHAFTEN

Dieser Hund wird allein für die Jagd nach schwedischer Art auf Kleinwild eingesetzt. Er spürt die Beute auf und treibt sie unter ständigem Spurlaut vor die Flinte des Jägers. Der Schillerstövare ist bis heute fast ausschließlich ein Jagdhund geblieben, auch wenn er sich für weitere Rollen empfiehlt. Der gehorsame und ruhige Hund ist freundlich zu Kindern, benötigt aber sehr viel Auslauf und Beschäftigung.

SELTENE RASSE Auch nach seiner offiziellen Anerkennung zu Beginn des 20. Jahrhunderts ist der Schillerstövare außerhalb Schwedens immer noch sehr selten anzutreffen.

SALUKI (siehe S. 216) Dieser elegante Windhund ist eine der ältesten Rassen überhaupt und wurde für die Jagd auf schnelle Gazellen gezüchtet. Der Saluki hat einen fliegenden Galopp und einen Jagdeifer, den man hinter seiner anmutigen Gestalt nicht vermuten würde.

Sloughi

URSPRUNG Marokko
GRÖSSE 60–70 cm
GEWICHT 20–27 kg
AUSLAUF
FELLPFLEGE
REGISTRIERUNG FCI, KC, AKCs
FARBEN sand bis falb, schwarze Schattierungen oder weiße Abzeichen erlaubt

Auch wenn der Sloughi gelegentlich als Arabischer Windhund bezeichnet und zusammen mit dem Saluki klassifiziert wird, haben DNA-Untersuchungen bewiesen, dass er eine eigenständige afrikanische Rasse ist.

GOLD

GOLD UND WEISS

GESCHICHTE

Um die Verwandtschaft zwischen Hunden zu untersuchen, waren Archäologie, schriftliche Quellen und der Blick auf die Rasse selbst einst die einzigen, aber nicht besonders zuverlässigen Mittel. Gen-Analysen haben ein neues Licht auf die Geschichte der Hunderassen geworfen und so manche Überraschung zutage gebracht. So scheint sich der Sloughi, auch wenn er große Ähnlichkeit mit anderen Windhundrassen hat, genetisch vollständig in Afrika und fast unberührt von neueren Einflüssen entwickelt zu haben. Diese hatte der schlanke, sandfarbene Hund auch nicht nötig, ist er doch in vielerlei Hinsicht perfekt an die Bedingungen seiner Heimat angepasst. Der Sloughi ist glücklich als Begleiter eines beständigen, ruhigen Besitzers, aber keine gute Wahl für einen lebhaften Haushalt mit Kindern. Auch ist er leicht reizbar und Fremden gegenüber misstrauisch.

ZWEI GRÖSSEN Die Berber hielten zwei Sloughi-Linien: den kleineren, feinen Wüsten-Sloughi und den größeren Berg-Sloughi. Anderenorts entwickelte sich die Rasse aus einer Mischung der beiden Typen.

AKTIV Der Sloughi wurde für die Jagd auf Wüstenfuchs, Gazelle und Wüstenhase gehalten. Er verfügt über die Schnelligkeit einer leichtgewichtigen Rasse und muss deshalb viel bewegt werden.

Slowakischer Laufhund

URSPRUNG Slowakei
GRÖSSE 40–50 cm
GEWICHT 15–20 kg
AUSLAUF
FELLPFLEGE
REGISTRIERUNG FCI, KC, AKCs
FARBEN schwarz und loh

Auch Slowakische Schwarzwildbracke genannt, heißt diese Rasse in der Landessprache Slovenský Kopov. Mit ihrer ausdauernden Fährtensicherheit wird sie in ihrer Heimat hauptsächlich zur Schwarz- und Raubwildjagd eingesetzt.

FEINE SPÜRNASE Diese energische und ausdauernde Rasse folgt mit großer Begeisterung über Stunden einer Fährte und ist manchmal nur sehr schwer zurückzupfeifen, wenn sie Witterung aufgenommen hat. Sie hat einen ausgezeichneten Orientierungssinn und wird schließlich immer wieder nach Hause finden.

GESCHICHTE

Während seiner ganzen Geschichte existierte dieser Laufhund eher als Typ denn als eigenständige Rasse und wurde als Gebrauchshund von Jägern gehalten, die seine Fähigkeiten sehr schätzten. Der vollendete Spür- und Fährtenhund mit einer schönen Stimme wurde eingesetzt, um in den schroffen und entlegenen slowakischen Bergen Großwild zu suchen. Erst nach dem Zweiten Weltkrieg wurde mit der selektiven Auswahl der besten Hunde begonnen und so auch formal eine Rasse kreiert.

EIGENSCHAFTEN

Der Slowakische Laufhund ist am glücklichsten, wenn er das tut, was er am besten kann. Er eignet sich keineswegs für ein Stadtleben und schätzt auch die Aufmerksamkeit von Kindern nicht. Junge Hunde können recht unwillig sein und brauchen eine feste Führung und konsequentes Gehorsamstraining. So kann in ländlicher Umgebung aus dieser Rasse ein loyaler Begleiter werden.

Spanischer Windhund

URSPRUNG Spanien
GRÖSSE 66–71 cm
GEWICHT 27–30 kg
AUSLAUF
FELLPFLEGE
REGISTRIERUNG FCI
FARBEN alle Farben zulässig

Die als Galgo Espagñol zugelassene Rasse ist kleiner als ihr englischer Verwandter, der Greyhound. Die Rasse wird vorzugsweise als Begleit- und Ausstellungshund gehalten.

SCHWARZ | ROT/LOH | SCHWARZ UND WEISS | LOH UND WEISS | SCHWARZ GESTROMT

GESCHICHTE

Der Galgo Espagñol ist eine alte Windhundrasse, die vermutlich vom afrikanischen Sichthund, dem Sloughi, und Windhunden aus dem Nahen Osten abstammt und als eigenständiger Typ möglicherweise bereits seit der Antike existiert. Er wurde vor allem bei der Hasenjagd eingesetzt. Heute werden diese Hunde auch mit englischen Greyhounds gekreuzt.

Spanische Windhunde sind eine von Natur aus gesunde Rasse, allerdings sind sie nicht besonders einfach abzurichten. Die ruhigen, fast schüchternen Begleiter eignen sich nicht für beengte Räume oder Familien mit kleinen Kindern.

RAUES FELL Diese kompakte, aber niemals kleine Rasse hat das typische Gebäude eines Windhundes. Das Haarkleid ist hart und entweder kurz oder mittellang.

Spanischer Laufhund

URSPRUNG Spanien
GRÖSSE 46–56 cm
GEWICHT 20,5–25 kg
AUSLAUF
FELLPFLEGE
REGISTRIERUNG FCI
FARBEN weiß und orange, schwarz und weiß

Dieser in seiner Heimat als Sabueso Espagñol bekannte und auch unter diesem Namen registrierte Laufhund ist ein unermüdlicher Jäger. Er wird vorzugsweise auf Kleinwild angesetzt.

SCHWARZ UND WEISS | GOLD UND WEISS

GESCHICHTE

Der Spanische Laufhund wurde bereits im 14. Jahrhundert in einer Abhandlung von König Alfonso XI. von Kastilien beschrieben. Er eignet sich ausgezeichnet für die Spurjagd auf Hasen – vorzugsweise allein und nicht in der Meute. Der mittelgroße Hund hat längliche Proportionen. Sein bevorzugter Gang ist der Trab mit langen Schritten. Aufgrund seiner großen Ausdauer ist er deshalb besonders für die Verfolgung von verwundetem Wild geeignet. Gewöhnlich trägt er den Kopf niedrig, sein Blick ist traurig und edel. Die Rasse kann recht temperamentvoll sein und empfiehlt sich nicht für eine Haltung mit anderen Hunden oder mit Kindern.

DER KLEINE UNTERSCHIED Bei dieser Rasse gibt es deutliche Größenunterschiede zwischen den Geschlechtern: Die kleinsten Rüden sind meist größer als die größten Hündinnen.

Schwedischer Elchhund

URSPRUNG Schweden
GRÖSSE 58–64 cm
GEWICHT 30 kg
AUSLAUF
FELLPFLEGE
REGISTRIERUNG FCI
FARBEN Grauschattierungen mit cremefarbenen bis weißen Abzeichen

Der offizielle Name der schwedischen Nationalrasse ist Jämthund. Früher gab es viele regionale Elchhunde, und dieser hier stammt aus dem Jämtland in Nordschweden.

ARBEITSTIER An seiner wolfsähnlichen Erscheinung lässt sich ablesen, dass diese Rasse zu jenen Spitzartigen gehört, die sich nur wohlfühlen, wenn sie etwas zu tun haben.

WARM GEKLEIDET Die Körpermerkmale dieser Rasse zeigen die hervorragende Anpassung an die eisigen nordischen Bedingungen: kleine, dicht behaarte Ohren und ein dichtes, gut isolierendes Fell.

GESCHICHTE

Diese Rasse hat sich vor vielen Jahrhunderten entwickelt und wurde traditionell nicht nur für die Jagd auf Elche, sondern auch auf Bären, Wölfe und sogar Luchse eingesetzt. Dabei trieben die Hunde ihre Beute in die Enge und stellten sie, bis die Jäger eintrafen. Anerkannt wurde die Rasse erst 1946. In den vielen geografisch isoliert lebenden Gemeinschaften haben sich über die Jahrhunderte unterschiedliche Jagdhundschläge entwickelt; der Schwedische Elchhund ist einer der wenigen überlebenden.

EIGENSCHAFTEN

Sein Erbe hat den Jämthund zu einem kräftigen, zähen und extrem ausdauernden Hund gemacht. Er ist intelligent und hat als Hüte-, Wach-, Militär- und Schlittenhund ebenso wie als Begleiter eine neue Rolle gefunden. Elchhunde sind freundlich zu Kindern, doch vertragen sie sich aufgrund ihrer Dominanz nicht sehr gut mit Artgenossen.

Schwyzer Laufhund

URSPRUNG Schweiz
GRÖSSE 46–58 cm
GEWICHT 15,5–20 kg
AUSLAUF
FELLPFLEGE
REGISTRIERUNG FCI
FARBEN weiß mit orange

Diese Rasse komplettiert neben Berner, Jura und Luzerner das Quartett der Schweizer Laufhunde, die offiziell auch als Chien Courant Suisse bezeichnet werden.

GESCHICHTE

Dieser Laufhund stammt aus dem Ostschweizer Kanton Schwyz, kann aber ebenso wie seine drei anderen Schweizer Verwandten eine Ähnlichkeit mit französischen Laufhundrassen nicht leugnen. Seine angeblich antiken Wurzeln sehen viele durch ein Mosaik bestätigt, das in der westschweizerischen Stadt Avenches gefunden wurde und auf dem Meutehunde zu sehen sind, die den heutigen vier Typen erstaunlich ähnlich sehen. Der Schwyzer Laufhund wird in ländlichen Gebieten auch als Begleithund gehalten. Er ist freundlich zu Kindern, kann aber eigensinnig und fordernd sein.

GLATTHAARIG Der Schwyzer war der einzige Schweizer Laufhund, den es auch in einer drahthaarigen Varietät gab. Diese ist aber ausgestorben.

Transsilvanischer Laufhund

URSPRUNG Ungarn/Rumänien
GRÖSSE 55–65 cm
GEWICHT 30–35 kg
AUSLAUF
FELLPFLEGE
REGISTRIERUNG FCI, AKCs
FARBEN schwarz und loh, trikolor

Diese Rasse ist als Erdélyi Kopó registriert, umgangssprachlich wird sie auch als Ungarische Bracke bezeichnet. Einst waren eine hoch- und eine niederläufige Varietät bekannt.

SCHWARZ UND LOH

SCHWARZ, WEISS UND LOH

GESCHICHTE

Der Ursprung der Rasse wird auf das 9. Jahrhundert angesetzt, als sie aus lokalen Laufhunden und Magyar-Hunden entwickelt wurde. Die zurückhaltenden Tiere fühlen sich in der Gesellschaft von anderen Hunden und Kindern sehr wohl.

LOKALE BESONDERHEIT In Gebäude und Farbe ist dieser Laufhund typisch für die Region. Er ist sehr fügsam und hat eine helle, klingende Stimme.

Treeing Walker Coonhound

URSPRUNG USA
GRÖSSE 51–69 cm
GEWICHT 20,5–32 kg
AUSLAUF
FELLPFLEGE
REGISTRIERUNG AKCs
FARBEN weiß und loh, schwarz und weiß, trikolor

Die nach ihrem Erstzüchter benannte Rasse wurde entwickelt, um kleine Beutetiere aufzuspüren, zu verfolgen und auf Bäume zu jagen, wo sie von den Jägern mit der Flinte erlegt wurden.

SCHWARZ UND WEISS · LOH UND WEISS · SCHWARZ, WEISS UND LOH

GESCHICHTE

Diese Rasse stammt von einem Jagdhund unbekannten Ursprungs ab, der im 19. Jahrhundert in Virginia mit English Foxhounds gekreuzt wurde. Das Ergebnis ist ein begeisterter Jäger mit einer unglaublichen Schnelligkeit, der seiner Beute am liebsten auf die Bäume folgen möchte.

Diese Hunde sind am glücklichsten bei der Arbeit. Sie sind gesellig gegenüber Kindern und anderen Hunden. Als Begleiter brauchen sie sehr viel Beschäftigung, da sie sich anderenfalls gern die Zeit mit der Verfolgung einer Fährte vertreiben. Die loyalen Tiere möchten gefallen, wenngleich sie etwas reizbar sind.

NICHT ZU HALTEN Er sieht seinen Foxhound-Vorfahren zwar sehr ähnlich, ist aber eine eigene Rasse. Treeing Walker Coonhound ist ein Jäger, für den die Jagd keine Arbeit, sondern Lebensinhalt ist.

Whippet

URSPRUNG Großbritannien
GRÖSSE 43–51 cm
GEWICHT 12,5 kg
AUSLAUF
FELLPFLEGE
REGISTRIERUNG FCI, KC, AKCs
FARBEN alle Farben zulässig

Diese Greyhound-Miniaturausgabe ist eine der schnellsten lebenden Windhundrassen. Ihr Name besagt, dass sie so flink ist wie eine „knallende Peitsche" (engl.: *whip*).

SCHWARZ · CREME · BLAU · ROT/LOH

GESCHICHTE

Der Whippet entstand im 19. Jahrhundert in Nordengland. Hasenrennen war damals ein beliebter Sport, für den man Foxterrier mit Greyhounds kreuzte, die zu groß dafür waren. Heraus kam der Whippet. Ungeachtet seiner anmutigen, schlanken Erscheinung ist er ein unnachgiebiger Jäger mit all der Zähigkeit seiner Terrier-Vorfahren, wenn er einer Fährte folgt. Im Haus ist er ein sanftmütiger, anhänglicher Hund, der entspannt im Umgang mit Kindern und Artgenossen ist.

DÜNNHÄUTIG Die dünne Haut und das feine, glatt anliegende Haarkleid bieten wenig Schutz und Isolierung. Bei kaltem Wetter empfiehlt sich ein Mäntelchen – und dies nicht aus modischen Gründen!

JAGDHUNDE

Die frühesten Einsatzbereiche des Hundes – Jagen, Hüten und als Begleiter – waren Ausprägungen ihres natürlichen Verhaltens. Als sich die Jagdmethoden des Menschen veränderten, entstand auch das Bedürfnis nach Hunden, die eine Reihe von speziellen Aufgaben entgegen ihrer Natur ausführen konnten: Vorstehhunde sollten eine Beute aufspüren, sie aber nur anzeigen, nicht verfolgen, und stehen bleiben oder sich setzen, um das Schussfeld frei zu halten; Apportierhunde sollten erlegtes Wild finden und möglichst unbeschädigt zurückbringen. Diese Aufgaben erfordern überaus gelehrsame, folgsame und geduldige Hunde, sodass viele eigentliche Jagdhundrassen auch ausgezeichnete Familien- und Assistenzhunde sind.

ANPASSUNGSFÄHIGE NATUR Eine ausgezeichnete Nase und ein weiches Maul sind besonders wichtig für einen Labrador Retriever (siehe S. 254–255). Für Nicht-Jäger sind die fügsame Natur und sein ausgeprägter Wunsch zu gefallen wichtigere Eigenschaften; aus gutem Grund zählt der Labrador also zu den beliebtesten Rassen.

American Cocker Spaniel

URSPRUNG USA
GRÖSSE 36–38 cm
GEWICHT 11–12,5 kg
AUSLAUF
FELLPFLEGE
REGISTRIERUNG FCI, KC, AKCs
FARBEN schwarz, creme, rot, braun; einheitlich oder mit Abzeichen, Tupfen

In den USA wird diese Rasse einfach als Cocker Spaniel und der ursprüngliche Typ als English Cocker Spaniel (siehe S. 236) bezeichnet.

SCHWARZ | ROT/LOH | GOLD | GOLD UND WEISS | SCHWARZ UND WEISS

GESCHICHTE

Diese Rasse hat dieselbe frühe Geschichte wie der English Cocker Spaniel, doch amerikanische Züchter achteten eher auf einen hübscheren Hund als auf seine Arbeitsqualitäten. Bestimmte einheitlich gefärbte Tiere können unter der sogenannten Cockerwut – unkontrollierten Aggressionsanfällen – leiden. Die Hunde sind anhängliche, sanftmütige Gefährten, die heute eher selten als Gebrauchshunde zu sehen sind.

PFLEGE Das dichte Haarkleid neigt zu trockener oder öliger Seborrhoe. Die Haare auf der Ohrinnenseite sollten getrimmt werden. So lässt sich das Infektionsrisiko reduzieren.

American Water Spaniel

URSPRUNG USA
GRÖSSE 38–46 cm
GEWICHT 11,5–20,5 kg
AUSLAUF
FELLPFLEGE
REGISTRIERUNG FCI, AKCs
FARBEN leberbraun, braun, dunkles Schokoladenbraun

Zwar ist die überwiegend als Gebrauchshund gehaltene Rasse international anerkannt, doch außerhalb der USA eher selten anzutreffen. Wie verbreitet die Rasse ist, kann schwer festgestellt werden, da sie nicht registriert ist.

GESCHICHTE

Über die Herkunft dieser Rasse gibt es keine Aufzeichnungen, doch gehören vermutlich auch der Curly Coated Retriever und der Irische Wasserspaniel, die von frühen Siedlern in die Neue Welt gebracht wurden, zu den Vorfahren. Sie ist seit dem 19. Jahrhundert als vielseitiger Hof- und Jagdhund im Mittleren Westen bekannt, vor allem in Wisconsin, wo sie den Nationalhund stellt.

EIGENSCHAFTEN

Der American Water Spaniel brilliert beim Aufstöbern und Apportieren von Federwild und ist ein begeisterter Schwimmer. Er ist ein gehorsamer und toleranter Hund, der sich auch für eine Familie eignet.

WASSERARBEIT Frühe Spaniels wurden nach ihrem bevorzugten Arbeitsbereich – Feld, Wald oder Wasser – klassifiziert. Durch ihr welliges, Wasser abstoßendes Fell ist diese Rasse für die Wasserarbeit prädestiniert.

Ariège-Vorstehhund

URSPRUNG Frankreich
GRÖSSE 61–66 cm
GEWICHT 25–30 kg
AUSLAUF
FELLPFLEGE
REGISTRIERUNG FCI
FARBEN falb oder braun mit weißer Scheckung und brauner Tüpfelung

In Frankreich ist diese Rasse auch als Braque de l'Ariège bekannt und wird als Vorsteh- und Apportierhund auf Hasen und Federwild angesetzt.

GESCHICHTE

Diese Rasse stammt von alten Bracken oder Vorstehhunden ab, wie dem Saint-Germain Pointer, die im 19. Jahrhundert aus südlichen Rassen entwickelt wurden. Sie war im frühen 20. Jahrhundert fast verschwunden, konnte aber in den 1990er-Jahren von engagierten Züchtern wieder in ihren Beständen gesichert werden. Der lebhafte und begeisterte Hund braucht eine feste Führung.

ECHTER TYP Die heute robuste, doch elegante Rasse soll dem ursprünglichen Typ sehr ähnlich sehen. Manche Hunde haben ein weißes Fell mit falbfarbener oder brauner Tüpfelung.

Barbet

URSPRUNG Frankreich
GRÖSSE 46–56 cm
GEWICHT 15–25 kg
AUSLAUF
FELLPFLEGE
REGISTRIERUNG FCI
FARBEN schwarz, grau, falb, kastanienbraun, weiß, sand

Die auch als Französischer Wasserhund bekannte Rasse hat ihren Namen von ihrem Bart (frz.: *barbe*). Sie war einst der beliebteste Wasserhund in Europa, dessen Blut in einigen anderen Rassen fließt. Doch heute ist sie selten geworden.

SCHWARZ GRAU ROT/LOH GOLD

GESCHICHTE

Wie schriftliche Quellen belegen, wurde der Barbet bereits im 16. Jahrhundert auf Wasserwild angesetzt und zum Apportieren von erlegtem Wild verwendet. Möglicherweise ist er verwandt mit dem Briard, bestimmten Griffon-Rassen, dem Irischen Wasserspaniel und dem Pudel.

KÄLTESCHUTZ Das außergewöhnliche Haarkleid, das exzellenten Schutz gegen kaltes Wasser bietet, benötigt gute Pflege.

AMERICAN COCKER SPANIEL (siehe S. 228) Diese Rasse, insbesondere Tiere mit goldfarbenem Fell, erlangte durch den Disney-Film *Susi und Strolch* große Berühmtheit. Auch heute noch zählt diese Spaniel-Rasse in den USA zu den beliebtesten.

Blauer Picardie-Spaniel

URSPRUNG Frankreich
GRÖSSE 56–61 cm
GEWICHT 19–20 kg
AUSLAUF
FELLPFLEGE
REGISTRIERUNG FCI
FARBEN schwarz und weiß

Der Épagneul Bleu de Picardie, so der französische Name, gleicht eher einem Setter denn einem Spaniel – sowohl in Aussehen als auch im Jagdverhalten. Durch einen regen Austausch zwischen Frankreich und Großbritannien ist er auch mit dem English Setter verwandt.

GESCHICHTE

Spaniels aus der Picardie gehören mit ziemlicher Sicherheit zu den Vorfahren des English Setter, und dieser wiederum wurde mit Hunden aus der Picardie zurückgekreuzt. Der aktive Jagdhund wurde vor allem als Wasserhund zum Vorstehen und Apportieren von Schnepfen im nordostfranzösischen Marschland eingesetzt. Er ist verspielt und doch sanft genug, um einen guten Familienhund abzugeben.

FAMILIENBANDE Diese Rasse wurde Ende des 19. Jahrhunderts entwickelt und ist somit relativ jung. Eine starke Ähnlichkeit mit britischen Setter-Rassen auf alten Stichen kann jedoch nicht geleugnet werden. Die Mischung aus schwarzen und weißen Haaren lässt das Fell blau erscheinen.

Boykin Spaniel

URSPRUNG USA
GRÖSSE 38–46 cm
GEWICHT 13,5–17 kg
AUSLAUF
FELLPFLEGE
REGISTRIERUNG AKCs
FARBEN leberbraun, dunkelbraun, schokoladenbraun

Dieser Spaniel mit dem lockig-braunen Haarkleid ist ungeklärter Abstammung und erst auf dem Weg zu allgemeiner Anerkennung, aber bereits das Staatstier von South Carolina, wo er als kleiner Wasserhund entwickelt wurde.

GESCHICHTE

Die Entwicklung dieser Rasse begann mit einem streunenden Spaniel-Typ, der zu Beginn des 20. Jahrhunderts in Spartanburg, South Carolina, gefunden und zu Whit Boykin gebracht wurde. Dieser stellte Jagdgästen, die in Booten durch die Sümpfe fuhren, Hunde zur Verfügung, wofür kleinere Hunde ideal waren. „Dumpy“ wurde mit einer kraushaarigen Spanielhündin, die an einem Bahnhof gefunden wurde, verpaart – und die Entwicklung einer neuen Rasse nahm ihren Lauf. Als Gebrauchshund benötigt er viel Anregung, ist aber gutmütig und gehorsam.

GUTER SCHWIMMER Diese Rasse kann ausgezeichnet schwimmen; das gelockte Fell des Boykin Spaniels ist Wasser abweisend.

Bretonischer Spaniel

URSPRUNG Frankreich
GRÖSSE 48–51 cm
GEWICHT 16–18 kg
AUSLAUF
FELLPFLEGE
REGISTRIERUNG FCI, KC, AKCs
FARBEN schwarz und weiß, orange und weiß, leberbraun und weiß, trikolor

Der Épagneul Breton, so der französische Name, ist nicht nur in seiner Heimat ein beliebter Jagdhund. Zwar wird der Hund als Spaniel bezeichnet, doch hat er mehr von einem Setter.

SCHWARZ UND WEISS — LOH UND WEISS — SCHWARZ, WEISS UND LOH

REINE FARBEN In den USA sind nur Braun- und Rotschattierungen, die als klassische französische Farben gelten, erlaubt. In Europa ist auch Schwarz zulässig, da diese Farbe im französischen Rassestandard von 1907 erwähnt wird.

GESCHICHTE

Diese Rasse, eine der ältesten dieses Typs in Frankreich, war Anfang des 20. Jahrhunderts beinahe ausgelöscht, konnte aber durch den Züchter Arthur Énaud durch Auskreuzungen wiederbelebt werden. Die Beliebtheit dieses Spaniels beruht insbesondere auf seinem entspannten und toleranten Umgang mit Kindern und anderen Hunden, ebenso wie auf seinen Arbeitsqualitäten.

Cesky Fousek

URSPRUNG Tschechische Republik
GRÖSSE 61–66 cm
GEWICHT 28–34 kg
AUSLAUF
FELLPFLEGE
REGISTRIERUNG FCI
FARBEN braun, braun-weiß gescheckt

Diese Rasse wird wahlweise auch als Böhmisch Raubart, Tschechisches Stichelhaar oder Tschechischer Vorstehhund bezeichnet.

GESCHICHTE

Böhmische drahthaarige Hunde ähnlich dieser Rasse wurden im 14. Jahrhundert für die Jagd eingesetzt und im 18. Jahrhundert als ausgezeichnete Wasserhunde beschrieben. Der Rasse wurde durch den Ersten Weltkrieg beinahe ein Ende gesetzt; in den 1920er-Jahren musste sie mit deutschen Vorstehhunden aufgefrischt werden. Heute ist der Cesky Fousek in seiner Heimat ein sehr beliebter Jagdhund, außerhalb aber wenig bekannt. Zu Menschen ist er loyal und sanftmütig. Er ist ein vielseitig begabter Jäger; ein friedliches Nebeneinander mit anderen, kleineren Tieren ist schwer möglich.

DREISCHICHTIG Das wasserfeste Fell besteht aus einer dicken, eng anliegenden Unterwolle, einer längeren Haarschicht und aus besonders am Rumpf hartem, drahtigem Deckhaar.

Chesapeake Bay Retriever

URSPRUNG USA
GRÖSSE 58–66 cm
GEWICHT 29–34 kg
AUSLAUF
FELLPFLEGE
REGISTRIERUNG FCI, KC, AKCs
FARBEN gold, rotgold, braun

Zehenzwischenhäute, ein leicht öliges, gewelltes Fell und eine unermüdliche, zähe Persönlichkeit zeichnen diesen robusten Wasserhund aus, den seine Fans kurz „Chessie" nennen.

ROT/LOH

GOLD

GESCHICHTE

Die Ahnenreihe dieser Rasse lässt sich nicht zu Ende führen, aber immerhin bis zu „Sailor" und „Canton", einem Welpenpärchen, das 1807 vor Maryland von einem sinkenden Schiff gerettet wurde. Ihre Wassertauglichkeit wurde schnell bemerkt, und sie wurden mit lokalen Retrievern gepaart. Der Chessie ist ein Hund fürs Landleben und bestens für aktive Familien geeignet.

TARNFARBE Die Fellfarbe sollte so gut wie möglich an die Arbeitsumgebung des Hundes angepasst sein. Der FCI-Rassestandard des Chessies schreibt vor: „Jede Farbe von Braun, Binse oder totem Gras ist annehmbar."

Clumber Spaniel

URSPRUNG Großbritannien
GRÖSSE 48–51 cm
GEWICHT 18–29,5 kg
AUSLAUF
FELLPFLEGE
REGISTRIERUNG FCI, KC, AKCs
FARBEN weiß mit zitronengelben oder orangefarbenen Abzeichen

Dies ist die größte Rasse der Spaniel-Gruppe, bezogen auf ihre Massigkeit und weniger auf ihr Stockmaß. Fast zwangsläufig ist der Clumber Spaniel auch langsamer als andere Spaniels. Diese stoische, beständige Rasse zeichnet sich durch eine größere Würde aus, als es für Spaniels typisch ist.

GESCHICHTE

Der Rassename leitet sich von Clumber Park ab, dem Anwesen des Duke of Newcastle. Eine Legende besagt, dass der Duc de Noailles seine Spaniels während der Französischen Revolution dorthin geschickt hatte.

ANPASSUNGSFÄHIGER TYP Der bei der Stöberjagd auf Fasane in der Meute eingesetzte Clumber ist ein ausgezeichneter Hund fürs Land, doch ist er auch friedlich genug für ein Stadtleben.

Curly Coated Retriever

URSPRUNG Großbritannien
GRÖSSE 64–69 cm
GEWICHT 32–36,5 kg
AUSLAUF
FELLPFLEGE
REGISTRIERUNG FCI, KC, AKCs
FARBEN schwarz, braun

Der auffällige Curly Coated Retriever mit seinem namensgebenden Haarkleid ist die größte und zusammen mit dem Flat Coated Retriever auch die erste offiziell anerkannte Retriever-Rasse.

SCHWARZ

DUNKELBRAUN

GESCHICHTE

Die präzise Herkunft dieser Rasse ist nicht bekannt, doch wird angenommen, dass sie vom heute ausgestorbenen English Water Spaniel oder Irish Water Spaniel abstammt, die mit Neufundländern, den Ahnen des Labradors, gekreuzt wurden. Der für die Wasserjagd bestimmte Hund konnte sich als Typ Anfang des 19. Jahrhunderts etablieren und wurde bereits 1860 ausgestellt. Früher war er sowohl als Gebrauchs- wie auch als Begleithund sehr beliebt, doch heute ist er der seltenste aller Retriever.

EIGENSCHAFTEN

Wie alle Retriever ist der Curly Coated eine robuste Rasse mit großer Ausdauer. Als Begleiter ist er ruhig und anhänglich. Er gibt einen guten Wachhund ab, bleibt aber nicht gern allein und fühlt sich auf dem Land wesentlich wohler als in der Stadt. Lidprobleme, Hüftdysplasie und Epilepsie können bei ihm auftreten.

WASSERTAUGLICH Das krause Fell sollte mehrmals pro Woche gebürstet werden, um es zu entwirren; anschließende Befeuchtung lässt es wieder schön lockig werden. Das dichte, wasserfeste Fell ist perfekt für einen Wasserhund; die Rasse ist ein ausgezeichneter Schwimmer.

Drentscher Hühnerhund

URSPRUNG Niederlande
GRÖSSE 61–66 cm
GEWICHT 20,5–22,5 kg
AUSLAUF
FELLPFLEGE
REGISTRIERUNG FCI, KC, AKCs
FARBEN weiß mit braunen Platten

Sein niederländischer Name lautet Drentsche Partrijshond oder kurz Drent. Diese seltene Rasse stellt einen historischen Typ zwischen Spaniel und Vorstehhund dar. Als vielseitiger europäischer Jagdhund wird er für die Vorsteh- und Apportierarbeit bei Kleinwild eingesetzt.

GESCHICHTE

Diese Rasse stammt vermutlich von Spioenen oder Spanjoelen ab – spanischen Hunden, die im 16. Jahrhundert über Frankreich nach Holland gelangten. Eine Verwandtschaft zum Kleinen Münsterländer und Épagneul Français ist ebenfalls anzunehmen. In der dünn besiedelten Provinz Drenthe waren diese Hunde sehr beliebt. Bei der Arbeit ist der Drent unermüdlich, doch im Haus ist er relativ entspannt und ein guter Gefährte für aktive Familien, auch in der Stadt.

RUTENSIGNALE Mit längeren Haaren befedert sind Hals, Brust, Behänge, Läufe und vor allem die Rute. Diese wird bei der Arbeit kreisförmig bewegt, vor allem wenn der Hund Witterung aufgenommen hat.

English Cocker Spaniel

URSPRUNG Großbritannien
GRÖSSE 38–43 cm
GEWICHT 12–15,5 kg
AUSLAUF
FELLPFLEGE
REGISTRIERUNG FCI, KC, AKCs
FARBEN schwarz, creme, rot, braun, einheitlich oder mit Abzeichen

In Großbritannien wird diese Rasse einfach nur Cocker Spaniel genannt, in anderen Ländern wird seine Nationalität hinzugefügt, um ihn vom American Cocker Spaniel zu unterscheiden.

GESCHICHTE

Spaniels wurden bereits im 16. Jahrhundert eingesetzt, um Wild aus der Deckung in Netze zu treiben. Spaniels, die auf Waldschnepfen (engl.: *woodcock*) spezialisiert waren, wurden im 19. Jahrhundert beschrieben. Gebrauchsspaniels sind kleiner mit kürzerem Fell und unbändiger Energie, während Ausstellungshunde mehr Fellpflege, dafür aber weniger Anregung brauchen.

FARBE UND TEMPERAMENT Von der sogenannten Cockerwut – unkontrollierbaren Aggressionsanfällen – sind nur einfarbige Hunde betroffen.

English Pointer

URSPRUNG Großbritannien
GRÖSSE 53–61 cm
GEWICHT 20–30 kg
AUSLAUF
FELLPFLEGE
REGISTRIERUNG FCI, KC, AKCs
FARBEN weiß und schwarz, leberbraun, zitronengelb oder orange

Bei einigen Zuchtorganisationen wird dieser aristokratisch wirkende Hund einfach nur als Pointer geführt, doch für mehr Klarheit wird die Nationalität hinzugefügt.

GOLD UND WEISS

SCHWARZ UND WEISS

LOH UND WEISS

GESCHICHTE

Zunächst arbeiteten Pointer zusammen mit Windhunden, die das aufgespürte Wild verfolgten. Als die Flintenjagd sich immer mehr durchsetzte, stellte man ihnen Apportierhunde an die Seite. Vermutlich stehen Greyhounds, Bluthunde, Setter, Foxhounds und sogar Bulldoggen-Schläge in der Ahnenreihe der Pointer. Bereits im Jahr 1650 wurden sie in England erstmals schriftlich erwähnt. Kontinentale Rassen wie der Spanische Pointer trugen auch zu ihrer Entwicklung bei. In den USA verbreiteten sie sich nach 1900.

Als schneller und zuverlässiger Spürhund kann er in kurzer Zeit ein großes Gebiet bearbeiten, insbesondere Federwild spürt er sehr schnell auf. Er wird für die Jagd und in Gebrauchsprüfungen erfolgreich eingesetzt. Als Begleithund ist er ernst und sensibel, aber auch fügsam und sanftmütig.

ARISTOKRATISCH Pointer müssen ein ausgewogenes Verhältnis von Kraft, Ausdauer und Schnelligkeit zeigen, um bei einer Tagesjagd über lange Distanzen schnell arbeiten zu können. Selektive Zucht hat zu einem starken, aber anmutigen athletischen Körperbau geführt.

English Setter

URSPRUNG Großbritannien
GRÖSSE 61–64 cm
GEWICHT 18–32 kg
AUSLAUF
FELLPFLEGE
REGISTRIERUNG FCI, KC, AKCs
FARBEN weiß und schwarz, orange, zitronengelb oder leberbraun, trikolor

Diese elegante Rasse vereint altes Aussehen mit alten Verhaltensweisen. Sie ist ein hervorragender Spürhund, Setter und Apportierer von Federwild, aber auch ein friedfertiger Begleiter.

GOLD UND WEISS

SCHWARZ UND WEISS

LOH UND WEISS

GESCHICHTE

Die ersten Setter wurden in Frankreich aus spanischen und französischen Spanieln gezüchtet und gelangten im 16. Jahrhundert nach England. Die moderne Rasse jedoch wurde im 19. Jahrhundert entwickelt. Bei diesem Setter haben sich mittlerweile Ausstellungs- und häufig leichtere Arbeitsschläge herausgebildet, darunter der als Llewellin-Setter bekannte Stamm.

BELTON Wie alle britischen Setter-Rassen hat auch der English Setter ein stark befedertes Haarkleid, das ein Ganzkörper-Fleckenmuster aufweist, bei Züchtern als „Belton" bekannt.

English Springer Spaniel

URSPRUNG Großbritannien
GRÖSSE 48–51 cm
GEWICHT 22–25 kg
AUSLAUF
FELLPFLEGE
REGISTRIERUNG FCI, KC, AKCs
FARBEN leberbraun und weiß, schwarz und weiß, trikolor

Dieser zu den ältesten überlebenden Spaniel-Rassen gehörende Gebrauchs- und Begleithund ist in seiner Heimat sehr beliebt und auch im Ausstellungsring eine sehr häufig anzutreffende Rasse.

SCHWARZ UND WEISS

SCHWARZ UND LOH

GESCHICHTE

Hunde dieses Typs lassen sich auf Gemälden aus dem 17. Jahrhundert erkennen. Dabei handelte es sich aber um einfache Spaniels, die auf Haarwild, und Cocker Spaniels, die auf Vögel angesetzt wurden. Die Rasse ist streng aufgeteilt in Gebrauchs- und Ausstellungsschläge. Aber auch Letztere brauchen viel Auslauf und Beschäftigung, sonst entwickeln sie sich bei all ihrer Sanftmut doch destruktiv.

SHOW UND ARBEIT Der hier abgebildete Hund ist ein Ausstellungstyp mit langen Behängen, Hängelefzen und einem längeren, farbigen Fell. Gebrauchshunde sind dagegen leichter und haben ein drahtigeres, recht kurzes, befedertes Haarkleid, das überwiegend weiß ist, wodurch sie besser erkannt werden können.

Field Spaniel

URSPRUNG Großbritannien
GRÖSSE 46 cm
GEWICHT 16–23 kg
AUSLAUF
FELLPFLEGE
REGISTRIERUNG FCI, KC, AKCs
FARBEN schwarz, leberbraun, geschimmelt, einheitlich oder mit Abzeichen

Einige Jagdhundrassen haben sich in Gebrauchs- und Ausstellungslinien aufgeteilt, doch bei dieser Rasse war der Wandel dramatischer. Als Gebrauchshund ist sie fast ausgestorben.

SCHWARZ DUNKELBRAUN

GESCHICHTE

Der Field Spaniel galt ursprünglich als Varietät des Cockers, doch wurde er Ende des 19. Jahrhunderts als eigene Rasse anerkannt. Aufgrund des sofortigen Erfolgs im Ausstellungsring wurde er durch Einkreuzungen von Sussex Spanieln und sogar Bassets auf einen langen Rücken und kürzere Läufe hin gezüchtet. Das Ergebnis war ein Hund, der unter gesundheitlichen Beschwerden litt. Nach dem Zweiten Weltkrieg war die Rasse fast verschwunden. Mit Cocker- und Springer-Spaniel-Blut konnte sie behutsam wieder aufgefrischt und gesünder werden. Auch heute noch ist der Field Spaniel, ein anhänglicher Familienhund, relativ selten.

SHOWQUALITÄTEN Der Field Spaniel wurde entwickelt, als Hundeausstellungen in Mode kamen. Die meisten Gebrauchsspaniels waren weiß mit farbigen Platten, doch wurde ein klassischeres einfarbiges Fell angestrebt.

Flat Coated Retriever

URSPRUNG Großbritannien
GRÖSSE 56–58 cm
GEWICHT 25–36 kg
AUSLAUF
FELLPFLEGE
REGISTRIERUNG FCI, KC, AKCs
FARBEN schwarz, leberbraun

Neben dem Curly Coated Retriever waren diese glänzend schwarzen Hunde die ersten Retriever mit einer Ausstellungsanerkennung in ihrem Heimatland.

SCHWARZ DUNKELBRAUN

GESCHICHTE

Diese Rasse wurde Mitte des 19. Jahrhunderts als Stöber- und Apportierhund aus Kreuzungen des heute ausgestorbenen St John's Dog mit Settern entwickelt. Sie war beliebt als Wildhüterhund und auch außerhalb ihrer Heimat verbreitet, nach dem Zweiten Weltkrieg aber beinahe ausgestorben. In den letzten Jahren vergrößerte sich die Zahl der Züchtungen wieder.

ANSEHNLICHE BEGLEITER Zwar wird sie nicht mehr oft in Field-Trials oder als Gebrauchshund eingesetzt, doch hat die Rasse in ihrer neuen Rolle als lebhafter, aber gutmütiger Familienhund eine bescheidene Popularität gefunden.

ENGLISH SPRINGER SPANIEL (siehe S. 238) Ihren Namen erhielten diese Spaniels, weil sie Haarwild durch Springen aus der Deckung scheuchen. Ob als Gebrauchs- oder Begleithund, sie bereiten ihrem Halter viel Freude.

Französischer Vorstehhund, Typus Gascogne

URSPRUNG Frankreich
GRÖSSE 58–68 cm
GEWICHT 20–32 kg
AUSLAUF
FELLPFLEGE
REGISTRIERUNG FCI
FARBEN kastanienbraun, einheitlich oder mit weißen oder lohfarbenen Abzeichen

Der aus Südwestfrankreich stammende Hund ist außerhalb seiner Heimat, wo er als Braque Français, type Gascogne bezeichnet wird, immer noch nicht sehr bekannt. Er gehört zu den ältesten überlebenden Vorstehrassen.

GESCHICHTE

Setter waren seit dem Mittelalter bekannt, als der Chien d'Oysel für die Rebhuhnjagd mit Netzen eingesetzt wurde, dessen früher Nachfahre dieser Vorstehhund ist. Nach der Französischen Revolution wurden britische Rassen in Nordfrankreich beliebt, ältere Typen überlebten im Süden. Die fast ausgestorbene Rasse konnte durch Dr. C. Castets, den ersten Präsidenten des Club du Braque Français de France, wiederbelebt werden. Heute sind einige Hunde Gebrauchs- und Begleithunde. Sie sind intelligent, loyal und leicht abzurichten, doch ihre sensible Natur erfordert viel Bestätigung.

FRÜHER RASSESTANDARD Im 17. Jahrhundert beschrieb der französische Schriftsteller Selincourt Vorstehhunde als „stark gebaute Hunde, mit großem Kopf, mit langen Ohren, quadratischem Fang und großer Nase."

Französischer Vorstehhund, Typus Pyrenäen

URSPRUNG Frankreich
GRÖSSE 47–58 cm
GEWICHT 18–24 kg
AUSLAUF
FELLPFLEGE
REGISTRIERUNG FCI
FARBEN kastanienbraun, einheitlich oder mit weißen oder lohfarbenen Abzeichen

Der in seiner Heimat als Braque Français, type Pyrénées bezeichnete Hund ist eine der beliebtesten Braque-Rassen, vor allem unter Jägern. Auf Ausstellungen hingegen ist sie noch relativ selten anzutreffen.

LEICHTFÜSSIG Der schnelle, fließende Gang dieser unermüdlichen Jagdhunde wird als „Gleiten über die Landschaft" beschrieben.

GESCHICHTE

Die Geschichte dieser Rasse entspricht weitgehend der des Gascogner Typs; ein kleinerer Typ hatte sich in den Pyrenäen entwickelt. Als der Französische Vorstehhund eine Wiederbelebung erfuhr, bevorzugte der zweite Präsident des Zuchtverbandes, B. Sénac-Lagrange, diesen kleineren Typ. Er hat jedoch dasselbe sanfte Temperament, was ihn zu einem anhänglichen Familiengefährten macht.

Französischer Spaniel

URSPRUNG Frankreich
GRÖSSE 55–61 cm
GEWICHT 20–25 kg
AUSLAUF
FELLPFLEGE
REGISTRIERUNG FCI, AKCs
FARBEN weiß und braun, von zimt- bis dunkelleber

Im Französischen wird dieser Hund als Épagneul Français bezeichnet. Unter den Anhängern in seiner Heimat gilt er als Urahn aller Jagdspaniel-Rassen.

FRANZÖSISCHES FELL Das Haarkleid ist in der Regel glatt und seidig mit starker Befederung an Behängen, Gliedmaßen und Rute. Typisch sind die mittelgroßen braunen Platten.

Wie andere französische Rassen hatte auch dieser Spaniel im 19. Jahrhundert das Nachsehen gegenüber englischen Rassen und war kurz vor dem Aussterben, konnte aber durch die Bemühungen eines Priesters namens Fournier erhalten werden. Die Rasse war bis in die 1970er-Jahre außerhalb Frankreichs nicht sehr verbreitet, bis sie in Kanada zu einem beliebten Vogeljagdhund wurde.

EIGENSCHAFTEN

Die rustikale Rasse ist ideal für ein ländliches Leben und liebt lange Spaziergänge. Im Haus ist sie ruhig und bellt selten. Dieser Spaniel ist sanftmütig und folgsam und hat wie die meisten französischen Jagdhunde ein sensibles Gemüt, das viel Zuneigung und positive Ansprache erfordert.

GESCHICHTE

Ungeachtet ihres Namens ist diese alte Rasse, deren Wurzeln bis ins 17. Jahrhundert reichen, eher ein Vorstehhund als ein Spaniel. Frühe Hunde dieses Typs duckten sich, sodass der Jäger dahinter ein Netz über das Wild werfen konnte. Diese Rasse ist immer noch ein ausgezeichneter Vorsteh- und Apportierhund, eignet sich aber auch für die Stöberjagd im Wasser und über unwegsames, zerklüftetes Gelände, auch wenn sie nicht der allerschnellste Spaniel ist.

VERWANDTSCHAFT Diese Rasse ist vermutlich mit dem Kleinen Münsterländer und dem Drentschen Hühnerhund verwandt. Während allgemein vermutet wird, dass sich dieser Typ von Spanien nach Frankreich und weiter ausgebreitet hat, gibt es auch andere Meinungen, die ihn für ursprünglich dänisch halten.

Deutsch Kurzhaar

URSPRUNG Deutschland
GRÖSSE 59–64 cm
GEWICHT 25–32 kg
AUSLAUF
FELLPFLEGE
REGISTRIERUNG FCI, KC, AKCs
FARBEN schwarz, braun; einheitlich oder mit weißen Abzeichen; braun geschimmelt

Diese Rasse, auch Deutscher kurzhaariger Vorstehhund oder einfach DK genannt, ist ein vielseitiger und unermüdlicher Jagdgehilfe, der auf jedem Gelände vorsteht, apportiert und arbeitet.

SCHWARZ

DUNKELBRAUN

SCHWARZ UND WEISS

LOH UND WEISS

GESCHICHTE

Der Deutsch Kurzhaar geht zurück auf Vorstehhunde, die aus Spanien und Frankreich nach Deutschland gelangten. Als immer leistungsfähigere Schusswaffen in Gebrauch kamen, mit denen man Vögel aus großer Entfernung treffen konnte, mussten diese spezialisierten Hunde ihr Repertoire erweitern und auch apportieren. In intensiven Zuchtbemühungen im späten 19. Jahrhundert wurden französische und britische Linien mit deutschen Schlägen gepaart, um einen vielseitigen Jagdhund zu entwickeln. Sie sind beliebte Gebrauchshunde und verfügen über die nötige Intelligenz, um eigenständig zu arbeiten.

ARBEIT GEHT VOR Das Fell kann geschimmelt sein, mit oder ohne Platten. Gebäude und Konstitution sind jedoch wichtiger als die Erscheinung: Ein Vorstehhund muss allen jagdlichen Anforderungen und Aufgaben gerecht werden.

WEICHES MAUL Da diese Rasse nicht nur vorsteht, sondern auch apportiert, muss der Fang lang, breit und kräftig sein, damit der Hund ein Stück Wild tragen kann, ohne es zu beschädigen.

EIGENSCHAFTEN

Wie die meisten Jagdhundrassen sind auch die deutschen Vorstehhunde loyale und anhängliche Tiere, sanftmütig und ihren Besitzern treu ergeben; sie waren immer auch gute Begleithunde. Doch besitzen die kräftigen Hunde eine unglaubliche Energie und brauchen so viel Auslauf wie möglich. Vernachlässigte Vorstehhunde können destruktiv und begeisterte Ausreißkünstler werden.

Deutscher Wachtelhund

URSPRUNG Deutschland
GRÖSSE 41–51 cm
GEWICHT 20–30 kg
AUSLAUF
FELLPFLEGE
REGISTRIERUNG FCI
FARBEN braun oder rot; einheitlich oder mit weiß

Der Deutsche Wachtelhund ist ein überaus vielseitiger Jagdhund, der für die Fährten-, Stöber- und Apportierarbeit eingesetzt werden kann – auf offenen Flächen und im Unterholz ebenso wie im Wasser.

NICHT FÜR JEDERMANN Dieser Hund wird fast ausschließlich von Jägern gezüchtet und auch nur an Jäger abgegeben.

GESCHICHTE

Diese Rasse wurde im 19. Jahrhundert in Bayern entwickelt. Das Ziel war ein Stöberhund, der in der Lage sein sollte, Gerüche vom Boden und auch aus der Luft aufzunehmen, zu verfolgen, das Wild aus der Deckung zu treiben und, wenn es erlegt ist, zu apportieren. Der Wachtelhund ist ein hervorragender Gebrauchshund, folgsam, anhänglich und intelligent.

Deutsch Drahthaar

URSPRUNG Deutschland
GRÖSSE 61–66 cm
GEWICHT 27–32 kg
AUSLAUF
FELLPFLEGE
REGISTRIERUNG FCI, KC, AKCs
FARBEN braun, braun oder schwarz geschimmelt mit oder ohne Platten

Der Rassestandard dieses Hundes besagt, dass er „für alle Arbeiten im Feld, im Wald und im Wasser vor und nach dem Schuss brauchbar sein" muss. Er ist kein Ausstellungshund.

DUNKELBRAUN — SCHWARZ UND WEISS — LOH UND WEISS

GESCHICHTE

Die Rasse wurde im 19. Jahrhundert aus Deutsch Kurzhaar, Griffon Korthals aus Hessen und Pudelpointer systematisch mit dem Ziel entwickelt, einen wesensfesten, leistungsfähigen und vielseitigen rauhaarigen Jagdhund zu erhalten, der allen Witterungen trotzt. Der Deutsch Drahthaar, der auch als Deutscher drahthaariger Vorstehhund (DD) bekannt ist, gehört in Deutschland zu den beliebtesten Jagdhundrassen und gewinnt auch im Ausland immer mehr Freunde. Außerhalb seines Arbeitsbereichs ist er loyal gegenüber seinen Besitzern; Fremden gegenüber kann er misstrauisch sein. Er ist ein überaus aktiver Hund, der zum Streunen neigt, wenn er nicht ausreichend beschäftigt wird.

WETTERFEST Das drahtige Fell ist stark Wasser abweisend. Sein langhaariger Verwandter, der Deutsch Stichelhaar, ist wesentlich seltener als die anderen beiden.

Golden Retriever

URSPRUNG Großbritannien
GRÖSSE 56–61 cm
GEWICHT 27–34 kg
AUSLAUF
FELLPFLEGE
REGISTRIERUNG FCI, KC, AKCs
FARBEN gold

Der gesellige und liebenswerte Golden Retriever stand jahrelang ganz oben auf der Beliebtheitsskala. Die Zahlen gehen mittlerweile aber langsam wieder zurück.

GESCHICHTE

Der Golden Retriever wurde in den 1860er-Jahren in Schottland von Sir Dudley Majoribanks aus „Nous", einem gelben Rüden aus einem Wurf schwarzer Retriever, und der Tweed-Water-Spaniel-Hündin „Belle" gezüchtet. Das Resultat galt innerhalb weniger Jahre als eigene Rasse. Wie bei anderen sehr beliebten Rassen führte die Überzüchtung dieses freundlichen Hundes in manchen Linien zu gesundheitlichen und charakterlichen Defiziten.

GRÖSSER UND BESSER Die Verbesserung von Schusswaffen im 19. Jahrhundert führte dazu, dass kräftigere Apportierhunde benötigt wurden, um erlegtes Vogelwild aus großen Distanzen zurückzubringen. Der Golden Retriever erledigte diese Aufgaben.

FARBE ZEIGEN Es gibt verschiedene Schläge für Field-Trials, Gebrauchs- und Assistenzzwecke sowie für den Ausstellungsring. Amerikanische Linien sind dunkler als europäische.

Gordon Setter

URSPRUNG Großbritannien
GRÖSSE 58–69 cm
GEWICHT 20,5–36 kg
AUSLAUF
FELLPFLEGE
REGISTRIERUNG FCI, KC, AKCs
FARBEN schwarz und loh

Dieser schwarz-lohfarbene Setter ist ein unermüdlicher Läufer, der gezüchtet wurde, um im schottischen Hochland Moorhuhn, Schneehuhn und Schnepfe über große Distanzen verfolgen zu können. Heute ist die Rasse als Begleiter anzutreffen.

SICH WANDELNDES ÄUSSERES Zwar waren schwarz-lohfarbene Setter in England und Schottland bereits im 16. Jahrhundert bekannt, diese Rasse war ursprünglich jedoch trikolor.

GESCHICHTE

Setter spürten Vögel auf, die zur Tarnung in eine starre Haltung verfielen, Jagdfalken oder Netze erledigten den Rest. Diese Rasse wurde im frühen 19. Jahrhundert vom Duke of Richmond and Gordon entwickelt. Bessere Schusswaffen im 20. Jahrhundert förderten den Nutzen von Apportierhunden. Der Gordon Setter ist loyal und folgsam, neigt aber dazu, an allem und jedem hochzuspringen.

Kurzhaar Vizsla

URSPRUNG Ungarn
GRÖSSE 56–61 cm
GEWICHT 22–28 kg
AUSLAUF
FELLPFLEGE
REGISTRIERUNG FCI, KC, AKCs
FARBEN kastanienbraun-gold

Diese Rasse wird auch Kurzhaariger Ungarischer Vorstehhund oder kurz Vizsla genannt. Ihr ungarischer Name ist Rövidszörü Magyar Vizsla.

GESCHICHTE

Mit Falken arbeitende Vorstehhunde werden bereits in der *Ungarischen Bilderchronik* aus dem 14. Jahrhundert dargestellt und beschrieben. Das aus dem Altungarischen stammende „Vizsla" bedeutet „Suche". Die Zunahme von englischen und deutschen Vorstehhunden im 19. Jahrhundert sowie der Zweite Weltkrieg ließen die Rasse fast untergehen, doch heute ist sie in Ungarn wie im Ausland gleichermaßen beliebt und hat auch zur Entwicklung des Drahthaar Vizsla beigetragen.

ÄHNLICHKEITEN Der Vizsla wurde für die Entwicklung ähnlicher Rassen, insbesondere des Deutsch Kurzhaars und des Weimaraners, verwendet. Im Gegenzug haben eben jene Rassen dazu beigetragen, den Vizsla zu erhalten, als die Bestände im 19. Jahrhundert drastisch zurückgingen.

Drahthaar Vizsla

URSPRUNG Ungarn
GRÖSSE 56–61 cm
GEWICHT 22–28 kg
AUSLAUF
FELLPFLEGE
REGISTRIERUNG FCI, KC, AKCs
FARBEN gold

Diese Rasse, auch Drahthaariger Ungarischer Vorstehhund oder Drotzörü Magyar Vizsla genannt, ist weniger verbreitet als ihr kurzhaariger Verwandter, jedoch nimmt ihre Popularität vor allem in Großbritannien, Nordamerika und in Australien zu.

DRAHTHAAR UND KURZHAAR Der Drahthaar Vizsla gilt heute als eigenständige Rasse. Sein glatthaariger Verwandter ist allerdings die verbreitetere Rasse.

GESCHICHTE

Der Drahthaar Vizsla wurde im frühen 20. Jahrhundert entwickelt. Ziel war es, einen Hund mit dickerem Fell und breiterem Gebäude zu erhalten, der auch bei schlechten Witterungsbedingungen arbeiten konnte. Züchter kreuzten ihn mit dem Deutsch Drahthaar, eventuell könnten in frühen Zuchtphasen auch noch Griffon-Schläge, Pudelpointer und sogar der Red Setter mitgewirkt haben. Bis auf die Fellbeschaffenheit sind sich die beiden Vizslas sehr ähnlich, nicht nur was die körperlichen Merkmale angeht, sondern auch ihre sehr anhängliche, sanfte Art und ihre Freude an aktiver Beschäftigung.

VIELSEITIG Der Drahthaar Vizla hat keine Unterwolle und sollte deshalb nicht draußen gehalten werden. Der mittelschnelle Vorstehhund, der auch gut apportiert, ist eine vielseitige Rasse und als Jagdhund ebenso geschätzt wie als Begleiter.

Irish Red and White Setter

URSPRUNG Irland
GRÖSSE 61–69 cm
GEWICHT 27–32 kg
AUSLAUF
FELLPFLEGE
REGISTRIERUNG FCI, KC, AKCs
FARBEN loh und weiß

Diese Rasse ist der erste irische Jagdsetter, aus dem auch der Irish Red Setter hervorging und von dem er fast vollständig verdrängt wurde. Doch über die Jahre konnte diese athletische, impulsive Rasse nach und nach wieder eine gewisse Popularität erlangen, sowohl im In- als auch im Ausland.

GESCHICHTE

Bis zur Mitte des 19. Jahrhunderts waren fast alle Jagdsetter in Irland rot-weiß. Mit dem Aufkommen von Hundeschauen galten im Gegensatz zu Nutztieren einfarbige Hunde als schöner und wünschenswerter. Dieser Trend lässt sich auch bei anderen Gebrauchsrassen beobachten, wie dem Field Spaniel oder dem English Springer Spaniel. Rot-weiße Hunde starben fast aus, konnten aber durch den Geistlichen Noble Huston aus der Grafschaft Down gerettet werden.

LEBHAFT Der Irish Red and White Setter ist immer noch ein vielseitiger Jagdhund, der vorsteht und apportiert. Einige Hunde sind impulsiv und nervös, andere eher besonnen, doch alle sind anhängliche, ausgelassene und intelligente Tiere mit viel Energie.

Irish Setter

URSPRUNG Irland
GRÖSSE 64–69 cm
GEWICHT 27–32 kg
AUSLAUF
FELLPFLEGE
REGISTRIERUNG FCI, KC, AKCs
FARBEN rot und loh

Zwar ist der Irish Setter, der auf Gälisch Modder Rhu (roter Hund) heißt, die jüngste der neun irischen Rassen, gleichzeitig aber die wohl bekannteste.

GESCHICHTE

Diese Rasse wird in Abgrenzung zu ihren Red-and-White-Vorfahren gelegentlich auch als Irish Red Setter bezeichnet. Einfarbige Setter sind seit dem 18. Jahrhundert bekannt, doch kamen sie erst im 19. Jahrhundert in Mode. Man unterscheidet große Irish Setter für den Ausstellungsring und kleinere Hunde, die für Gebrauchszwecke gezüchtet werden. Sie sind gutmütige Gefährten.

ANMUTIG Das seidige, fließende Haarkleid hat aus diesem Rotschopf einen anhaltend beliebten Begleithund gemacht.

Irish Water Spaniel

URSPRUNG Irland
GRÖSSE 53–61 cm
GEWICHT 20,5–29,5 kg
AUSLAUF
FELLPFLEGE
REGISTRIERUNG FCI, KC, AKCs
FARBEN dunkelbraun

Diese Rasse, die so gar nicht aussieht wie ein typischer Spaniel, ist die einzige überlebende der drei einst in Irland bekannten Wasserspaniels. Der Irish Water Spaniel ist ein dynamischer Wasserhund, der auch in eisiges Wasser eintaucht.

GESCHICHTE

Die Ursprünge dieser Rasse liegen im Verborgenen, doch vermutlich fließt das Blut von Pudel, Barbet und Portugiesischem Wasserhund in ihren Adern. Sie wurde in den 1830er-Jahren vom Dubliner Züchter Justin McCarthy entwickelt, der jedoch keine Aufzeichnungen zurückließ. Der Irish Water Spaniel ist ein idealer Begleiter für alle, die lange Spaziergänge lieben.

ECHTER WASSERHUND Der ausgezeichnete Schwimmer wurde häufig für die Jagd in Sumpf- und Marschgebieten eingesetzt. Das dicht gelockte Fell ist leicht ölig und deshalb Wasser abstoßend.

Italienischer Vorstehhund

URSPRUNG Italien
GRÖSSE 56–66 cm
GEWICHT 25–40 kg
AUSLAUF
FELLPFLEGE
REGISTRIERUNG FCI
FARBEN weiß, weiß getupft oder gescheckt mit Platten

Diese vielseitige Rasse ist in ihrer Heimat weitverbreitet, im Ausland jedoch relativ selten. In den meisten Zuchtorganisationen wird sie unter ihrem italienischen Namen Bracco Italiano geführt.

GOLD UND WEISS

LOH UND WEISS

GESCHICHTE

Über die Entstehung dieser Rasse gibt es keine Aufzeichnungen, jedoch reichen ihre Wurzeln bis ins Mittelalter zurück. Wie der Segugio gilt der Bracco als eine Mischung aus Laufhund und antiken Molossern, wenn auch einige Aspekte auf den alten St. Hubertushund hinweisen. Während der Renaissance war er ein sehr modischer Hund und wurde zum Beispiel von den Medici für die Vogeljagd mit Netzen und Falken gezüchtet. Um 1900 galt die Rasse jedoch als quasi ausgelöscht. Dem Züchter Ferdinando Delor de Ferrabouc gelang jedoch eine Wiederbelebung. Die Rasse findet im Ausland erst in jüngster Zeit und sehr langsam Verbreitung, vor allem in Europa. In Übersee hat er zwar einige Fans, bleibt aber trotzdem unbekannt.

EIGENSCHAFTEN

Der Italienische Vorstehhund hat einen auffällig ausgedehnten Gang, trägt den Kopf hoch und neigt dazu, sich davonzumachen, wenn er einen Geruch in der Nase hat. Charakterlich ist er anhänglich, sanft und loyal, wenngleich er auch eigensinnig sein kann. Er ist ein aktives Tier, dem in jedem Fall viel Zeit gewidmet werden muss, und vielleicht etwas zu ungestüm für kleine Kinder oder kleine Wohnungen.

ZWEI TYPEN Von dieser Rasse gibt es zwei regionale Typen, aber nur einen Rassestandard. Der Piemonteser Bracco ist leichter in Farbe und Gebäude, der Lombardische Bracco hat ein dunkleres Fell und ist schwerer gebaut.

Kooikerhondje

URSPRUNG Niederlande
GRÖSSE 35–41 cm
GEWICHT 9–11 kg
AUSLAUF
FELLPFLEGE
REGISTRIERUNG FCI, KC, AKCs
FARBEN weiß mit orangefarbenen Platten

Außerhalb seiner Heimat ist der Kleine Holländische Wasserwild-Hund oder Holländische Entenlockhund, so die alternativen deutschen Bezeichnungen dieser Rasse, so gut wie nicht anzutreffen.

GESCHICHTE

Diese Rasse existiert mindestens bereits seit dem 17. Jahrhundert; sie ist auf Gemälden von Rembrandt zu finden. Sie wurde für ähnliche Aufgaben wie der nun ausgestorbene English Red Decoy Dog oder der Nova Scotia Duck tolling Retriever entwickelt: Die Hunde lockten Enten lautlos in Richtung der Jäger, und zwar über eine Art Reuse in einen Käfig, Kooi genannt, der hinter den Enten geschlossen wurde. Der Baronin van Hardenbroek van Ammerstol war es nach dem Zweiten Weltkrieg zu verdanken, dass die Rasse nicht ausstarb. Heute erfreut sie sich zunehmender Beliebtheit, allerdings verstärkt der geringe Genpool das Risiko von Erbkrankheiten.

WEISSE FLAGGE Der Kooikerhondje hat seiner Aufgabe entsprechend vorzugsweise eine weiße Rute. Die gute Sichtbarkeit dieser „Flagge" ist ein gutes Lockmittel. Einige Hunde werden immer noch zum Anlocken von Vögeln eingesetzt.

VERSPIELT Wie seine einstige Aufgabe vermuten lässt, ist der Kooikerhondje ein aktiver, temperamentvoller und verspielter Hund mit großer Wasseraffinität. Er ist gutmütig, insbesondere gegenüber seinen Besitzern; Fremde bellt er jedoch gern an und verhält sich reserviert.

Labrador Retriever

URSPRUNG Großbritannien
GRÖSSE 51–61 cm
GEWICHT 25–34 kg
AUSLAUF
FELLPFLEGE
REGISTRIERUNG FCI, KC, AKCs
FARBEN gold, schokoladenbraun, schwarz

Jeder, der auf der Suche nach einem geselligen Begleit- oder Familienhund ist, erhält wahrscheinlich den Rat, im Zweifelsfall einen Labrador zu nehmen, und viele scheinen ihn zu beherzigen.

SCHWARZ

GOLD

DUNKELBRAUN

GESCHICHTE

Der Vorfahre dieser Rasse war der St John's Dog, ein Vorläufer des Neufundländers, der von Fischern nach Großbritannien gebracht wurde. Aus diesem Hund gingen Curly Coated, Flat Coated und Labrador Retriever hervor. Sie bewährten sich, indem sie treibende Netze ans Ufer zogen und Wild apportierten. Sie erhielten ihren Namen im frühen 19. Jahrhundert und waren am Ende jenes Jahrhunderts weitverbreitet.

EIGENSCHAFTEN

Seine gelehrige, folgsame Natur hat den Labrador weltweit zu einem hoch geschätzten Assistenzhund gemacht. Die Hunde übernehmen vielfältige Aufgaben, etwa ihre Besitzer durch den Verkehr zu führen oder deren EC-Karte in den Automaten zu schieben. Sie sind fröhliche, hingebungsvolle Familienhunde, jedoch haben sie viel Energie und einen ebenso großen Appetit.

ORIGINALFARBE Schwarz war lange die bevorzugte Fellfarbe beim Labrador, wie beispielsweise auf der ersten Darstellung dieser Rasse, einem Gemälde von Edwin Landseer, zu sehen ist.

FARBTRENDS Braune und gelbe Welpen gab es schon immer, und schließlich wurden die Farben auch anerkannt. Das Gelb wurde noch heller und ist heute fast hellcremefarben, auch wenn Schattierungen bis hin zu Fuchsrot erlaubt sind.

BEGEISTERTE APPORTIERER Wie bei vielen Rassen gibt es auch beim Labrador Ausstellungs- und Arbeitslinien. Labradore aus Arbeitslinien haben ein größeres Energiepotenzial. Aber auch Ausstellungs-Labradore apportieren mit großer Freude.

Großer Münsterländer

URSPRUNG Deutschland
GRÖSSE 58–65 cm
GEWICHT 29–31 kg
AUSLAUF
FELLPFLEGE
REGISTRIERUNG FCI, KC, AKCs
FARBEN schwarz und weiß

Dieser Vorstehhund vom Typ Spaniel war ein recht erfolgreicher Export, hat aber im Ausland in den letzten Jahren an Boden verloren. Zwar ist die vielseitige Rasse in bescheidenem Umfang auch bei Hundeschauen zu sehen, doch wird sie vor allem von Jägern geschätzt.

GESCHICHTE

Ursprünglich stammt der Münsterländer von mittelalterlichen weißen oder zweifarbigen Vogelhunden ab; die moderne Rasse lässt sich allerdings nur auf das 19. Jahrhundert zurückdatieren, als auch Deutsch Kurzhaar, Drahthaar und Langhaar entwickelt wurden. Nachdem Schwarz beim Langhaar als nicht erwünschte Farbe verbannt wurde, nahm sich ein 1919 gegründeter Verein der Reinzucht dieser schwarzweißen Vorstehhunde an.

EIGENSCHAFTEN

Gebrauchsprüfungen zeigen, dass diese Rasse sich sehr gut für die Jagd eignet. Der Hund kann nahe beim Jäger arbeiten und ist gelehrig. Da er seit jeher im Haus gehalten wurde, ist er auch ein ruhiger und sanfter Begleiter, der gutmütig gegenüber Kindern und anderen Hunden ist.

RASSESTANDARD Mit seinem langen, dichten Fell kommt der Große Münsterländer gut geschützt durch jedes Dickicht und ist auch vor Kälte geschützt. Der Kopf sollte einheitlich schwarz sein, das restliche Fell ist weiß mit schwarzen Platten oder Tupfen oder weiß geschimmelt.

Nova Scotia Duck-tolling Retriever

URSPRUNG Kanada
GRÖSSE 43–53 cm
GEWICHT 17–23 kg
AUSLAUF
FELLPFLEGE
REGISTRIERUNG FCI, AKCs
FARBEN Rotschattierungen, einheitlich oder mit weißen Abzeichen

Der ungewöhnliche Name dieses Hundes rührt von seiner sehr speziellen Aufgabe her, bei der er Enten anlockt. Er ist auch als Yarmouth Toller oder Little River Duck Dog bekannt.

ROT/LOH

LOH UND WEISS

GESCHICHTE

Diese Rasse gehört zu jener Kategorie Hunde, die zwischen dem in Deckung wartenden Jäger und dem Wasser die neugierigen Enten anlocken. Der Jäger ruft den Hund, erlegt die Vögel und schickt ihn wieder los zum Apportieren. Solche „Köderhunde“ gelangten mit britischen Siedlern ins kanadische Neuschottland und begründeten diese Rasse. Sie ist ruhig und folgsam, aber sehr verspielt und ein ausgezeichneter Begleiter für Spiele in Parks oder auf Feldern.

DICHTES HAARKLEID Von diesen Hunden wird ein leichter, athletischer Körperbau verlangt, bedeckt mit Wasser abstoßendem, mittellangem Fell und mit weicher, dichter Unterwolle, um die Beute auch aus eiskaltem Wasser apportieren zu können.

Altdänischer Vorstehhund

URSPRUNG Dänemark
GRÖSSE 51–58 cm
GEWICHT 18–24 kg
AUSLAUF
FELLPFLEGE
REGISTRIERUNG FCI
FARBEN weiß und braun

Auf Dänisch lautet der Name dieser Rasse Gammel Dansk Hønsehund, was wörtlich übersetzt Altdänischer Vogel- oder Hühnerhund bedeutet.

GESCHICHTE

Diese Rasse geht ursprünglich auf dänische Laufhunde und Vorstehhunde, die im 17. Jahrhundert aus Südeuropa importiert wurden, zurück. Dazu verpaarte ein gewisser Morten Bak im frühen 18. Jahrhundert in Norddänemark wahrscheinlich von solchen Vorstehhunden abstammende Tiere mit lokalen, von Laufhunden abstammenden Hofhunden. Der Altdänische Vorstehhund ist ein beharrlicher Spür-, Vorsteh- und Apportierhund sowie ein sanftmütiger, loyaler und anhänglicher Begleiter. Sein Besitzer sollte sich viel Zeit für Spaziergänge und zum Stöckchenwerfen nehmen.

ÜBERLEBENSKÜNSTLER Diese Rasse ist trotz ihres kurzen, glatten Fells recht widerstandsfähig und ein vielseitiger Arbeiter auf allen Geländearten und im Wasser. Heute ist sie eine weitverbreitete Rasse in Dänemark.

Perdiguero de Burgos

URSPRUNG Spanien
GRÖSSE 66–76 cm
GEWICHT 25–30 kg
AUSLAUF
FELLPFLEGE
REGISTRIERUNG FCI
FARBEN leberbraun und weiß

Auch als Burgos Vorstehhund bekannt, ist diese Rasse ein lebendes Beispiel für den Übergang vom Lauf- zum Vorstehhund in der Entwicklung der Jagdhunde.

GESCHICHTE

Spanische Vorstehhunde beeinflussten alle anderen europäischen Vorstehrassen, und dies ist der letzte Repräsentant dieses Typs. Der Perdiguero de Burgos ist vermutlich eine Mischung aus dem größeren Perdiguero Navarro und dem Spanischen Laufhund. In Nordspanien überlebte er jahrhundertelang in kleiner Zahl, doch mittlerweile gewinnt er zunehmend an Popularität. Er wird überwiegend für die Vorsteh- und Apportierarbeit bei der Vogel- und Hasenjagd eingesetzt.

FLINK Von spanischen Laufhunden hat diese Rasse ihre exzellente Nase und die lockere Haut geerbt.

Perdigueiro Português

URSPRUNG Portugal
GRÖSSE 51–56 cm
GEWICHT 16–27 kg
AUSLAUF
FELLPFLEGE
REGISTRIERUNG FCI
FARBEN gelb oder braun, einheitlich oder mit weißen Abzeichen

Diese Rasse wird auch als Portugiesischer Vorstehhund bezeichnet, auch wenn Perdigueiro wörtlich „Hühnerhund" oder „Vogelhund" bedeutet.

ROT/LOH GOLD LOH UND WEISS

GESCHICHTE

Obwohl es sich hierbei um eine sehr alte Rasse handelt, liegen ihre Ursprünge im Dunkeln. Vermutlich stammt sie von spanischen Perdiguero-Typen ab und ist selbst wiederum Vorfahre des English Pointer. Die Rasse ist seit dem 13. Jahrhundert als Spür- und Vorstehhund bekannt, wurde zunächst bei der Falken- oder Netzjagd, später bei der Flintenjagd eingesetzt. Der Perdigueiro ist sanftmütig genug, um auch als Familienhund durchzugehen, doch er besitzt viel Energie.

PRAKTISCHES FELL Das relativ dichte und harte Fell bietet ausreichend Schutz. Im Gesicht und an den Behängen ist es kürzer und fast samtig weich.

Saint-Germain Vorstehhund

URSPRUNG Frankreich
GRÖSSE 54–62 cm
GEWICHT 18–26 kg
AUSLAUF
FELLPFLEGE
REGISTRIERUNG FCI, KC, AKCs
FARBEN weiß mit loh

Die Braque Saint Germain, so der französische Name dieser aristokratischen Rasse, ist mit weniger als 100 Welpen pro Jahr selbst in ihrem Heimatland ein seltener Hund und im Ausland nahezu unbekannt.

JAGDQUALITÄTEN Der Saint-Germain Vorstehhund ist berechenbarer als der English Pointer, aber schneller als andere französische Vorstehhunde und hat einen guten, raumgreifenden Galopp. Er wurde hauptsächlich bei der Fasanen- und Kaninchenjagd eingesetzt und ist ein zuverlässiger Apportierer.

GESCHICHTE

Weiß-orangefarbene Jagdhunde existieren in Frankreich seit Jahrhunderten. Überlebende Beispiele sind die Vorstehhunde vom Typus Gascogne und Pyrenäen. Weiter im Norden verloren sie während der Französischen Revolution an Beliebtheit. In den 1820er-Jahren wurden in den königlichen Zwingern lokale weiß-orange Vorstehhunde mit englischen Pointern gekreuzt. Im Zuge der politischen Unruhen wurden sie nach Saint Germain gebracht, wo die Zucht ihren Namen erhielt. Zwei Weltkriege vernichteten die Bestände beinahe, heute aber werden sie von einer kleinen Gruppe engagierter Züchter gesichert.

EIGENSCHAFTEN

Die Rasse gilt als sanftmütig, loyal und anhänglich. Bei der Jagd ist sie wendig und mutig in Feld, Wald und Sumpfland, allerdings nicht kälteunempfindlich. In den letzten Jahren stiegen die Bestände mit erneutem Schwerpunkt auf den Arbeitsqualitäten.

FRANZÖSISCHES AUSSEHEN Diese Rasse sieht aus wie ein leichter gebauter English Pointer. Doch die weiß-orange Färbung zeugt von einem reinen französischen Stil.

Kleiner Münsterländer

URSPRUNG Deutschland
GRÖSSE 50–56 cm
GEWICHT 14–16 kg
AUSLAUF
FELLPFLEGE
REGISTRIERUNG FCI, KC, AKCs
FARBEN braun und weiß

Obwohl beide aus dem Münsterland kommen und die Namensgebung es vermuten lässt, sind der Kleine und der Große Münsterländer nicht direkt miteinander verwandt. Sie haben verschiedene Vorfahren und unterscheiden sich in Farbe und Größe.

GESCHICHTE

Die genauen Ursprünge des Kleinen Münsterländers sind ungewiss. Eine großzügige Jagdgesetzgebung im 19. Jahrhundert sorgte in Deutschland für eine Explosion in der Züchtung von Vorsteh- und Apportierhunden. Die anpassungsfähigen Wachtelhunde waren auch im Münsterland bekannt, und zu den Züchtern, die diese Hunde für eine Neuentwicklung verwendeten, gehörten unter anderem der Dichter Hermann Löns und der Freiherr von Bevervörde-Lohburg. Der Hund ist immer noch überwiegend ein Gebrauchshund, wenngleich er auch ein lebendiges Haustier für aktive Besitzer abgibt.

ALTMODISCH Die seit den 1920er-Jahren nach dem Standard von Friedrich Jungklaus gezüchtete Rasse hat noch viele Züge, die einst bei allen europäischen Jagdhunden zu beobachten waren.

SELTEN IM AUSLAND Außerhalb Deutschlands ist diese Rasse selten, nur in den USA wird sie gern von Jägern eingesetzt.

Stabyhoun

URSPRUNG Niederlande
GRÖSSE 48–55 cm
GEWICHT 19–25 kg
AUSLAUF 
FELLPFLEGE
REGISTRIERUNG FCI, KC, AKCs
FARBEN schwarz, braun oder orange mit weißen Abzeichen

Hierzulande ist die Rasse auch als Friesischer Vorstehhund bekannt. Der niederländische Name des Hundes beschreibt gut sein Verhalten: *staby* bedeutet „bereitstehen".

GOLD UND WEISS

GESUNDHEIT GEHT VOR Der Stabyhoun ist eine robuste und gesunde Rasse. Trotz der relativ niedrigen Bestände befolgen Züchter strenge Regeln, um Inzest zu vermeiden und die genetisch veranlagte Epilepsie zu kontrollieren.

GESCHICHTE

Dieser Hund, der als Nationalerbe betrachtet wird, ist seit mindestens 1800 bekannt und stammt wahrscheinlich von spanischen Spaniels aus dem 16. Jahrhundert ab. Er war der Jagdhund der Landwirte und ist ein anpassungsfähiger, folgsamer Hund, der stöbert, vorsteht und apportiert. Heute wird er für die Jagd gehalten und ist auch ein gutes Haustier für aktive Familien.

Sussex Spaniel

URSPRUNG Großbritannien
GRÖSSE 38–41 cm
GEWICHT 18–22,5 kg
AUSLAUF
FELLPFLEGE
REGISTRIERUNG FCI, KC, AKCs
FARBEN leberbraun mit Goldschattierungen

Auch wenn er zu den Spanieln gehört, hat der Sussex doch auffällige Laufhundzüge, von dem leicht traurigen Gesichtsausdruck bis hin zu seiner Neigung, die Zunge zu zeigen, wenn er einer Fährte folgt. Er ist heute sehr rar.

GESCHICHTE

Diese Rasse wurde Ende des 19. Jahrhunderts von A. E. Fuller in East Sussex eigens für die Arbeit im dichten Unterholz gezüchtet. Dafür musste der Hund klein sein und Laut gebend jagen, weil er für den Jäger im Dickicht nicht sichtbar ist. Das Lautgeben bei der Jagd dagegen war bei den existierenden Spaniel-Rassen ein unerwünschter Zug. Der Sussex Spaniel war nie weitverbreitet, und nach dem Zweiten Weltkrieg war er fast verschwunden. Heute sind die meisten Tiere in den USA registriert. Er ist ein solider, anhänglicher Gefährte, der weniger verspielt ist als andere Spaniels.

KLEIN UND LANGSAM Durch sein kurzes Gebäude hat der Sussex Spaniel einen rollenden Gang. Die Rasse ist eher beharrlich als flink. Amerikanische Hunde sind kleiner als solche nach europäischem Standard gezüchtete.

Weimaraner

URSPRUNG Deutschland
GRÖSSE 58–71 cm
GEWICHT 32–38,5 kg
AUSLAUF
FELLPFLEGE
REGISTRIERUNG FCI, KC, AKCs
FARBEN silber-, reh- oder mausgrau

Der Zusatz „Vorstehhund" im Namen des Weimaraners wird gewöhnlich weggelassen, und eigentlich ist er auch ein echter Allrounder: ein ebenso guter Spür- wie Apportierhund.

LANGHAAR–TYP Neben der geläufigeren Kurzhaarvarietät gibt es auch Langhaar-Weimaraner.

GESCHICHTE

Einige halten den Weimaraner für eine alte Rasse und wollen ihn auf einem Gemälde von van Dyck aus dem 17. Jahrhundert erkennen. Die Geschichte des Weimaraners bekommt erst zu Beginn des 19. Jahrhunderts klare Konturen, als er am Weimarer Hof von Karl August von Sachsen-Weimar-Eisenach, einem begeisterten Jäger, beliebt wurde: Als die Jagd auf Wildschwein und Hirsch zurückging und ein Vorstehhund für kleineres Wild gebraucht wurde, kreuzte man den Hund mit Hühnerhundtypen, und es entstand der älteste deutsche Vorstehhund.

EIGENSCHAFTEN

Der Weimaraner ist als Begleithund in vielen Ländern sehr beliebt. Überzüchtung hat in einigen Linien allerdings zu charakterlichen Defiziten wie Aggressivität und Ängstlichkeit geführt. Der Weimaraner ist normalerweise ein aktiver, intelligenter, freudvoller Begleiter. Fremden gegenüber kann er zurückhaltend sein.

ZWEI GESICHTER Der Spitzname „grauer Geist" leitet sich nicht nur von der Fellfarbe des Weimaraners ab, sondern auch von seiner ruhigen, schleichenden Art bei der Arbeit. Außerhalb seines Arbeitsgebiets ist er hingegen ein fröhlicher und begeisterter Gefährte.

Welsh Springer Spaniel

URSPRUNG Großbritannien
GRÖSSE 46–48 cm
GEWICHT 16–18 kg
AUSLAUF
FELLPFLEGE
REGISTRIERUNG FCI, KC, AKCs
FARBEN loh und weiß

Dieser energische Spaniel aus Wales liegt in der Popularität weit hinter dem English Springer Spaniel, doch hat er immer noch begeisterte Anhänger.

GESCHICHTE

Der Welsh Springer Spaniel wurde zu Beginn des 20. Jahrhunderts auf beiden Seiten des Atlantiks anerkannt. Der Welsh Springer ist ein leichter Hund, und sowohl sein Gebäude als auch sein Fell deuten darauf hin, dass der Bretonische Spaniel ein enger Verwandter ist. Er hat eine große Wasseraffinität. Anders als bei vielen Jagdhundrassen hat sich die Zucht nicht in Ausstellungs- und Arbeitslinien aufgespalten. Dieselben Hunde können sowohl für den einen als auch den anderen Zweck gebraucht werden. Sie sind Fremden gegenüber reserviert, geben aber anhängliche und energiegeladene Familienhunde ab.

HISTORISCHER TYP Dass der Typ eines rot-weißen Hundes in Wales bereits im 18. Jahrhundert bekannt war, lässt sich historisch belegen.

Französischer Rauhaariger Korthals Vorstehhund

URSPRUNG Frankreich
GRÖSSE 56–61 cm
GEWICHT 22,5–27 kg
AUSLAUF
FELLPFLEGE
REGISTRIERUNG FCI, AKCs
FARBEN leberbraun, stahlgrau mit leberbraunen Platten

Der vollständige französische Name dieser Rasse lautet: Griffon d'Arrêt à poil du Korthals oder kurz Griffon Korthals.

DUNKELBRAUN

GESCHICHTE

Diese Rasse wurde im späten 19. Jahrhundert von dem Holländer Edward K. Korthals gezüchtet. Seine Hunde trugen auch zur Entwicklung des Deutsch Drahthaars bei. Korthals war als Agent auch für den Herzog von Penthièvre in Frankreich tätig, wo diese Rasse erneuert und verbessert wurde. Der Griffon Korthals war auf offener Flur nicht so beliebt wie schnellere Hunde, doch kleinere Reviere ließen den lebhaften, aber fügsamen und verlässlichen Hund immer beliebter werden.

ROBUSTE RASSE Dieser intelligente und anhängliche Hund ist ruhig im Haus, braucht aber viel Auslauf. Das drahtige Haarkleid erfordert minimalen Pflegeaufwand.

WEIMARANER (siehe S. 262) Dieser auffällige Hund hat sich als Jagdgebrauchshund und als Begleiter bewiesen. Der Weimaraner gilt als der älteste deutsche Vorstehhund, der während der letzten hundert Jahre rein gezüchtet wurde.

HÜTE- UND HIRTENHUNDE

Eines der Hauptmerkmale dieser Hundegruppe ist ihre widerstandsfähige Natur. Auch wenn sie vielleicht nicht über die offensichtliche Athletik von Wind- und Laufhunden verfügen, so sind diese Hunde doch mit einer ganz erstaunlichen Kondition und einer natürlichen Intelligenz ausgestattet. Sie arbeiten zwar unter der grundsätzlichen Führung eines Menschen, doch müssen sie den Bewegungen von Schafen oder anderem Herdenvieh, das sie hüten, zuvorkommen und entsprechend reagieren. Das bekannteste Mitglied dieser Gruppe dürfte wohl der Deutsche Schäferhund sein. Er ist inzwischen nicht nur als Haustier und im Ausstellungsring beliebt, sondern wird auch in vielen anderen Bereichen eingesetzt, die vom Polizei- und Militärdienst bis zur Unterstützung von Sehbehinderten reichen. Andere Hütehundrassen werden nach wie vor fast ausschließlich als Nutztiere gehalten und sind nur sehr selten auf Hundeschauen oder außerhalb ihrer Heimat zu sehen.

BELGISCHER SCHÄFERHUND (siehe S. 272–273) Der Tervueren ist eine von insgesamt vier Varietäten des Belgischen Schäferhundes. Sie unterscheiden sich in Fellart, -farbe und -länge voneinander.

Anatolischer Hirtenhund

URSPRUNG Türkei
GRÖSSE 70–80 cm
GEWICHT 41–64 kg
AUSLAUF
FELLPFLEGE
REGISTRIERUNG FCI, KC, AKCs
FARBEN alle Farben zulässig

Diese türkische Rasse, auch Çoban Köpegi genannt, ist sehr widerstandsfähig und verbringt sowohl die heißen Sommer als auch die kalten Winter auf den anatolischen Hochebenen.

SCHWARZ

CREME

SCHWARZ, WEISS UND LOH

SCHWARZ GESTROMT

GESCHICHTE

Große Herdenwächter gelangten vor ungefähr tausend Jahren mit Turkstämmen aus dem Osten nach Anatolien. Der Anatolische Hirtenhund stammt von diesen frühen Hunden ab. Man unterscheidet zwischen den regionalen Varietäten Kangal, Karaba-, Akba- und Kars-Hund. Er hat die Loyalität, die Intelligenz und das besitzergreifende Wesen eines Herdenhüters.

EIGENSCHAFTEN

Dieser gut bemuskelte Hund kann schnell und ausdauernd laufen und braucht viel Beschäftigung. Er ist zwar nicht besonders angriffslustig, doch gibt er nicht leicht nach, wenn er einmal alarmiert ist. Bei Gästen und Kindern muss er im Auge behalten werden, und frühe Sozialisation und Erziehung sind unabdingbar. Diese Rasse sucht einen Anführer und muss wissen, wo ihr Platz ist. Die Tiere brauchen bis zu vier Jahre, bis sie ganz ausgewachsen sind, und haben eine Lebenserwartung von etwa zehn Jahren.

MASKE Die häufigste Farbe ist Falb mit einer dunkleren Maske; weiß gestromt kommt ebenfalls oft vor. Das glatte Fell ist mittellang bis lang, je nach Varietät. Längere Haare finden sich an Kragen und Rute.

FREUNDLICHER AUSDRUCK Kupierte Ohren erschweren es, die Laune des Hundes abzulesen. Wenn der Anatolische Hirtenhund in Alarmbereitschaft ist, wird die hoch angesetzte Rute eingerollt über dem Rücken getragen, wenn er entspannt ist, hängt sie herunter.

Australian Shepherd

URSPRUNG Kalifornien (USA)
GRÖSSE 45–58 cm
GEWICHT 16–32 kg
AUSLAUF
FELLPFLEGE
REGISTRIERUNG FCI, KC, AKCs
FARBEN blue-merle, schwarz, rot-merle, rot, mit oder ohne Abzeichen

Der Name täuscht: Der Australian Shepherd wurde komplett in den Vereinigten Staaten entwickelt und gezüchtet und war bis vor wenigen Jahren außerhalb seiner Heimat kaum bekannt.

SCHWARZ

SCHWARZ UND WEISS

LOH UND WEISS

ROT/LOH

BLAU-LOH GESCHECKT

GESCHICHTE

Im 19. Jahrhundert benötigten kalifornische Rancher einen robusten Hütehund, der in dem heißen Klima arbeiten konnte. Unter den Schlägen, aus denen der Shepherd gezüchtet wurde, waren Hunde aus Australien, Neuseeland und dem spanischen Baskenland, die mit eingeführten Merinoschafen nach Kalifornien gelangt waren. Außer als Hütehund bewährt sich der Australian Shepherd auch als Such- und Rettungshund sowie als Drogensuchhund.

EIGENSCHAFTEN

Die zähe, intelligente und fähige Rasse ist ein geselliger Familienhund, der am glücklichsten ist, wenn er seine Talente in Agility-, Obedience- oder bei anderen Gebrauchswettbewerben demonstrieren kann. Er ist nur für aktive Besitzer geeignet, die viel spazieren gehen. Wenn ihm langweilig wird, kann er sich destruktiv verhalten oder seinen Hüteinstinkt auf Familienmitglieder übertragen.

Das mäßig lange, grobe Fell muss regelmäßig geburstet werden. Die Hunde haben wenig gesundheitliche Beschwerden. Wie bei anderen Rassen trägt das Merle-Gen das Risiko von Gehör- und Sehfehlern in sich, und die Kreuzung von zwei Hunden mit Stummelrute kann bei den Nachkommen zu Rückenproblemen führen. Einige Linien sind besonders anfällig für Hüftdysplasie.

FELLFARBEN Bei Hunden mit weißen Abzeichen im Fell sollte das Haar um die Ohren und Augen farbig sein. Weißes Haar an diesen Stellen deutet auf Seh- und Gehörfehler hin.

VOLLES HAARKLEID Das Fell ist von mittlerer Länge und recht üppig, mit Kragen und befederten Läufen. Die meisten Hunde haben von Natur aus eine Stummelrute; Hunde mit Rute wurden früher traditionell kupiert.

Bearded Collie

URSPRUNG Großbritannien
GRÖSSE 50–56 cm
GEWICHT 18–30 kg
AUSLAUF
FELLPFLEGE
REGISTRIERUNG FCI, KC, AKCs
FARBEN grau, schwarz, falb, braun, einheitlich oder mit weißen Abzeichen

Ein langes Haarkleid und ein sanfter Gesichtsausdruck lassen diesen Hund aussehen wie ein riesiges Stofftier, und in der Tat ist er ein sanftmütiger, verlässlicher Gefährte.

SCHWARZ · CREME · GRAU · DUNKELBRAUN · SCHWARZ UND WEISS

GESCHICHTE

Angeblich soll ein polnischer Schiffskapitän im frühen 16. Jahrhundert drei seiner Schäferhunde bei einem schottischen Schäfer gegen einen Schafbock und ein Mutterschaf eingetauscht haben. Als sich diese Hunde mit lokalen Hütehunden paarten, war der Bearded Collie geboren. Möglicherweise gab es früher zwei Größen: einen kleineren, leichteren Hund zum Treiben und Hüten in den Highlands und einen größeren, schwereren für die Arbeit in den Lowlands. Sie waren über Jahrhunderte wertvolle Gebrauchshunde, die auch Highland Collies genannt wurden. Bearded-Collie-Blut fließt vermutlich auch im Old English Sheepdog.

Zwar tauchte der Bearded Collie um 1900 auch auf Hundeschauen auf, doch verschwand die Rasse danach fast völlig. Nach dem Zweiten Weltkrieg begann eine Wiederbelebung der Rasse, und in den 1960er-Jahren wurde sie erneut anerkannt. Allerdings ist sie auch heute noch relativ selten.

EIGENSCHAFTEN

Das lange, pflegeintensive Fell ist keine modische Erscheinung;

WANDEL Das Fell nimmt über die Jahre verschiedene Schattierungen an. Aus Schwarz, Blau-Grau, Braun oder Falbfarben bei der Geburt wird ein helleres Grau oder Creme, wenn der Hund etwa ein Jahr alt ist. Beim ausgewachsenen Hund dunkelt es in der Regel nach.

FREUNDLICHES GESICHT Der Kopf ist breit mit einem kurzen Fang und weit auseinanderliegenden Augen. Das zottige Fell ist sogar unter dem Kinn lang und bildet einen Bart, was der Rasse ihren Namen gab.

Was ist ein Collie?

Bei dem Namen Collie denken die meisten an eine bestimmte Rasse, nämlich an den Rough Collie, wie der Filmhund „Lassie" einer war. Doch wird damit eine ganze Gruppe von Hütehundrassen bezeichnet. Wahrscheinlich leitet sich der Name vom alten schottischen Wort *col* ab, was „schwarz" bedeutet und sich sowohl auf die Fellfarbe der Hunde als auch auf die Schafe mit ihrem schwarzen Gesicht beziehen kann.

unter dem wasserfesten Deckhaar liegt eine isolierende Unterwolle. Ein Beardie-Besitzer sollte in jedem Fall willens sein, auch bei Wind und Wetter nach draußen zu gehen, denn der Beardie braucht sehr viel Bewegung. Er ist ein begeisterter Springer, hat eine scheinbar unbändige Energie und braucht Zugang zu einem großen Außengelände.

Die Rasse ist auch bekannt für ihre fröhliche, begeisterte und humorvolle Persönlichkeit mit immer freundlich wedelnder Rute. Der Bearded Collie blüht auf in menschlicher Gesellschaft und ist ein hervorragender Familienhund. Trotz seiner lauten Stimme ist er kein guter Wachhund. Er ist intelligent und manchmal etwas eigenwillig. Er liebt Field-, Obedience- und Agility-Trials oder einfach die Ausführung von Kunststücken. Die gesunde Rasse ist allenfalls anfällig für Hüftdysplasie und wird etwa zwölf Jahre alt.

GUT VERSTECKT Die Behänge sind hoch angesetzt und eng am Kopf anliegend und bilden eine glatte Linie, sodass sie bei einem gut gebürsteten Hund kaum zu erkennen sind.

Belgischer Schäferhund

URSPRUNG Belgien
GRÖSSE 56–66 cm
GEWICHT 20–30 kg
AUSLAUF
FELLPFLEGE
REGISTRIERUNG FCI, KC, AKCs
FARBEN falb mit Maske oder schwarzer Wolkung, schwarz

In Europa wird der Belgische Schäferhund, auch Chien de Berger Belge genannt, in vier Varietäten eingeteilt: Groenendael, Malinois, Tervueren und Lakenois.

SCHWARZ

CREME

ROT/LOH

SCHWARZ UND LOH

GESCHICHTE

Auf der ganzen Welt entwickelten sich die meisten Hütehundrassen ohne planvolle Züchtung aus lokalen Varietäten, nicht zuletzt auch deshalb, weil sie bäuerliche Nutztiere waren und nicht die edlen Hunde des Adels. Ende des 19. Jahrhunderts allerdings begannen belgische Züchter, eine Reihe von Idealtypen zu entwickeln, die auf nationaler Ebene anerkannt werden konnten. 1891 organisierte Professor Adolphe Reul von der tiermedizinischen Fakultät Cureghem die Zusammenkunft von 117 Vertretern der verschiedenen Hütehunde aus dem ganzen Land. Die besten wurden ausgewählt, und der neu gegründete Verein für Belgische Schäferhunde begann die Zucht mit wenigen Deckrüden, um einen Rassestandard mit drei Fellvarietäten zu erreichen; eine vierte wurde 1897 anerkannt. Die Fellfarbe und -art sind eine viel diskutierte Frage, aber der Typ war immer relativ festgelegt.

EIGENSCHAFTEN

Alle Typen des Belgischen Schäferhundes sind gut trainierbare, ver-

MALINOIS Bei dieser Varietät ist das Haarkleid kurz. An Hals und Rute ist es etwas üppiger. Die Hinterseite der Schenkel weist eine leichte Befederung auf. Das Fell ist falbfarben mit schwarzer Maske und Wolkung.

LAKENOIS Diese Varietät hat ein raues, trockenes, leicht gewelltes Fell. Die Rute darf keine Fahne bilden. Das Haarkleid ist falbfarben und an Fang und Rute schwarz gewolkt.

lässliche Naturen, die auch gute Wachhunde abgeben, solange sie nicht allzu oft allein gelassen werden. Häufig arbeiten sie als Polizeihunde, der Tervueren auch als Drogensuchhund. Sie sind überraschend gute Wohnungshunde, da sie im Haus relativ inaktiv sind. Aktivitäten im Freien dürfen aber nicht vernachlässigt werden. Wie alle Gebrauchshunde freuen sich aber auch diese Schäferhunde über eine interessante Beschäftigung, besonders der Tervueren, der als der aktivste gilt.

Von allen vieren ist der Groenendael der beliebteste, gefolgt vom Tervueren. Diese beiden gelten allerdings als bissig, vielleicht durch die Züchtungen für den Sicherheitsbereich, und sind weniger gute Familienhunde als die beiden anderen. Der leichtere, kurzhaarige Malinois wird nicht so oft gesehen, und der Lakenois mit gewelltem Fell ist sogar eher selten. Alle sind recht gesunde Rassen; Hautallergien, Augenprobleme und Hüftdysplasie sind allerdings nicht ungewöhnlich.

TERVUEREN Die satte Falbfarbe ist schwarz gewolkt. Der Tervueren und der Malinois haben eine dunkle Maske. Folgende Bereiche müssen schwarz sein: beide Ohren, Oberlider sowie Ober- und Unterlippe.

GROENENDAEL Dieser Typ ist einheitlich schwarz. Das Fell ist lang und glatt. Um den Hals und an der Vorbrust ist es länger und bildet eine Mähne und Schürze.

Bergamasker Hirtenhund

URSPRUNG Italien
GRÖSSE 56–61 cm
GEWICHT 26–38 kg
AUSLAUF
FELLPFLEGE
REGISTRIERUNG FCI, KC, AKCs
FARBEN einheitlich grau, schwarz oder falb oder gescheckt, weiße Abzeichen erlaubt

Ähnlich wie der Briard in Frankreich erfüllte dieser Hund die Kriterien der Römer für einen guten Hütehund. Er ist furchtlos und hat sowohl die Schnelligkeit eines Windhundes als auch die Kraft eines Wachhundes.

GESCHICHTE

Dieser solide, kompakt gebaute Hund aus Norditalien stellt einen alten Typ dar, der als Herdenhüter in den Alpen entwickelt wurde. Er ist auch ein beschützender Wachhund und gutmütig im Umgang mit Kindern; Artgenossen gegenüber kann er dominant sein. Mit seinem langen Fell ist er gut an das raue Alpenklima angepasst und eignet sich nicht fürs Stadtleben.

JUGENDLICHES AUSSEHEN Das beim Welpen noch weiche Fell verfilzt mit dem Alter zu Zotteln, die über den Augen einen vor der Sonne schützenden Pony bilden.

Berger des Pyrénées

URSPRUNG Frankreich
GRÖSSE 38–55 cm
GEWICHT 8–15 kg
AUSLAUF
FELLPFLEGE
REGISTRIERUNG FCI, KC
FARBEN falb, mit oder ohne Wolkung, grau, blau-schwarz gefleckt, gestromt, schwarz

Dieses kompakte Energiebündel hat ein aufgewecktes Auftreten. Die FCI unterscheidet zwei Rassen: eine langhaarige mit geschecktem Fell und eine schlankere mit kurzhaarigem Gesicht.

SCHWARZ | CREME | GRAU | BLAU | SCHWARZ GESTROMT

KURZHAARIGES GESICHT Diese Rasse hat ein weniger wärmendes Fell als die langhaarige, doch auch sie freut sich über nicht allzu heißes Wetter.

GESCHICHTE

Die beiden Rassen, die auch als Pyrenäen-Schäferhund bekannt sind, wurden erst im frühen 20. Jahrhundert anerkannt. Das dickere Fell des Langhaars ist besser für die Arbeit im Hochgebirge geeignet. Der Typ mit kurzhaarigem Gesicht war hauptsächlich in den unteren Bergregionen als Viehtreiber zu finden. Die intelligenten, gelehrigen Tiere sind freundlich zu Kindern.

ZWEI TYPEN Früher gab es in beinahe jedem Tal einen eigenen Schäferhund-Typ mit Unterschieden in Aussehen und Fellart.

Border Collie

URSPRUNG Großbritannien
GRÖSSE 46–54 cm
GEWICHT 14–22 kg
AUSLAUF
FELLPFLEGE
REGISTRIERUNG FCI, KC, AKCs
FARBEN alle einheitlichen oder gemischten Farben, Weiß soll nie dominieren

Diese intelligente und überaus energievolle Rasse ist ein absoluter Gewinn. Für einen aktiven, aufmerksamen Besitzer ist der Border Collie ein hervorragender Begleiter.

GESCHICHTE

Einst an der Grenze (engl.: *border*) zwischen England und Schottland als Schäferhund entwickelt, ist dieser Hund auch heute noch einer der beliebtesten Hütehunde. Obwohl die Rasse seit dem 18. Jahrhundert bekannt war, erfolgte eine Anerkennung unter seinem jetzigen Namen erst 1915.

Ergebnis einer jahrhundertelangen Zucht, die eher auf Leistung als auf Aussehen ausgerichtet war, ist ein hochintelligenter, schneller und folgsamer Hund mit großer Ausdauer. Der Border Collie ist der ultimative Hund für jeden, der Agility-Trials bestreitet oder einen aktiven Fami lienhund für ältere Kinder sucht, die das Spiel mit einem munteren Gefährten lieben. Er ist ein Perfektionist, sehr gelehrig und für ein Lob zu fast allem bereit. Die einzige Schwierigkeit ist wohl, seinen unglaublichen Aktivitätsdrang zu stillen. Wenn er lange allein gelassen wird, langweilt er sich schnell und reagiert destruktiv. Weniger aktive Halter sollten also von dieser Rasse absehen.

TYPISCH COLLIE Auch wenn jede Farbe zugelassen ist und es auch eine kurzhaarige Varietät gibt, kommt der Border Collie am häufigsten mit schwarz-weißem langem, gut isolierendem Haarkleid vor. Bei Welpen ist das Fell noch viel kürzer.

Trials

Border Collies machen sich im Ausstellungsring besonders gut. Es gibt Klassen, bei denen er durch Röhren kriecht, über Hindernisse springt und Slalomstangen umtanzt sowie Obedience-Klassen und Hüte-Trials für Arbeitslinien. Für einen Collie ist das keine Pflicht, sondern genau das, wofür er lebt. Jeder, der sich einen Border Collie zulegen möchte, sollte dies bedenken.

Bouvier des Ardennes

URSPRUNG Belgien
GRÖSSE 56–64 cm
GEWICHT 18–27 kg
AUSLAUF
FELLPFLEGE
REGISTRIERUNG FCI
FARBEN alle Farben zulässig außer Weiß, häufig grau, schwarz und falb gemischt

Dieser lebhafte Gebrauchshund, auch als Ardennen-Treibhund bekannt, hat ein zerzaustes, drahtiges Fell und ist laut Standard ein „vierschrötiger Bauernhund ohne jeden Anspruch auf Eleganz".

SCHWARZ

GRAU

GESCHICHTE

Dieser Hund wurde wegen seiner Fähigkeiten gezüchtet und war jahrhundertelang als Treibhund in den Ardennen bekannt. Der Rückgang bäuerlicher Betriebe und neue Tierhaltungsformen bedeuteten fast sein Ende, doch in den 1990er-Jahren gelang es Züchtern und Viehbauern, die Rasse mit wenigen überlebenden Tieren zu stabilisieren.

ARBEITSKLEID Der traditionelle Hüter und Treiber von Kühen und Schweinen wurde Ende des 19. Jahrhunderts als großer Schäferhund mit hartem Fell beschrieben.

ZÄHE RASSE Diese kompakte, stämmige und muskulöse Rasse hat einen schweren Knochenbau und einen kräftigen Kopf. Man sieht ihr an, dass sie durch harte Arbeit, schwieriges Gelände und raues Klima geformt wurde.

Bouvier des Flandres

URSPRUNG Belgien
GRÖSSE 58–68 cm
GEWICHT 27–40 kg
AUSLAUF
FELLPFLEGE
REGISTRIERUNG FCI, KC, AKCs
FARBEN grau, gestromt oder schwarz gewolkt, schwarz

Diese Rasse wird auch als Flandrischer Treibhund oder Vlaamse Koehond bezeichnet. Durch den Ersten Weltkrieg fast dahingerafft, konnte er später gerettet werden.

CREME

GRAU

ROT/LOH

GESCHICHTE

Die Ursprünge dieser Rasse sind unklar, doch ist sie seit dem 17. Jahrhundert bekannt. Der Bouvier des Flandres wurde im Ersten Weltkrieg als Rettungs- und Botenhund eingesetzt. Heute arbeitet er als Polizei- und Führhund, ist aber auch ein beliebtes Haustier. Er ist in der Regel ruhig und freundlich zu Kindern.

STÄMMIGE RASSE Dies ist der breiteste und kräftigste Bouvier-Typ. Sein raues doppeltes Haarkleid und sein Bart müssen regelmäßig geschoren werden.

Briard

URSPRUNG Frankreich
GRÖSSE 58–69 cm
GEWICHT 34–34,5 kg
AUSLAUF
FELLPFLEGE
REGISTRIERUNG FCI, KC, AKCs
FARBEN falb, grau oder schwarz

Früher galt der Briard als „ziegenhaarige" Varietät einer anderen Hütehundrasse, des Beauceron.

CREME

GRAU

GOLD

GESCHICHTE

Der seit vielen Jahrhunderten als Schäferhund bekannte Briard könnte eine Kreuzung aus zwei anderen französischen Rassen sein: dem Beauceron und dem langhaarigen Barbet. Beide wurden, als der Briard Mitte des 19. Jahrhunderts populär wurde, verwendet, um sein Aussehen zu verbessern. Briards wurden im Ersten Weltkrieg von der französischen Armee als Boten-, Wach- und Suchhunde für Verwundete eingesetzt. Heute ist die Rasse in ihrer Heimat wie auch im Ausland nicht nur als Begleiter beliebt, sondern leistet immer noch ihre Dienste als Hütehund und kommt außerdem im Polizei- und Rettungsdienst zum Einsatz.

EIGENSCHAFTEN

Durch Zuchtbemühungen ist der Briard heute ein guter Haushund, und ein gut sozialisierter Briard ist ein ausgezeichneter Wächter und lebhafter Gefährte für ältere Kinder. Wenn er zu oft allein gelassen wird, neigt er zu dominantem und territorialem Verhalten.

NICHT ZU ÜBERSEHEN Größe und Gewicht des Briards können nicht ohne Folgen bleiben: Er kann unbeabsichtigt ohne Weiteres kleine Kinder umstoßen und ist anfällig für Hüftdysplasie.

AKTIVER TYP Auch wenn er im Haus nicht besonders aktiv ist, braucht der Briard doch viel und abwechslungsreiche Bewegung im Freien, damit er geistig und körperlich fit bleibt.

Catahoula Leopard Dog

URSPRUNG USA
GRÖSSE 50–66 cm
GEWICHT 18–45 kg
AUSLAUF
FELLPFLEGE
REGISTRIERUNG AKCs
FARBEN schwarz, loh, braun, blau und red-merle, gelb, weiß, gescheckt/gestromt

Diese seltene Rasse ist nach dem Catahoula-Seen- und Sumpfgebiet in Louisiana benannt. Der Name Catahoula bedeutet so viel wie „blaues klares Wasser".

BLAU

SCHWARZ UND LOH

BLAUE AUGEN Dieser blue-merle-farbige Hund hat blaue Augen. Wie bei anderen Rassen ist diese Farbe ein Hinweis auf Gehörschäden.

AUFSCHAUEN Der Catahoula braucht einen starken, erfahrenen Besitzer, der ihm viel Aufmerksamkeit entgegenbringt und seine Aktivität fördert. Ohne konsequente Führung kann er aggressiv werden.

GESCHICHTE

Historischen Aufzeichnungen zufolge lassen sich diese Hunde auf Mastiffs und Windhunde zurückführen, die im 16. Jahrhundert von Hernando de Soto ins heutige Louisiana gebracht wurden. Archäologische Funde lassen aber auch den Schluss zu, dass es dort bereits vor 7000 Jahren domestizierte Hunde gab. Früher wurden Catahoulas in kleinen Gruppen zum Einkreisen von Schweinen und Rindern eingesetzt. Heute ist die Rasse selten, doch von einigen engagierten Züchtern werden Schauen sowie Obedience-, Treeing- und Hüte-Trials organisiert.

EIGENSCHAFTEN

Der „Cat" ist keine bequeme Haushundrasse für eine städtische Umgebung oder für eine Familie. Er ist intelligent, aber eigensinnig und im Grunde seines Herzens ein Gebrauchshund, der am glücklichsten ist, wenn er sich auf einer weiten, sicheren Fläche frei bewegen kann.

Katalanischer Schäferhund

URSPRUNG Spanien
GRÖSSE 45–55 cm
GEWICHT 17,5–19 kg
AUSLAUF
FELLPFLEGE
REGISTRIERUNG FCI
FARBEN falb, rotbraun, grau, schwarz und weiß gemischt

Dieser lebhafte Hund stammt aus dem Nordosten Kataloniens. Dort wird er Gos d'Atura Català genannt, im restlichen Spanien Perro de Pastor Catalàn.

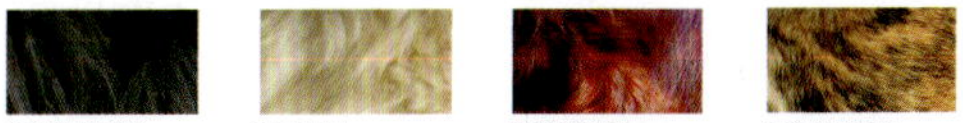

SCHWARZ | CREME | ROT/LOH | SCHWARZ GESTROMT

GESCHICHTE

Dieser Hund wurde zum Hüten und Bewachen von Schafherden in den Pyrenäen entwickelt und verbreitete sich im 18. Jahrhundert in ganz Katalonien. International ist er weitgehend unbekannt. Der intelligente Hund zeigt Initiative und einen unabhängigen Geist, weshalb er viel Bewegung und Beschäftigung braucht. Dies vorausgesetzt, ist er ein loyaler Familiengefährte, selbst in einer Stadtwohnung. Einige Linien neigen zu Hüftdysplasie, generell ist die Rasse jedoch gesund.

ZÄHIGKEIT Das lange, raue Haarkleid macht diese Rasse widerstandsfähig. Der Haarwechsel erfolgt in zwei Phasen: erst am vorderen Teil des Körpers, dann hinten. Der Hund sieht dann aus, als habe er zwei Fellarten.

Kaukasischer Schäferhund

URSPRUNG Russland
GRÖSSE 64–75 cm
GEWICHT 45–70 kg
AUSLAUF
FELLPFLEGE
REGISTRIERUNG FCI, KC, AKCs
FARBEN grau, rostfarbene oder erdfarbene Töne, weiß, gelb, gescheckt oder gestromt

In den Zuchtregistern wird dieser Hund unter seinem russischen Namen Kavkazskaïa Ovtcharka oder auch als Kaukasischer Owtscharka geführt.

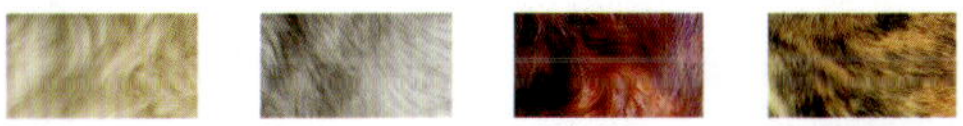

CREME | GRAU | ROT/LOH | SCHWARZ GESTROMT

GESCHICHTE

Im Kaukasus kennt man diesen robusten Hund seit 600 Jahren. Er hat eine enorme Ausdauer, ist durchsetzungsfähig und Fremden gegenüber misstrauisch. In seiner natürlichen Hüterolle fühlt er sich am wohlsten, doch langsam verabschiedet er sich von seinem Gebrauchshunde-Dasein. Ungeeignet ist er allerdings für ein Leben in der Stadt, mit anderen Tieren oder als Familienhund.

ZWEI TYPEN Der Berg-Typ ist gut bemuskelt und langhaarig, der Flachland-Typ leichter und kurzhaarig. Die Ohren wurden früher kupiert – eine Praktik, die mittlerweile in vielen Ländern verboten ist.

Zentralasiatischer Schäferhund

URSPRUNG Russland und Zentralasien
GRÖSSE 60–70 cm
GEWICHT 36–50 kg
AUSLAUF
FELLPFLEGE
REGISTRIERUNG FCI, AKCs
FARBEN weiß, schwarz, grau, graubraun, fuchsrot, strohgelb, auch getigert/gescheckt

Dieser Hund ist nominell als russische Rasse anerkannt und wird Sredneasiatskaïa Ovtcharka genannt. Seine wirkliche Heimat erstreckt sich über ein weites Gebiet in Zentralasien.

SCHWARZ | CREME | GRAU | SCHWARZ UND WEISS | SCHWARZ GESTROMT

GESCHICHTE

Diese kräftig gebauten Herdenhüter gibt es schon seit vielen Jahrhunderten. Sie sind den alten asiatischen Mastiff-Typen, deren Blut in so vielen europäischen Rassen fließt, sehr ähnlich und verwandt mit dem bekannteren Kaukasischen Schäferhund. Sie sind standhaft bei Auseinandersetzungen, wachsam und passen nicht in eine städtische Umgebung oder in eine Familie.

KÄMPFERTYP Ihr massives Gebäude verleiht diesen Hunden einen schweren, kurzen Gang. Früher wurden Ohren und Rute kupiert.

Kroatischer Schäferhund

URSPRUNG Kroatien
GRÖSSE 40–50 cm
GEWICHT 13–16 kg
AUSLAUF
FELLPFLEGE
REGISTRIERUNG FCI, KC, AKCs
FARBEN schwarz, mit oder ohne weiße Abzeichen

Der Hrvatski Ovcar, so der kroatische Rassename, ist eine natürlich entstandene Rasse und hauptsächlich in den nordöstlichen Regionen Kroatiens, an der Grenze zu Ungarn, verbreitet.

SCHWARZ | SCHWARZ UND WEISS

GESCHICHTE

Diese Rasse wurde im Jahr 1374 vom Bischof von Djakovo bei Vukovar als *Canis pastoralis croaticus* beschrieben, ein Hund mit aufrechten Ohren und einem gewellten schwarzen Fell. Seine Ahnen könnten aus Griechenland oder der Türkei gekommen sein. Die gesunde und sehr gut an ein Arbeitsleben angepasste Rasse kann destruktiv und bissig gegenüber Kindern und Fremden sein.

WELLIGES FELL Diese kleine bis mittelgroße aufgeweckte Rasse ist hauptsächlich an ihrem Haarkleid zu erkennen. An Kopf und Gliedmaßen ist es kurz, am Rumpf aber lang, weich und wellig oder lockig.

Holländischer Schäferhund

URSPRUNG Niederlande
GRÖSSE 55–63 cm
GEWICHT 29–30 kg
AUSLAUF
FELLPFLEGE
REGISTRIERUNG FCI, KC, AKCs
FARBEN mehr oder weniger ausgeprägtes Braun oder Grau gestromt

In ihrer Heimat wird diese Rasse als Hollandse Herdershond bezeichnet. Sie stammt aus Südholland und ist geografisch und genetisch mit dem Belgischen Schäferhund verwandt.

GESCHICHTE

Diese energische Rasse ist seit dem frühen 19. Jahrhundert bekannt; die Einteilung in kurz-, lang- und drahthaarige Varietäten wurde aber erst im frühen 20. Jahrhundert vorgenommen, als sie zunehmend auf Hundeschauen gezeigt wurde. Zwar wird sie als Schäferhund bezeichnet, doch wurde sie auch als Hof-, Wach- und mitunter sogar als Zughund für kleine Karren verwendet. Dieser gute Gebrauchshund wird heute im Polizei- und Sicherheitsdienst eingesetzt, ist aber auch ein loyaler Gefährte für aktive Familien. Selbst in seiner Heimat ist er jedoch relativ selten und unbekannt.

FELLTYPEN Die drei Fellvarietäten mögen ein Grund sein, weshalb diese Rasse kein eindeutiges, allgemein bekanntes Bild abgibt. Hier ist die kurzhaarige Varietät zu sehen. Alle Felltypen sind hart und wetterfest. Die Fellpflege ist relativ unkompliziert.

Entlebucher Sennenhund

URSPRUNG Schweiz
GRÖSSE 48–50 cm
GEWICHT 25–30 kg
AUSLAUF
FELLPFLEGE
REGISTRIERUNG FCI, AKCs
FARBEN trikolor

In der Schweiz gibt es vier Sennenhund-Rassen. Neben dem Entlebucher sind es der Appenzeller, der Berner und der Große Schweizer Sennenhund. Sie unterscheiden sich hauptsächlich durch ihre Größe, wobei der Entlebucher der kleinste ist.

GESCHICHTE

Die Schweizer Hofhundrassen wurden erst im 19. Jahrhundert erwähnt, sodass über ihren Ursprung nur Vermutungen angestellt werden können, doch ihrem Typ zufolge könnten sie von römischen Molossern abstammen. Diese Rasse konnte durch engagierte Züchter vor dem Aussterben bewahrt werden. Der Entlebucher Sennenhund ist gutmütig, gesund und voller Energie.

AUFFÄLLIGE RUTE Früher wurde diese Rasse aus einem Tal bei Luzern mit dem Appenzeller aus der Nordostschweiz in einen Topf geworfen. Entlebucher Sennenhunde haben aber häufig eine Stummelrute.

Finnischer Lapplandhirtenhund

URSPRUNG Finnland
GRÖSSE 43–54 cm
GEWICHT 27–30 kg
AUSLAUF
FELLPFLEGE
REGISTRIERUNG FCI, AKCs
FARBEN schwarz oder dunkelgrau oder braun, mit weißen Abzeichen

In Finnland ist diese Rasse unter dem Namen Lapinporokoira bekannt, hier wird sie außerdem auch als Lappländischer Rentierhund bezeichnet, in Anlehnung an ihre Herkunft und Aufgabe.

SCHWARZ DUNKELBRAUN GRAU LOH UND WEISS

GESCHICHTE

Hunde wie dieser wurden zum Hüten von Rentierherden eingesetzt. Im 18. Jahrhundert beschrieb der Botaniker Linnaeus die Wichtigkeit dieser Hunde, ohne die sich die Rentiere „in alle Richtungen verteilen würden“. Bis ins 20. Jahrhundert wurde die Rasse mit dem langhaarigen Finnischen Lapphund gleichgesetzt. Heute ist sie ein seltenes Relikt vergangener Zeiten und angesichts des Rückgangs von Rentierherden und des verstärkten Einsatzes von Schneemobilen zunehmend unterbeschäftigt.

Diese Hütehunde waren ihren nomadischen Besitzern, den Samen, immer auch Haushunde, und so können sie sich auch gut an ein häusliches Leben anpassen. Sie sind begeisterte Beller.

EHRGEIZIG Diese Rasse ist bekannt für ihre fügsame Natur. Sie lernt schnell, hat ein gutes Erinnerungsvermögen und möchte gefallen.

KÄLTESCHUTZ Dieser mittelgroße Spitz hat einen gestreckten Körper. Er ist gut bemuskelt und stabil gebaut, jedoch nie schwer. Mit seinem Fell aus langem, vollem hartem Deckhaar und einer feinen, dichten Unterwolle ist er gut an das eisige Klima angepasst.

Deutscher Schäferhund

URSPRUNG Deutschland
GRÖSSE 55–65 cm
GEWICHT 22–40 kg
AUSLAUF
FELLPFLEGE
REGISTRIERUNG FCI, KC, AKCs
FARBEN schwarz mit braunen, gelben bis hellgrauen Abzeichen, schwarz, grau

Diese Rasse hat in Kriegen gedient und Hollywood-Ruhm erlangt. Sie hat zwei Unterrassen hervorgebracht: den Shiloh Shepherd und den Weißen Schweizer Schäferhund.

SCHWARZ GRAU DUNKELBRAUN SCHWARZ UND LOH

VERÄNDERTES HAARKLEID Der Rassestandard hat sich über die Jahrzehnte angepasst und bevorzugt nun kleinere Hunde mit kürzerem, dunklerem Fell.

Arbeitsfeld

Der Deutsche Schäferhund wurde als Militärhund im Ersten Weltkrieg eingesetzt. Seitdem hat sich die Rasse aufgrund ihrer Intelligenz und ihrer Gelehrigkeit bewährt: ob als Polizeihund, bei der Drogensuche oder als Blindenführhund.

GESCHICHTE

Ein „wolfsähnlicher Hund aus den Rheinlanden" wurde bereits vor rund 2000 Jahren vom römischen Schriftsteller Tacitus beschrieben. Der Deutsche Schäferhund wird üblicherweise jedoch auf die 1890er-Jahre datiert und hauptsächlich Max von Stephanitz zugeschrieben. Er war der Besitzer des Gründungsrüden, unter dessen jüngeren Vorfahren sich auch ein Wolf befunden haben soll. Hunde aus Thüringen und Württemberg sorgten für die aufrechten Ohren und das wolfsähnliche Äußere.

IMMER BEREIT Die großen aufrechten Ohren und der keilförmige Schädel bewirken, dass der Hund selbst im Ruhezustand aufmerksam und auf dem Sprung zu sein scheint.

EIGENSCHAFTEN

Während europäische Hunde heute eine geradere Linie haben, sind amerikanische Hunde zur Kruppe hin abfallend. Tiere aus der ehemaligen DDR sollen dem ursprünglichen Typ am ähnlichsten sehen. Gebrauchshunde werden häufig aus osteuropäischen Linien gezüchtet. Hüftdysplasie und Verdauungsprobleme sind trotz angestrengter Zuchtbemühungen nach wie vor ein großes Problem.

DEUTSCHER SCHÄFERHUND Das Temperament dieser Welpen hängt nicht nur von einer frühen Sozialisation, sondern auch von der Zuchtlinie ab, aus der sie stammen. Um der Nachfrage zu entsprechen, ist es nicht selten zu Überzüchtungen gekommen.

Huntaway

URSPRUNG Neuseeland
GRÖSSE 50–60 cm
GEWICHT 25–36 kg
AUSLAUF
FELLPFLEGE
REGISTRIERUNG –
FARBEN alle Farben zulässig

Diese neuseeländische Rasse hat eine besondere Eigenschaft: Sie setzt bei der Hütearbeit ihre Stimme ein. In Neuseeland gibt es etwa 45 Millionen Schafe – bezogen auf die Einwohnerzahl mehr als in jedem anderen Land.

SCHWARZ

SCHWARZ GESTROMT

TEAMARBEIT Zu einer durchschnittlichen Schaf- oder Viehherde gehören fünf Huntaways. Sie arbeiten bis zu anderthalb Kilometer vom Schäfer entfernt und werden durch Pfiffe und Handsignale gelenkt.

GESCHICHTE

Die meisten Schäferhunde, die aus Europa nach Neuseeland gelangten, waren traditionell stille Herdenhüter, doch gelegentlich gab es Hunde, die auch ihre Stimme einsetzten. Diese Eigenschaft faszinierte die Schäfer, sodass sie im frühen 20. Jahrhundert diese lautfreudigen Hunde zu selektieren begannen. Schwarze Labradore, Border Collies und Deutsche Schäferhunde gehören zu den Rassen, aus denen der Huntaway hervorgegangen ist. Schließlich wurden zwei Typen verwendet: jene, die die Schafe vorantrieben, und jene, die sie abfingen und zurücktrieben. Letztere wurden *header* genannt, Erstere *huntaways* – wie auch die Trials, bei denen diese Hunde brillieren.

GEBRAUCHSHUNDE Huntaways sind unterschiedlich, was ihre Fellbeschaffenheit und -farbe betrifft. Bei ihrer Zucht stehen Gesundheit und Arbeitsfähigkeit im Vordergrund.

EIGENSCHAFTEN

Diese Rasse ist außerhalb Neuseelands nur selten anzutreffen und wird gegenwärtig von keinem Zuchtverband anerkannt, selbst in ihrer Heimat nicht. Huntaways sind in der Regel zu laut, um gute Haustiere zu sein, und langweilen sich schnell, wenn sie beschäftigungslos sind.

Islandhund

URSPRUNG Island
GRÖSSE 31–41 cm
GEWICHT 24–26 kg
AUSLAUF 
FELLPFLEGE 
REGISTRIERUNG FCI, AKCs
FARBEN weiß mit lohfarbenen Schattierungen, schokoladenbraun, grau, schwarz

Dieser muntere kleine Spitz ist die einzige anerkannte Rasse aus Island. Er wird wahlweise auch als Islandspitz, Islandsk Farehond und auf Isländisch Islenkur Fjárhundur bezeichnet.

LEBERFARBEN

SCHWARZ UND WEISS

LOH UND WEISS

GESCHICHTE

Die Ahnen dieser Rasse, die noch stark dem Norwegischen Buhund glichen, gelangten vor über tausend Jahren mit den Wikingern nach Island. Rasch wurden diese Hunde für die Bauern in ihrem Überlebenskampf unter den harten klimatischen Bedingungen unverzichtbar. In einer Schrift aus dem Jahr 1650 findet sich die Anmerkung, dass „ein fuchsartiger Hund" aus Island gelegentlich auf die Britischen Inseln ausgeführt wurde und bei britischen Schäfern sehr beliebt war. Im späten 19. Jahrhundert gab es wegen der Staupe jedoch drastische Einfuhrbeschränkungen, und ausländische Hunde wurden verboten. Die Rasse stand im späten 20. Jahrhundert kurz vor dem Ende. Heute haben sich die Bestände stabilisiert, doch bleibt die Rasse nach wie vor selten.

GUT ANGEPASST Es gibt zwei Felltypen: langhaarig und kurzhaarig. Beide sind extrem dick und wetterfest. Doppelte Afterklauen an den Hinterläufen werden vom Standard als wünschenswert beschrieben.

HARTER ARBEITER Zuchtkriterien für diese Rasse sind in erster Linie Agilität und Beharrlichkeit. Der Islandhund hat ein selbstbewusstes Auftreten und kann Viehherden allein hüten. Oft setzt er dazu auch seine Stimme ein und ist deshalb zu laut für ein Stadtleben.

Karst-Schäferhund

URSPRUNG Slowenien
GRÖSSE 54–65 cm
GEWICHT 25–42 kg
AUSLAUF
FELLPFLEGE
REGISTRIERUNG FCI
FARBEN grau oder sand mit dunkler Maske, grau, sand am Kopf

Die als Krasky Ovcar registrierte Rasse wird auch Istrianer Schäferhund genannt. Sie stammt aus dem Karstgebirge im Südwesten Sloweniens.

GESCHICHTE

Dieser Herdenhüter stammt von asiatischen Mastiffs ab. Der Typ und sein Standard wurden offiziell im 20. Jahrhundert als Illyrischer Schäferhund anerkannt. 1968 allerdings wurden die unter diesem Namen zusammengefassten Varietäten getrennt und mit dem Karst-Schäferhund und dem Sarplaninac als zwei verschiedene historische Rassen anerkannt. Der Karst-Schäferhund hat in den letzten Jahren eine Art Renaissance erlebt und ist heute gelegentlich auf europäischen Hundeschauen zu sehen. Er ist äußerst misstrauisch gegenüber allem Fremden. Seine starke Neigung, sein Heim gegen Eindringlinge zu verteidigen, schließt ihn als idealen Familien- und Stadthund aus.

STOLZ Diese Hunde sind harmonisch und robust gebaut und haben eine stolze Haltung. Ihr Gangwerk ist ausgewogen, doch ihr Galopp mit langen Sprüngen nicht ganz rund.

Komondor

URSPRUNG Ungarn
GRÖSSE 65–90 cm
GEWICHT 40–60 kg
AUSLAUF
FELLPFLEGE
REGISTRIERUNG FCI, KC, AKCs
FARBEN elfenbeinfarben

Der Komondor ist die größte ungarische Hütehundrasse und vielleicht wegen seines Äußeren auch die bekannteste. Des Weiteren ist er neben dem Puli der einzige ungarische Hütehund, der von allen großen Zuchtorganisationen anerkannt ist.

GESCHICHTE

Der Komondor ist eine alteingesessene Rasse und stammt von asiatischen Mastiffs ab. Er ist groß und kräftig gebaut und hat ein würdevolles Auftreten. Das Fell ist zottig und neigt zur Bildung von langen, dicken Schnüren. Es benötigt regelmäßige Pflege, damit die Schnüre keine großen Matten bilden. Er fühlt sich auf dem Land wohler denn als Familienhund in der Stadt.

SONNENBLENDE Man könnte zwar glauben, dass der Pony eine Sichtbehinderung darstellt, doch tatsächlich ist er ein lichtfilternder Schutzschild.

Lancashire Heeler

URSPRUNG Großbritannien
GRÖSSE 25–30 cm
GEWICHT 3–6 kg
AUSLAUF
FELLPFLEGE
REGISTRIERUNG FCI, KC, AKCs
FARBEN schwarz und loh, leberbraun und loh

Dieser Hund wird gelegentlich auch aufgrund seiner geografischen Herkunft als Ormskirk Heeler bezeichnet. Ein Heeler (von engl.: *heel* = Ferse) ist ein Hund, der das Vieh antreibt, indem er es in die Fersen zwickt.

GESCHICHTE

Bevor Vieh in Lkws transportiert wurde, gab es in Großbritannien viele Heeler-Rassen. Die meisten jedoch verschwanden im 20. Jahrhundert, darunter auch der Lancashire. Die heutige, immer noch sehr seltene Rasse ist eine Neuerschaffung aus Corgis (für den Typ) und Manchester Terriern (für die Farbe). Sie hat eher das lebhafte Temperament eines Terriers. Der muntere Begleiter und wachsame, lärmende Wächter ist jedoch nicht sonderlich gelehrig und neigt zu sehr zum Schnappen, um mit kleinen Kindern allein gelassen zu werden.

SELBSTBEWUSST Diese Rasse ist klein, aber stämmig gebaut. Sie ist eine aufgeweckte, energische Erscheinung mit hoch angesetzter Rute, die gekrümmt über dem Rücken getragen wird, und einem flotten Gang.

Maremmen-Abruzzen-Schäferhund

URSPRUNG Italien
GRÖSSE 60–73 cm
GEWICHT 30–45 kg
AUSLAUF
FELLPFLEGE
REGISTRIERUNG FCI, KC, AKCs
FARBEN weiß

Diese auf Italienisch als Cane da Pastore Maremmano Abruzzese bezeichnete Rasse stammt aus Mittelitalien und geht wohl auf kurzhaarige Schäferhunde aus der südtoskanischen Maremma und langhaarige Rassen aus den Abruzzen zurück.

GESCHICHTE

Diese Rasse gehört zu der Gruppe weißer Hütehunde, die vom ungarischen Kuvasz bis zum Pyrenäen-Schäferhund reicht. Alle stammen von asiatischen Hütehunden ab, die sich vor etwa tausend Jahren nach Westen ausbreiteten; der Maremmen-Abruzzen-Schäferhund ist ein kleinerer Vertreter dieses Typs. Zwar ist er nicht nur in Italien bekannt, doch sind die Bestände überschaubar.

Getreu seiner Schäferhund-Natur ist er unerschütterlich und aufmerksam, was ihn zu einem guten Wachhund macht, doch ist er auch ein unabhängiger Geist. Durch intensive Zuchtbemühungen konnte das eher einem Begleithund entsprechende Wesen erzielt werden.

DICKES FELL Das üppige, lange Haarkleid hat eine harte, wetterfeste Textur. Elfenbeinfarbige, zitronengelbe oder blassorange Schattierungen werden akzeptiert.

Mudi

URSPRUNG Ungarn
GRÖSSE 36–51 cm
GEWICHT 8–13 kg
AUSLAUF
FELLPFLEGE
REGISTRIERUNG FCI, AKCs
FARBEN schwarz, blue-merle, grau, falb, braun

Diese Rasse ist selbst in ihrer Heimat selten und wird von Rassen wie Puli, Komondor und Pumi übertrumpft. Der lebhafte, aber gelehrige Hund hätte aber größere Aufmerksamkeit verdient.

SCHWARZ

GRAU

GESCHICHTE

Der Mudi-Typ tauchte als Ergebnis von Kreuzungen aus ungarischen Hütehunden und deutschen Rassen wahrscheinlich bereits im 18. oder 19. Jahrhundert auf. Planvolle Züchtungen hat es bei seiner Entwicklung vermutlich nicht gegeben; er scheint sich erst im frühen 20. Jahrhundert gefestigt zu haben. Als Gebrauchshunde für die tägliche Arbeit waren alle Hüte- und Treibhunde in Ungarn bis in die 1930er-Jahre zusammen klassifiziert, bis Dr. Dezso Fenyesi den Mudi vom Puli und Pumi trennte.

SPITZ-EINSCHLAG Das spitze Gesicht und die aufrechten Ohren werden als Zeichen von relativ jungen Einkreuzungen von deutschen spitzartigen Hunden erachtet. Die leicht schräg stehenden Augen verleihen diesem Hund einen tollkühnen Ausdruck. Die Rasse hat einen kurzschrittigen Gang, der im Standard als „trippelnd" beschrieben wird.

EIGENSCHAFTEN

Der Mudi ist ein vielseitiger Landhund – lebhaft, hochintelligent und lernbegierig. Er wurde zum Hüten von Viehherden, zum Bewachen von Hof und Haus und zur Schädlingsbekämpfung eingesetzt, in Finnland auch als Rettungs- und Suchhund. Vielleicht ist er wegen seiner Charaktervielfalt als Haushund anpassungsfähiger als andere Hütehunde, auch wenn er ein leidenschaftlicher Beller ist und viel interessante Beschäftigung braucht, um körperlich und geistig in Form zu bleiben. Sein schlichtes Aussehen mag dazu beitragen, dass diese Rasse keine größere Anerkennung findet.

Norwegischer Buhund

URSPRUNG Norwegen
GRÖSSE 41–46 cm
GEWICHT 24–26 kg
AUSLAUF
FELLPFLEGE
REGISTRIERUNG FCI, KC, AKCs
FARBEN weizengelb, rot, schwarz

Dieser munter aussehende Hund wird auch Norsk Buhund genannt. Das norwegische Wort *bu* bedeutet so viel wie „Haus" oder „Hof". Als deren Bewacher wurde er in seiner Heimat auch eingesetzt, ebenso wie für die Jagd.

SCHWARZ

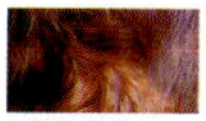
ROT/LOH

GOLD

GESCHICHTE

Buhunde sind schon seit vielen Jahrhunderten bekannt: In Wikinger-Grabstätten wurden Hundeknochen gefunden, wichtige Helfer für das Leben im Jenseits. Wann genau der heutige Typ entstand, ist jedoch ungewiss. Die erste Buhund-Ausstellung fand in den 1920er-Jahren in Jaeren statt. Das schöne, verfeinerte Aussehen hat sich wohl im Südwesten, in den Küstenregionen, entwickelt, wo nur die besten Hunde Grundstock der Rasse wurden.

Der Buhund wurde auch im Ausland populär, insbesondere, und dies mag angesichts des völlig unterschiedlichen Klimas überraschen, in Australien. Er kann sich sehr gut an heißes Klima anpassen und arbeitet als Hütehund. Er wird auch als Polizei- und Assistenzhund eingesetzt.

EIGENSCHAFTEN

Dieser fröhliche und anhängliche Hund ist eine der gelehrigsten spitzartigen Rassen. Aufgrund seiner Intelligenz ist er gelegentlich eigensinnig. Er ist ein lauter, aber nicht aggressiver Wachhund und ein ausgezeichneter Familienhund. Die Rasse ist gesund und wird häufig über zehn Jahre alt; in einigen Linien treten Augen- und Hüftprobleme auf.

TYPISCH SPITZ Diese kompakte und leicht gebaute Rasse ist ein typischer Spitz mit aufgerichteten Ohren, einem aufgeweckten Aussehen, kleinen, festen Pfoten und einer hoch angesetzten Rute, die gerollt über dem Rücken getragen wird. Das Fell ist wetterfest mit hartem, glattem Deckhaar und einer weichen Unterwolle.

Old English Sheepdog

URSPRUNG Großbritannien
GRÖSSE 56–60 cm
GEWICHT 29,5–30 kg
AUSLAUF
FELLPFLEGE
REGISTRIERUNG FCI, KC, AKCs
FARBEN grau, blau mit begrenzten weißen Abzeichen

Diese Rasse, auch als Altenglischer Schäferhund bekannt, hat ein recht zottiges Fell und eine Persönlichkeit, die ihrem knuddeligen Äußeren entspricht. Die Hunde sind loyale Gefährten.

GRAU BLAU

GESCHICHTE

Die erste selektive Zucht begann im 19. Jahrhundert. Der Old English Sheepdog stammt vermutlich von kontinentalen Rassen wie dem Briard ab. Da die Rute früher kupiert werden durfte, ist er auch als Bobtail (Stummelrute) bekannt. Ursprünglich war er ein aggressiver Hund, doch planvolle Zucht hat ihn zu einem fügsamen Familienhund gemacht. Immer noch ist er ein guter Wachhund.

ZOTTIG Diese stabil gebaute, stämmige Rasse hat ein rollendes Gangwerk. Monatliches Scheren hilft, das Fell schön zu halten.

Polnischer Niederungshütehund

URSPRUNG Polen
GRÖSSE 41–51 cm
GEWICHT 14–16 kg
AUSLAUF
FELLPFLEGE
REGISTRIERUNG FCI, KC, AKCs
FARBEN alle Farben zulässig

Die in ihrer Heimat als Polski Owczarek Nizinny bekannte muskulöse Rasse ist vermutlich ein Vorfahre des Schapendoes, des Old English Sheepdog und des Bearded Collie.

SCHWARZ CREME GRAU BLAU SCHWARZ UND WEISS

GESCHICHTE

Die Geschichte dieser Rasse reicht bis ins Mittelalter zurück. Wahrscheinlich stammt sie von asiatischen Rassen mit geschnürtem Haarkleid ab, die vor über tausend Jahren nach Westen gelangten. Die nach dem Zweiten Weltkrieg fast erloschene Rasse erfreut sich mittlerweile größerer Beliebtheit. Diese Hunde sind gute Begleiter, auch wenn sie wie fast alle Hütehunde viel Auslauf benötigen.

POLNISCHER STIL Die dicke doppelte Behaarung ist wunderschön, wenn sie gut gepflegt wird, und unansehnlich bei Vernachlässigung. Mit dem stark isolierenden Haarkleid ist dieser Hund eine echte Kalt-Wetter-Rasse, die sich bei großer Hitze nicht wohlfühlt. Der gesamte Körperbau, von der Nase bis zur Rute, ist stark, kompakt und stumpf.

Puli

URSPRUNG Ungarn
GRÖSSE 36–45 cm
GEWICHT 10–15 kg
AUSLAUF
FELLPFLEGE
REGISTRIERUNG FCI, KC, AKCs
FARBEN schwarz, schwarz mit Schattierungen, falb mit schwarzer Maske, weiß

Der lebhafte und intelligente kleine Puli, ursprünglich ein Hütehund, ist die bekannteste ungarische Rasse. Er hat den Übergang zum Familienhund erfolgreich gemeistert.

SCHWARZ CREME GOLD

GESCHNÜRTES HAARKLEID Wenn sich das Fell erst einmal zu stiftdicken Schnüren verfilzt hat, benötigt es keine tägliche Pflege mehr, sondern regelmäßiges Baden und Trocknen. Pulis können sich ganz erstaunlich an unterschiedlichstes Klima anpassen und sind begeisterte Schwimmer.

GESCHICHTE

Die Vorfahren dieser Rasse sind wohl große Viehhütehunde, die vor rund tausend Jahren mit den Magyaren nach Ungarn gelangten. Schwarze Hunde wurden bevorzugt, wahrscheinlich weil sie in der Schafherde besser zu erkennen waren. Der kleinere Puli entwickelte sich zum agilen Treiber. Heute ist der Puli ein Begleit- und Wachhund und macht sich auch gut bei Obedience-Trials.

Pumi

URSPRUNG Ungarn
GRÖSSE 33–48 cm
GEWICHT 10–15 kg
AUSLAUF
FELLPFLEGE
REGISTRIERUNG FCI, AKCs
FARBEN schwarz, Grauschattierungen, braun, weiß

Die gerollte Rute und drolligen Ohren verleihen dem Pumi sein einzigartiges Aussehen und einen aufgeweckten, lebhaften Ausdruck. Er hat sich in vielen Ländern etabliert.

SCHWARZ GRAU DUNKELBRAUN

GESCHICHTE

Erstmals wurde der Pumi 1815 schriftlich erwähnt. Vermutlich stammt er vom Puli, deutschen Spitz-Typen und Terriern ab. Das Ergebnis ist ein energischer Treibhund mit der eigenwilligen Hartnäckigkeit, die diese Arbeit erfordert. Die laute, ruhelose Rasse ist ein guter Wachhund und passt sich erstaunlicherweise auch einem Leben in der Stadt an, ist allerdings kein gemütlicher Begleithund.

DROLLIG Diese lebhafte, ausdrucksstarke Rasse zieht überall die Aufmerksamkeit auf sich.

OLD ENGLISH SHEEPDOG (siehe S. 292) Ob jung oder alt – dieser Hund kann zu Hause ein echtes Faultier sein und putzmunter, wenn er ausgeführt wird. Er ist auch als erwachsener Hund lange noch ein recht verspielter Geselle.

Ciobanesc Romanesc Carpatin

URSPRUNG Rumänien
GRÖSSE 59–73 cm
GEWICHT 36–50 kg
AUSLAUF
FELLPFLEGE
REGISTRIERUNG FCI, AKCs
FARBEN blasses Falb mit schwarzer Wolkung, mit oder ohne weiße Abzeichen

Dieser wachsame und mutige Hirtenhund aus den rumänischen Karpaten ist eine relativ junge Rasse, die bei der FCI mit zwei Varietäten anerkannt ist.

GOLD

GOLD UND WEISS

GESCHICHTE

Der Karpatentyp des Ciobanesc Romanesc entstand auf natürliche Weise in den Donau-Karpaten im südlichen Rumänien. Wie viele Hütehunde wurde er bis ins 20. Jahrhundert als Rasse übersehen. 1931 suchte das Nationale Institut für Zootechnik den repräsentativsten rumänischen Schäferhund, um ihn als nationale Rasse zu bewerben. Nach ausführlichen Studien entschied man sich für die Herdenwächter, die typisch für weite Teile Osteuropas und Nachfahren von aus Asien stammenden Hunden waren. Hütehunde aus Rucar in Arges wurden 1934 als eine „Art archaischer grauer Karpaten-Schäferhund" bezeichnet und galten als Standard dieses Typs.

Der ansonsten wenig ausführliche Standard sah im späten 20. Jahrhundert eine Reihe von Farben vor, doch Züchter arbeiteten eifrig daran, den Hund zu seinen Ursprüngen zurückzuführen. Seit 2002 existiert ein wesentlich strengerer Rassestandard, der auf der Originalbeschreibung basiert. Züchter arbeiten an der Verbesserung der Beständigkeit des Typs, indem sie nur Hunde aus der Ursprungsregion verwenden. Bislang bleibt die Rasse selten.

KARPATEN-TYP Bei dieser Rasse werden ein wolfartiger Bau und Kopf angestrebt, basierend auf der Beschreibung aus den 1930er-Jahren. Im 20. Jahrhundert entwickelte sich tendenziell ein schwererer, mastiffartiger Typ.

EIGENSCHAFTEN

Ungeachtet seiner Größe ist dieser Hund recht agil und lebhaft. Er ist ein mutiger Wächter, doch ruhig und stabil genug, um auch ein guter Haus- und Familienhund zu sein. In seiner Heimat ist er auch ein beliebter Gefährte für die Stadt geworden.

Ciobanesc Romanesc Mioritic

URSPRUNG Rumänien
GRÖSSE 65–75 cm
GEWICHT 45–65 kg
AUSLAUF
FELLPFLEGE
REGISTRIERUNG FCI, KC, AKCs
FARBEN weiß, grau, weiß und schwarz, weiß und grau

Der Mioritic, eine der beiden Varietäten des rumänischen Hirtenhundes Ciobanesc Romanesc, ist ein ruhiger, mutiger Herdenschutzhund.

GRAU

SCHWARZ UND WEISS

GESCHICHTE

Wann genau Hunde dieses Typs zum ersten Mal in Rumänien auftauchten, ist nicht bekannt. Mit größerer Sicherheit aber wurden sie von den Turkvölkern vor tausend Jahren gehalten. Die Rasse weist eine starke Ähnlichkeit mit anderen Hunden wie dem Polnischen Niederungshütehund oder dem russischen Owtscharka auf. In den zerklüfteten rumänischen Karpaten, in denen viele Wölfe, Bären und Luchse lebten, waren solche Herdenhüter von unschätzbarem Wert. So groß, bemuskelt und nie übermäßig schwer, wie wir ihn kennen, hat er sich auf natürliche Weise entwickelt.

EIGENSCHAFTEN

Das Aussehen dieser Rasse, die in ihrem Standard als „kraftvoller und mächtiger Hund" beschrieben wird, trägt bestimmt zu ihrer zunehmenden Beliebtheit in Rumänien und auch im Ausland bei. Der loyale und mutige Mioritic ist seit Jahrhunderten als Hüter und Wächter bekannt. Die Hunde sind in der Regel ruhig und ausgeglichen und können gute Begleiter und Familienhunde sein, doch die Rasse wurde zu einem effizienten Kämpfer entwickelt und bleibt Fremden gegenüber misstrauisch. Viel Auslauf und intensive Fellpflege sind Zugeständnisse, die man dieser Rasse machen muss.

FLIESSENDES HAARKLEID Der Rassestandard beschreibt diesen Hund als muskulös. Wie bei allen rumänischen Schäferhunden sind die Rüden größer und schwerer gebaut als die Hündinnen. Das Fell ist lang, dick und vom Kopf bis zur Rute fließend.

Rough Collie

URSPRUNG Großbritannien
GRÖSSE 50–60 cm
GEWICHT 18–30 kg
AUSLAUF
FELLPFLEGE
REGISTRIERUNG FCI, KC, AKCs
FARBEN sand, sand und weiß, blue-merle, trikolor

Diese Rasse, der Langhaar-Collie, ist eine der bekanntesten der Welt und sieht eigentlich zu elegant für die Hütearbeit aus, und doch hat der Collie viele seiner ursprünglichen Fähigkeiten behalten. Bekannt wurde er als Fernsehhund „Lassie".

BLAU

SCHWARZ, WEISS UND LOH

GESCHICHTE

Jahrhundertelang war der Collie ein unbedeutender schottischer Hütehund mit langhaarigen und gelegentlich kurzhaarigen Varietäten. Er war kleiner als heute und hatte ein weniger üppiges Fell und einen kürzeren Fang. Durch Barsoi-Blut erhielt die Rasse einen größeren, schlankeren Bau und ein aristokratisches Gesicht.

EIGENSCHAFTEN

Die Rasse ist intelligent genug für Rettungs- und Führarbeiten, eignet sich aber auch als Familienhund; nur selten gibt es bissige Exemplare. Man sollte einen Welpen nur von einem renommierten Züchter kaufen, nachdem Augen und Hüften untersucht worden sind.

COLLIE-FELL Der Rough Collie ist ein aktiver Hund, der viel freien Auslauf braucht, doch weit zeitraubender ist die Pflege seines Fells. Tägliches Bürsten ist notwendig. In Europa sind der kurzhaarige und der langhaarige Collie als unterschiedliche Rassen anerkannt, in Nordamerika als eine Rasse mit zwei Varietäten.

Sarplaninac

URSPRUNG Serbien/Mazedonien
GRÖSSE 56–60 cm
GEWICHT 25–36 kg
AUSLAUF
FELLPFLEGE
REGISTRIERUNG FCI, AKCs
FARBEN schwarz, grau, loh oder weiß, einheitlich oder gemischt

Im Standard der FCI wird diese Rasse auch als Jugoslovenski Ovcarski Pas oder Jugoslawischer Hirtenhund bezeichnet, in anderen Standards auch als Illyrischer Schäferhund.

SCHWARZ | GRAU | ROT/LOH | SCHWARZ, WEISS UND LOH

GESCHICHTE

Diese Rasse hat ihren Namen von den Sar-Planina-Bergen. Vermutlich ist sie älter als der Karst-Schäferhund. Während der Balkankriege haben die Bestände dieser Rasse in ihrer Heimat große Verluste erlitten. Doch konnte sie sich auch in Nordamerika etablieren, wo die Tiere als Hüte- und Wachhunde geschätzt werden. Der Sarplaninac ist ein zuverlässiger Gebrauchshund, aber nicht als Stadt- oder Familienhund geeignet.

FREILUFTTYP Durch ihr dickes, isolierendes Fell und den stämmigen Molosser-Typ ist diese Rasse gut für ein Leben im Freien geeignet. Der Sarplaninac ist ein aufmerksamer Wächter, der jedem Eindringling nachspürt und ihn ohne Rücksicht auf Verluste stellt.

Schapendoes

URSPRUNG Niederlande
GRÖSSE 40–50 cm
GEWICHT 14,5–15,5 kg
AUSLAUF
FELLPFLEGE
REGISTRIERUNG FCI
FARBEN alle Farben zulässig

Die offiziell als Nederlandse Schapendoes bezeichnete Rasse ist ein leicht gebauter Hund voller Energie und Esprit. Der ursprüngliche Hütehund wird heute fast ausschließlich als Begleithund gehalten.

SCHWARZ

GRAU

BLAU

SCHWARZ UND WEISS

GESCHICHTE

Über die Entstehung dieser Rasse gibt es keine Aufzeichnungen, doch Hütehunde waren zu Beginn des 20. Jahrhunderts überall zu finden, wo es auf den flachen Weiden der Niederlande Schafe oder Rinder gab. Vermutlich ist der Schapendoes verwandt mit dem heute ausgestorbenen Deutschen Schafpudel und anderen Langhaarrassen wie dem Briard, dem Polnischen Niederungshütehund, dem Bergamasker und dem Old English Sheepdog.

Während des Zweiten Weltkriegs sammelte der holländische Züchter P. M. C. Toepoel alle verbliebenen Exemplare des aussterbenden Typs. Nach dem Krieg wurde ein Zuchtverein gegründet und ein Stammbuch angelegt. 1971 waren die Bestände stabil und gesund genug, um endgültig als Rasse anerkannt zu werden.

EIGENSCHAFTEN

Der Rassestandard beschreibt diesen Hund als „fröhlich" mit einer optimistischen Persönlichkeit, die aus ihm einen ausgezeichneten Familienhund macht, der freundlich zu Kindern und anderen Hunden ist. Wie alle Hütehundrassen braucht auch er ein ordentliches Tagespensum an interessanten Aktivitäten, damit er glücklich bleibt. Er rennt mit großer Ausdauer, ist ein bemerkenswerter Springer und überwindet Hindernisse ohne Probleme. Das lange Fell kann nur durch tägliche Pflege in gutem Zustand gehalten werden.

TÄUSCHENDER EINDRUCK Wenig Hund, viel Fell: Das zottige Fell lässt den Schapendoes größer und vor allem breiter aussehen, als er tatsächlich ist. Deshalb erscheinen seine unermüdliche Schnelligkeit und Agilität verwunderlich.

Shetland Sheepdog

URSPRUNG Großbritannien
GRÖSSE 35–37 cm
GEWICHT 6–7 kg
AUSLAUF
FELLPFLEGE
REGISTRIERUNG FCI, KC, AKCs
FARBEN sand, schwarz und weiß, schwarz und loh, trikolor, blue-merle

Der kurz „Sheltie" genannte Hund ist sowohl in seiner Heimat als auch in Übersee eine beliebte Rasse. Er sieht aus wie ein kleiner proportionierter Langhaar-Collie.

SCHWARZ | SCHWARZ UND WEISS | SCHWARZ UND LOH | SCHWARZ, WEISS UND LOH

GESCHICHTE

Dieser Schäferhund ist ein wahrer Zwerg, nicht nur wegen der kurzen Läufe. Die Ähnlichkeiten zum Rough Collie legen die Vermutung nahe, dass die Rasse von Collies abstammt, die mit kleineren Hunden gekreuzt wurden. Der Sheltie entwickelte sich im 18. Jahrhundert und wurde zum Einkreisen und Hüten der Shetland-Schafe eingesetzt. Bis ins 20. Jahrhundert, als er offiziell anerkannt wurde, war er ausschließlich ein Hütehund. Er gelangte von den Shetland-Inseln nach Schottland und darüber hinaus und wurde in den USA nur zwei Jahre später anerkannt als in seiner Heimat.

EIGENSCHAFTEN

Dieser liebenswürdige Begleiter ist freundlich zu Kindern und Artgenossen und ein guter Hund für die Stadt. Hinter dem schönen Aussehen verbirgt sich ein mutiger und neugieriger Geist. Dieser hochgelehrige Hund kann hüten, treiben und bewachen und gehört zu den besten Hunderassen für Obedience-Trials. Im Haus braucht er abwechslungsreiche Aktivitäten, damit er sich nicht langweilt und destruktiv wird. Generell ist er von guter Gesundheit. Welpen sollten nur nach einer Augenuntersuchung von einem renommierten Züchter gekauft werden.

FELLPFLEGE Regelmäßiges Bürsten ist wichtig: Das Fell sollte vor dem Bürsten etwas angefeuchtet werden. Die dichte, gut isolierende Unterwolle wird zweimal im Jahr abgeworfen, und während dieser Phase ist häufiges Bürsten noch wichtiger.

Shiloh Shepherd Dog

URSPRUNG USA
GRÖSSE 70–80 cm
GEWICHT 36–59 kg
AUSLAUF
FELLPFLEGE
REGISTRIERUNG –
FARBEN schwarz oder dunkel gewolkt und Schattierungen, einheitlich/gescheckt, weiß

Dieser Nachfahre des Deutschen Schäferhundes wurde entwickelt, um zu den wolfsähnlichen Wurzeln der Rasse zurückzukehren. Auch in seiner Heimat USA ist er sehr selten.

SCHWARZ CREME DUNKELBRAUN

GESCHICHTE

In den 1970er-Jahren begann Tina Barber mit der Zucht von Hunden, die dem frühesten Standard entsprachen: groß, dunkeläugig, intelligent, gesund und ausgeglichen. 1990 hatten sie und ihre Züchterkollegen einen eigenen Standard entwickelt und die Hunde nach ihrem Zwinger benannt. Seit dieser Zeit gab es diverse Aufspaltungen und konkurrierende Verbände, wohl auch weil die Hunde lukrative Ableger einer überaus beliebten Rasse sind. Barbers Anforderungen an einen Shiloh Shepherd sind sehr streng und würden durch die Registrierung in größeren Verbänden nur aufgeweicht. Käufer sollten sich gründlich über den Zwinger informieren.

WOLFSÄHNLICHE ZÜGE Die Abstammung des Deutschen Schäferhundes ist vage, allerdings scheinen Wolfshybriden unter den Vorfahren zu sein.

Slowakischer Tschuvatsch

URSPRUNG Slowakei
GRÖSSE 55–70 cm
GEWICHT 30–45 kg
AUSLAUF
FELLPFLEGE
REGISTRIERUNG FCI
FARBEN weiß

Dieser typische Berghund aus der Tatra wird in seiner Heimat Slovenský Čuvat genannt. Sein Name leitet sich vom slowakischen Verb *čuvat* (hören) ab – ein Hinweis auf seine wachsame Natur.

ROBUSTER KERL Der starke Knochenbau und das dicke weiße Fell sind besonders wichtig angesichts der unwirtlichen Bedingungen in der Hohen Tatra. Sie verleihen dem Hund eine beeindruckende Erscheinung, die in vielerlei Hinsicht der des ungarischen Kuvasz ähnelt.

GESCHICHTE

Diese lebhafte, zähe und furchtlose Rasse dient in ihrer Heimat mindestens seit dem 17. Jahrhundert als Wach-, Führ-, Hüte- und Treibhund und war ein wichtiges Element der Landwirtschaft in der Tatra. Nach dem Zweiten Weltkrieg war die Rasse fast erloschen. Sie eignet sich immer noch gut als Gebrauchshund, für eine Familie oder die Stadt ist sie aber nicht zu empfehlen.

Smooth Collie

URSPRUNG Großbritannien
GRÖSSE 50–60 cm
GEWICHT 18–30 kg
AUSLAUF
FELLPFLEGE
REGISTRIERUNG FCI, KC, AKCs
FARBEN sand, sand mit weiß, blue-merle, trikolor

Der Smooth Collie – oder Kurzhaar-Collie – wurde früher als Varietät des Rough Collie betrachtet. In Europa hingegen gelten sie heute als zwei eigenständige Rassen.

CREME

BLAU

SCHWARZ, WEISS UND LOH

GESCHICHTE

Als der Langhaar-Collie in den 1860er-Jahren einen größeren Bekanntheitsgrad erlangte, gab es in den Würfen gelegentlich auch kurzhaarige Welpen. Ein solcher wurde auch 1873 geboren: ein kurzhaariger dreifarbiger Rüde namens „Trefoil", mit dem sich die kurz- und langhaarigen Zuchtlinien voneinander entfernten und der als der Stammvater der heutigen Smooth Collies angesehen wird, auch wenn es bei allen kurzhaarigen Schlägen immer wieder langhaarige Welpen gibt.

EIGENSCHAFTEN

Kurzhaar-Collies zeigen dieselbe Loyalität, Intelligenz und Kraft wie ihre langhaarigen Verwandten. So wie die Zuchtlinien entwickelten sich auch einige Aspekte in ihrer Persönlichkeit auseinander: Sie sind tendenziell schüchterner und die bissigeren Tiere. Die Zuchtzahlen sind nicht so hoch wie beim langhaarigen Typ, doch ist es auch hier ratsam, nur untersuchte Welpen zu kaufen.

HISTORISCH Frühe Ausstellungslinien wurden mit Barsois gekreuzt und entfernten sich so von den reinen Arbeitslinien. Seit dieser Zeit ist der kurzhaarige Collie seinem Aussehen aus dem 19. Jahrhundert relativ treu geblieben, während das Fell des Langhaar-Collies immer üppiger wurde.

Südrussischer Owtscharka

URSPRUNG Russland
GRÖSSE 63–90 cm
GEWICHT 50–75 kg
AUSLAUF
FELLPFLEGE
REGISTRIERUNG FCI, KC, AKCs
FARBEN weiß, weiß mit gelb, strohgelb, grau, weiß und grau, grau getupft

Diese Rasse, die in ihrer Heimat Ioujnorousskaïa-Ovtcharka genannt wird, ist sehr eigenständig und entschlossen und war jahrhundertelang als Schäfer- und Wachhund beliebt.

GESCHICHTE

Einige glauben, dass diese Rasse von bärtigen Hunden aus vorgeschichtlichen Zeiten abstammt. Möglicherweise sind aber auch europäische Hütehunde, die im 18. Jahrhundert zusammen mit Merinoschafen eingeführt wurden, mit Windhunden und tatarischen Schäferhunden gekreuzt worden, ähnlich dem Kaukasischen Schäferhund, um besser mit größeren Raubtieren fertig zu werden.

NAH AM URSPRUNG Andere zottige Hüterassen aus Westeuropa wurden über Jahrzehnte hinweg auf ein ruhigeres Gemüt hin gezüchtet. Der Südrussische Owtscharka sieht ihnen sehr ähnlich, doch hat er seinen Charakter bewahrt: Er ist hartnäckig, misstrauisch, territorial und sehr aktiv.

Schwedischer Lapphund

URSPRUNG Schweden
GRÖSSE 45–51 cm
GEWICHT 19,5–20,5 kg
AUSLAUF
FELLPFLEGE
REGISTRIERUNG FCI, KC
FARBEN schwarz, braun, mit kleinen weißen Abzeichen

Dieser lebhafte, fröhliche und intelligente kleine Hund ist in seiner Heimat als Svensk Lapphund bekannt. Er wird auch Lappenspitz genannt.

SCHWARZ DUNKELBRAUN

GESCHICHTE

Diese Rasse ist schon seit Jahrhunderten als Gebrauchshund bei den Lappen (Samen) bekannt. Der Schwedische Lapphund wurde zum Hüten und Treiben von Rentierherden im Norden Schwedens eingesetzt. Die veränderten Lebensgewohnheiten der Samen bedeuteten beinahe das Ende dieser Rasse, doch konnte sie in den 1960er-Jahren wiederbelebt werden.

WETTERFEST Dieser meist schwarzhaarige Spitz-Typ ist am liebsten draußen und hat wie alle nordischen Rassen ein wetterresistentes Haarkleid.

Schwedischer Vallhund

URSPRUNG Schweden
GRÖSSE 30–35 cm
GEWICHT 11–15 kg
AUSLAUF
FELLPFLEGE
REGISTRIERUNG FCI, KC, AKCs
FARBEN grau und braun, dunkel gewolkt mit hellen oder weißen Abzeichen

Diese Rasse wird nach ihrer Herkunft aus Südwestschweden auch Västgötaspets genannt. Hierzulande ist sie außerdem als Schwedischer Schäferspitz oder Westgotenspitz bekannt.

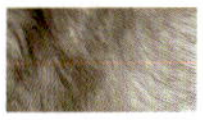
GRAU

DUNKELBRAUN

LOH UND WEISS

SCHWARZ UND LOH

GESCHICHTE

Diese Rasse reicht bis ins Mittelalter zurück und ist vermutlich mit dem Corgi verwandt, wenngleich nicht sicher ist, welche Rasse die ältere ist. Diese kleinen Treibhunde könnten beide letztendlich auch vom niederläufigen kontinentaleuropäischen Basset abstammen. Wie andere Treibhunde wurden sie mit dem Aufkommen von motorisierten Viehtransporten zunehmend überflüssig, und nach dem Zweiten Weltkrieg waren die Bestände bedenklich gering. Zwei Züchtern ist es zu verdanken, dass die Rasse noch existiert.

EIGENSCHAFTEN

Treibhunde wurden gezüchtet, um in der Herde hin- und herzulaufen, die Tiere in die Fersen zu zwicken und möglichen Tritten schnell auszuweichen. Diese Hunde sind schnelle, hartnäckige, flinke und entschlossene Wesen. Der Schwedische Vallhund ist nicht als Stadthund geeignet.

PERSÖNLICHKEIT Der Schwedische Vallhund gehört zu jenen Rassen, in deren kleinem Körper der Charakter eines großen Hundes steckt.

Tatra-Schäferhund

URSPRUNG Polen
GRÖSSE 60–80 cm
GEWICHT 36–59 kg
AUSLAUF
FELLPFLEGE
REGISTRIERUNG FCI, AKCs
FARBEN weiß

Die in ihrer Heimat als Polski Owczarek Podhalanski bekannte Rasse ist der Berg-Verwandte des Polnischen Niederungshütehundes, jedoch größer, muskulöser und besser ausgestattet, um es mit den Raubtieren im Gebirge aufnehmen zu können.

GESCHICHTE

Diese seit dem Mittelalter bekannte Rasse ist typisch für einen weißfelligen Hütehund aus Osteuropa. Der Anatolische Hirtenhund weiter im Süden ist vom selben Typ. Sie alle stammen von asiatischen Mastiffs ab, die vor über tausend Jahren nach Europa gelangten.

Im 20. Jahrhundert sank die Zahl dieser Hunde so stark, dass ihr Bestand nach dem Zweiten Weltkrieg gefährdet war. Durch die Bemühungen des polnischen Zuchtverbandes konnte die Rasse gerettet werden; außerhalb Polens bleibt sie jedoch selten.

EIGENSCHAFTEN

Diese zähe Rasse ist am glücklichsten bei der Arbeit im Freien. Der Tatra-Schäferhund ist ein ausgezeichneter Wachhund, der sein Territorium verteidigt. Deshalb ist er aber unbrauchbar für ein Leben in der Stadt. Mit älteren Kindern kommt er gut zurecht, ist aber kein Familienhund und braucht eine starke Führung, bei der er ein konsequentes Training erhält.

FELLPFLEGE Diese aktive und agile Rasse liebt Bewegung und braucht viel Auslauf. Glücklicherweise lässt sich Schmutz relativ einfach aus dem Fell lösen, wenn es täglich gepflegt wird. Die isolierende Unterwolle wird zweimal im Jahr reichlich abgeworfen, was zusätzliche Pflege erfordert. Hunde, die im Haus gehalten werden, werfen ständig Haare ab.

Tornjak

URSPRUNG Kroatien und Bosnien
GRÖSSE 60–70 cm
GEWICHT 37–50 kg
AUSLAUF
FELLPFLEGE
REGISTRIERUNG FCI
FARBEN weiß mit schwarz, trikolor

Seit dem Balkankrieg beanspruchen zwei jugoslawische Ex-Republiken das Patronat für diese Rasse, die wahlweise Bosnisch-herzegowinischer oder Kroatischer Schäferhund genannt wird.

SCHWARZ UND WEISS

SCHWARZ, WEISS UND LOH

GESCHICHTE

Berghunde wie dieser wurden schon im 11. Jahrhundert beschrieben und stammen vermutlich von asiatischen Mastiff-Typen ab. Gelehrte nannten ihn *Canis montanus* (Berghund), von den Einheimischen wurde er Tornjak genannt, abgeleitet von *tor* für „Schutzgatter“. Mit ihrem langen, dichten Fell und dem robusten Gebäude sind diese Hunde perfekt darauf ausgerichtet, Viehherden auf Hochweiden zu hüten und zu beschützen, wo sie über Jahrhunderte unverändert lebten. Der Tornjak ist am häufigsten in Südosteuropa anzutreffen. Bis vor Kurzem kaum wahrgenommen, erhielt er 2007 von der FCI einen neuen Standard, nach dem er zu den vorläufig aufgenommenen Rassen zählt.

EIGENSCHAFTEN

Die ruhigen und würdevollen Hunde sind mutige und resolute Wächter, die ein natürliches Misstrauen gegenüber Fremden hegen. Ausgewachsene Hunde geben sich nur unwillig mit Nicht-Familienmitgliedern ab, weshalb eine frühe Sozialisierung erforderlich ist. Der Tornjak ist ein intelligenter Hund, der ein gutes Gedächtnis hat. Er ist jedoch kein guter Gefährte für die Stadt und fühlt sich am wohlsten als Gebrauchshund auf dem Land.

SCHÜTZENDES FELL Trotz seiner kräftigen Statur ist dieser Hund schnell und wendig. Durch das lange, dicke Haarkleid, das einen wirkungsvollen Wärmeschutz bietet, wirkt er schwerer gebaut, als er wirklich ist, vor allem im Winter. Das Fell ist zwar Schmutz abweisend, doch ist regelmäßige Pflege sehr wichtig.

Welsh Corgi

URSPRUNG Großbritannien
GRÖSSE 25–32 cm
GEWICHT 9–12 kg
AUSLAUF
FELLPFLEGE
REGISTRIERUNG FCI, KC
FARBEN rot, sand, falb, schwarz und loh, weiß (Pembroke); alle Farben (Cardigan)

Welsh Corgis sind als Pembroke und Cardigan zwei eigenständige Rassen mit eigenen Standards. Allerdings sehen sie sich sehr ähnlich.

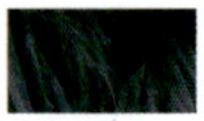
SCHWARZ

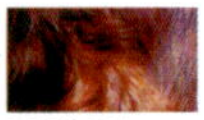
ROT/LOH

SCHWARZ UND WEISS

SCHWARZ, WEISS UND LOH

SCHWARZ GESTROMT

GESCHICHTE

Romantiker behaupten, dass Welsh Corgis vor über 2000 Jahren mit den Kelten nach Großbritannien kamen. Vielleicht stammen sie auch von schwedischen Vallhund-Schlägen ab, die mit den Wikingern auf die Insel kamen. Möglicherweise ist aber auch der Vallhund ein Nachfahre des Corgis. Der Name „Corgi" taucht erstmals im *Dictionary in Englyshe and Welshe* aus dem Jahr 1574 auf und bedeutet „Arbeits- und Wachhund".

Welsh Corgis waren ursprünglich Treibhunde oder Heeler, die ihre Arbeit im 20. Jahrhundert durch die motorisierten Viehtransporte verloren. Erst als Königin Elizabeth II. ihre ersten Corgis erhielt, erlebte die Rasse einen erneuten Aufschwung – nun als Begleithund.

EIGENSCHAFTEN

Sogenannte Heeler sind mutig genug, um Rindern hinterherzulaufen und sie in die Fersen zu zwicken, klein genug, um den folgenden Tritten auszuweichen, und entschlossen genug, um den Rindern nachzusetzen. Sie sind lebhafte Begleithunde, als gute Familienhunde sind sie aber zu eigensinnig.

CARDIGAN CORGI Die Ohren des Cardigan-Typs sind groß, und der Fang ist weniger spitz als beim Pembroke, jedoch niemals stumpf. Das Fell ist hart und kurz oder mittellang.

PEMBROKE CORGI Der stämmige, kleiner als der Cardigan gebaute Pembroke hat ein fuchsartiges, spitzes Gesicht und ein mittellanges Fell. Pembroke Corgis haben meist eine natürlich kurze Rute; eine längere Rute wurde früher kupiert.

Weißer Schweizer Schäferhund

URSPRUNG Schweiz
GRÖSSE 55–66 cm
GEWICHT 25–40 kg
AUSLAUF
FELLPFLEGE
REGISTRIERUNG FCI
FARBEN weiß

Zwar ist der Weiße Schweizer Schäferhund, auch Berger Blanc Suisse genannt, als schweizerische Rasse vorläufig anerkannt, doch hat er internationale Wurzeln. Er stammt von weißen Schlägen des Deutschen Schäferhundes ab, die als Weiße Schäferhunde in Nordamerika entwickelt wurden.

GESCHICHTE

Das rezessive Gen, das gelegentlich für weißes Fell verantwortlich ist, war auch beim Deutschen Schäferhund von den Anfängen der Zucht bis ins frühe 20. Jahrhundert vorhanden. Während des Nationalsozialismus hatte auch die Hundezucht politische Bedeutung, und weißes Fell galt als schwerer Fehler. Nach dem Zweiten Weltkrieg passten sich die Verbände in Übersee diesem Standard an, nach dem hellere Hunde entweder disqualifiziert wurden oder nicht wünschenswert waren. Das Pendel begann umzuschlagen, als amerikanische Züchter in den 1970er-Jahren international weiße Hunde zeigten. Im selben Jahrzehnt wurden Hunde aus amerikanischen und kanadischen Linien in die Schweiz eingeführt. Seit 1991 sind sie dort als separate Rasse anerkannt, und heute gibt es in ganz Europa eine stattliche Anzahl dieser Tiere.

EIGENSCHAFTEN

Diese Rasse gleicht dem Deutschen Schäferhund in beinahe allen Aspekten. Sie hat dieselben Stärken – Intelligenz, Loyalität und Mut – wie auch dieselben Schwächen: Gelenkbeschwerden und Erkrankungen des Verdauungstrakts sowie vereinzelt ängstliche oder zu aggressive Tiere.

AUFFÄLLIG Nase, Augenränder und Lefzen sollten möglichst dunkel sein, um einen schönen Kontrast zum weißen Fell herzustellen und nicht zuletzt, um Sonnenbrand zu vermeiden. Das dichte doppelte Fell mit hartem, geradem Deckhaar ist von mittlerer Länge und glatt anliegend.

GEBRAUCHSHUNDE

Die Klassifizierung von Hunderassen rund um den Globus folgt keiner starren Regelung: Ein und derselbe Hund kann in den verschiedenen Zuchtorganisationen unterschiedlichen Gruppen zugeordnet werden. Fast alle älteren Hunderassen wurden früher einmal für eine bestimmte Aufgabe gebraucht. Die in diesem Kapitel vorgestellten Gebrauchshunde sind im Wesentlichen Wach- und Rettungshunde unter Einbeziehung von Schlittenhunden, da diese eine lange Tradition haben. Viele der hier präsentierten Rassen haben im Lauf ihrer Geschichte einen Aufgabenwandel durchlebt. So war der Lagotto Romagnolo beispielsweise einst ein Apportierhund für die Jagd und ist heute die einzige anerkannte Trüffelhund-Rasse.

ALASKAN MALAMUTE (siehe S. 313) Eine der ältesten Gebrauchshundrassen ist der Alaskan Malamute, ein typischer, wölfisch aussehender Spitz-Typ. Der vor Tausenden von Jahren zum Schlittenziehen entwickelte Hund verfügt über eine unglaubliche Energie.

Aidi

URSPRUNG Marokko
GRÖSSE 53–60 cm
GEWICHT 23–35 kg
AUSLAUF
FELLPFLEGE
REGISTRIERUNG FCI, KC, AKCs
FARBEN weiß, rot, schwarz, schwarz und weiß

Dieser nordafrikanische Mastiff-Typ, der auch Chien de Montagne de l'Atlas oder Atlas Berghund genannt wird, ist in erster Linie ein Herdenschutzhund. Der Aidi beschützt aber ebenso gut das Haus.

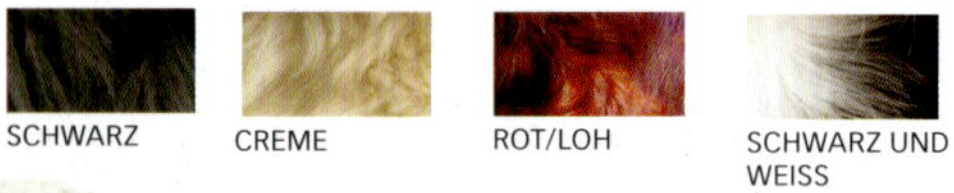

GESCHICHTE

Der Aidi kommt schon im Mittelalter vor und ist wahrscheinlich ein entfernter Verwandter von ähnlichen weißen Hütehundrassen, wie sie in ganz Südeuropa vorkommen. Näher verwandt ist er wohl mit dem Akbaş. Jahrhundertelang beschützte der Aidi die Viehherden und Lager nordafrikanischer Nomaden. Zusammen mit dem Sloughi wurde er auch für die Jagd eingesetzt. Dabei spürte er die Beute mit seiner feinen Nase auf, während der Sloughi sie verfolgte und riss. Der beschützerische und furchtlose Hund ist besser als Wachdenn als Familienhund geeignet.

ALLWETTERFELL Das lange Haarkleid ist ein wirkungsvoller Schutz vor Verletzungen bei einem Kampf. In den kalten Wüstennächten ist es gut isolierend, aber leicht genug für die heißen Tagestemperaturen.

Akbaş

URSPRUNG Türkei
GRÖSSE 70–85 cm
GEWICHT 41–55 kg
AUSLAUF
FELLPFLEGE
REGISTRIERUNG AKCs
FARBEN cremeweiß

Der seltene Akbaş („Weißkopf") aus der Westtürkei ist eine Varietät des Anatolischen Hirtenhundes. Im Gegensatz zu Karabaş und Kangal hat er aber keine schwarze Maske. Vermutlich ist er auch mit anderen weißen Mastiff-Typen verwandt.

GESCHICHTE

Die Geschichte dieser Rasse reicht bis in die Antike zurück; sie war eine der frühesten Hüterassen. Bestimmte Schläge wurden in der Türkei auch als Hofhund gehalten. Alle Typen schlagen jedoch sofort an, wenn ihnen etwas ungewöhnlich erscheint. Anderen Hunden gegenüber sind sie relativ aggressiv. Sie eignen sich nicht für Familien, unerfahrene Besitzer oder die Stadt.

REINWEISS Weiß ist seit den frühesten Zeiten eine beliebte Farbe für Hirtenhunde, die die Herden vor Raubtieren schützten, aber nicht hüteten oder trieben. Ihre Farbe unterscheidet sie von Wölfen und tarnt sie in der Schafherde.

Akita

URSPRUNG Japan
GRÖSSE 60–70 cm
GEWICHT 34–50 kg
AUSLAUF
FELLPFLEGE
REGISTRIERUNG FCI, KC, AKCs
FARBEN weiß, weiß und rot, falb oder gestromt

Die größte japanische Hunderasse stammt aus der Präfektur Akita auf der Insel Honshu. Die Rasse hat sich in Japan und Europa einerseits und den USA andererseits in recht unterschiedlichen Linien entwickelt.

GOLD UND WEISS

LOH UND WEISS

SCHWARZ GESTROMT

GESCHICHTE

Im 19. Jahrhundert noch wurde der Akita für die Jagd und für Hundekämpfe eingesetzt. Nach dem Zweiten Weltkrieg waren die Bestände so gering, dass Deutsche Schäferhunde eingekreuzt wurden. In Japan arbeiteten Züchter an der Wiederherstellung der alten Rasse, die mittlerweile Nationales Naturdenkmal ist. Akitas sind furchtlose Kämpfer und brauchen einen erfahrenen Besitzer.

UNTERSCHIEDE Amerikanische Akitas sind größer als japanische oder europäische Schläge. Außerdem sind im Rassestandard mehr Fellfarben erlaubt. Die beiden Typen werden von der anderen Seite nicht anerkannt.

Alaskan Malamute

URSPRUNG USA
GRÖSSE 58–65 cm
GEWICHT 34–39 kg
AUSLAUF
FELLPFLEGE
REGISTRIERUNG FCI, KC, AKCs
FARBEN weiß mit Grau- oder Rotschattierungen

Dies war über Tausende von Jahren der bevorzugte Schlittenhund auf dem nordamerikanischen Kontinent. Sein Name leitet sich von dem Malemute-Stamm der Inuit ab.

SCHWARZ UND WEISS

LOH UND WEISS

GESCHICHTE

Genetische Untersuchungen haben bestätigt, dass der Malamute eine der ältesten Hunderassen der Welt ist. Der intelligente Meutehund ist loyal, anhänglich und sanftmütig, braucht jedoch jede Menge Beschäftigung, damit er sich nicht langweilt.

GRÖSSENUNTERSCHIEDE Bei dieser Rasse gibt es starke Schwankungen bezüglich der Widerristhöhe.

American Eskimo (Standard)

URSPRUNG USA
GRÖSSE größer als 38 cm
GEWICHT 9–16 kg
AUSLAUF
FELLPFLEGE
REGISTRIERUNG AKCs
FARBEN weiß

Dieser Hund ist nicht mit dem größeren weißen kanadischen Eskimohund zu verwechseln. Der intelligente Spitz kommt in den Größen Standard, Miniatur und Toy (siehe S. 106) vor und vereint in sich all die Kraft eines typischen Schlittenhundes in kompakter Form.

GESCHICHTE

Anders als sein Name vermuten lässt, stammt dieser Hund nicht von Eskimohunden ab, sondern von weißen Spitz-Typen, die von europäischen Siedlern in die Neue Welt gebracht wurden und vom deutschen Spitz abstammen. Ungeachtet ihrer kleinen Erscheinung hat sich diese Rasse ihr Ansehen hart erarbeitet: Sie gewann mit Zirkuskunststücken an Popularität und macht sich außerordentlich gut bei Obedience- und Agility-Trials. Der American Eskimo ist ein lärmender Wachhund. Manche Hunde sind entweder schüchtern oder überaggressiv. Gewöhnlich sind sie aber gute Familienhunde.

SCHNEEHUND Dieser gesunde und langlebige kleine Hund hat ein dickes doppeltes Fell, das recht leicht zu pflegen ist. Lediglich um die Augen kann es durch die Tränenflüssigkeit zu braunen Flecken kommen.

Appenzeller Sennenhund

URSPRUNG Schweiz
GRÖSSE 48–58 cm
GEWICHT 25–32 kg
AUSLAUF
FELLPFLEGE
REGISTRIERUNG FCI, KC, AKCs
FARBEN trikolor

Der Appenzeller Sennenhund, der aus dem gleichnamigen Kanton im Nordosten des Landes stammt, ist in und außerhalb seiner Heimat selten zu finden. Er ist einer der vier dreifarbigen Schweizer Sennenhunde.

GESCHICHTE

Das stämmige Gebäude des Appenzellers lässt vermuten, dass er von römischen Molossern abstammt. Die eigentümliche Form der Rute allerdings lässt auf nördlichere spitzartige Einflüsse schließen. 1853 wurden der Appenzeller und seine Aufgaben erstmalig beschrieben. Mitunter wurden diese Hunde auch vor kleine Wagen gespannt. Auch heute ist er ein Gebrauchs- und Wachhund.

VERWANDTSCHAFT Der Appenzeller ist mit dem Entlebucher, dem Berner und dem Großen Schweizer Sennenhund verwandt. Alle haben ein dreifarbiges Fell, jedoch unterscheiden sie sich stark in Größe, Gebäude und ihrer Geschichte als Gebrauchshunde.

Argentinische Dogge

URSPRUNG Argentinien
GRÖSSE 60–68 cm
GEWICHT 35–45 kg
AUSLAUF
FELLPFLEGE
REGISTRIERUNG FCI, KC, AKCs
FARBEN weiß

Durch die eng anliegende Haut ist jeder Muskel dieses bulligen, kräftigen Mastiffs zu sehen, was ihm ein besonders athletisches Aussehen verleiht. Ursprünglich wurde er für die Jagd und für Hundekämpfe gezüchtet.

GESCHICHTE

Die erste argentinische Rasse wurde in den 1930er-Jahren in der argentinischen Provinz Cordoba gezüchtet. D. Antonio Nores Martinez kreuzte lokale, von Mastiffs, Bulldoggen und Bullterriern abstammende Kampfhunde mit Rassen wie der Deutschen Dogge und dem Boxer. Zwar setzte er die Hunde bei der Jagd auf große und gefährliche Wildtiere ein, beliebt wurden sie jedoch sofort durch Hundekämpfe. Mit der Zeit hat sich der Dogo Argentino als bemerkenswerter Wachhund erwiesen, doch erfordern seine Dominanz und Hartnäckigkeit eine feste Führung von einem erfahrenen Besitzer.

KAMPFHUND Den Hunden werden dort, wo es noch erlaubt ist, oft die Ohren kupiert, um das Verletzungsrisiko bei Kämpfen zu reduzieren und ihnen ein aggressiveres Aussehen zu verleihen.

SCHLECHTER RUF Diese Rasse wird in einigen Ländern zu den gefährlichen Kampfhundrassen gezählt. Ihr Image zieht leider nicht immer die geeigneten Besitzer an.

Australian Cattle Dog

URSPRUNG Australien
GRÖSSE 43–51 cm
GEWICHT 16–20 kg
AUSLAUF
FELLPFLEGE
REGISTRIERUNG KC, AKCs
FARBEN blau (getüpfelt), mit lohfarbenen oder schwarzen Abzeichen, rot getüpfelt

Ein widerstandsfähiger Hund für schwierige Bedingungen: Diese Rasse wird auch Australischer Treibhund, Queensland Heeler, Blue Heeler oder Hall's Heeler genannt.

ROT/LOH

BLAU-LOHFARBEN GETÜPFELT

GESCHICHTE

Hunde aus den gemäßigten Zonen Europas gingen im 19. Jahrhundert in der australischen Hitze buchstäblich ein. Angeblich kreuzte Thomas Smith Hall aus Queensland an die Hitze gewöhnte Dingos mit britischen Rassen, darunter Kurzhaar-Collies und ein Treibhund, der als Smithfield bekannt war. Einer anderen Version zufolge war ein Viehtreiber namens Timmins aus New South Wales der Erstzüchter. Das Ergebnis war eine Rasse mit unendlichen Energiereserven und Ausdauer. All diese Eigenschaften machen diese Hunde zu guten Wächtern, aber nicht zu idealen Familiengefährten, da sie außerdem zum Schnappen neigen.

ALTES ERBE Die blaue Fellfarbe stammt von britischen Rassen, die rote von Dingos. Ein Erbe des Smithfields ist der Stummelschwanz. Die FCI hat die Rasse als Australian Stumpy Tail Cattledog vorläufig aufgenommen.

Australian Kelpie

URSPRUNG Australien
GRÖSSE 43–51 cm
GEWICHT 11–20 kg
AUSLAUF
FELLPFLEGE
REGISTRIERUNG FCI, AKCs
FARBEN schwarz, blau, rot, falb, schokoladenbraun, schwarz und loh, rot, rot und loh

Australiens populärste Gebrauchshundrasse ist auf der ganzen Welt bekannt und wird überall ausgestellt. Australian Kelpies sind nur an Gebrauchsprüfungen teilnahmeberechtigt.

SCHWARZ

BLAU

ROT/LOH

DUNKELBRAUN

SCHWARZ UND LOH

GESCHICHTE

Angeblich soll in dieser Rasse auch Dingo-Blut fließen. Collies aus Nordengland haben viel zur Entwicklung dieser Rasse beigetragen, und eine schwarze Hündin mit lohfarbenem Brand namens „Kelpie" hat der Rasse nicht nur frische Gene, sondern auch den Namen hinterlassen. Kelpies sind unnachgiebige, intelligente und begeisterte Arbeiter, ja fast Workaholics. Man könnte sie als australische Border Collies betrachten, brauchen sie doch ein ähnliches Pensum an interessanter und aktiver Beschäftigung, wenn sie nicht gelangweilt, bissig und destruktiv werden sollen.

KLUGHEIT VOR SCHÖNHEIT Heute hat sich die Rasse in Gebrauchs- und Ausstellungslinien aufgeteilt. Wichtigstes Zuchtkriterium bei den Gebrauchs-Kelpies ist die Arbeitsfähigkeit und weniger das Aussehen.

Österreichischer Pinscher

URSPRUNG Österreich
GRÖSSE 36–51 cm
GEWICHT 12–18 kg
AUSLAUF
FELLPFLEGE
REGISTRIERUNG FCI, AKCs
FARBEN Gelb- bis Rotschattierungen, schwarz und loh, mit weißen Abzeichen

Diese Rasse wurde während des ganzen 20. Jahrhunderts noch als Österreichischer Kurzhaariger Pinscher bezeichnet; die doppelte Behaarung ist in der Tat kurz und dick.

GOLD SCHWARZ UND LOH

GESCHICHTE

Diese mit dem Deutschen Pinscher verwandte Rasse war bereits im 18. Jahrhundert bekannt. Der vielseitige Hofhund wurde zur Jagd auf Ungeziefer und als Wächter gehalten. Die Bestände gingen im 20. Jahrhundert trotz intensiver Zuchtbemühungen stark zurück, und so ist die Rasse nur noch selten anzutreffen. Dieser Pinscher ist ein lärmender und aufmerksamer Wachhund.

WENIG VERÄNDERUNG Diese kräftig gebaute und lebhafte Rasse hat sich seit dem 18. Jahrhundert optisch nur wenig verändert.

Cão Fila de São Miguel

URSPRUNG Azoren (Portugal)
GRÖSSE 48–60 cm
GEWICHT 20–35 kg
AUSLAUF
FELLPFLEGE
REGISTRIERUNG FCI, AKCs
FARBEN falb, sand, grau, immer gestromt

Der Cão Fila de São Miguel ist das Mischprodukt aus einer natürlichen Entwicklung auf der isolierten Azoreninsel São Miguel und streng kontrollierter Züchtung mit importierten Rassen.

GRAU SCHWARZ GESTROMT

GESCHICHTE

Als die Azoren 1429 entdeckt wurden, gab es auf den Inseln noch keine größeren Säugetiere. Die Rinder der Siedler bewegten sich frei in der Landschaft, weshalb ein zäher, intelligenter Hund benötigt wurde, um das Vieh zu bewachen. Diese Rasse entwickelte sich, als der Fila de Terceira zu Beginn des 19. Jahrhunderts mit Mastiff-Typen gekreuzt wurde. Als typischer Viehtreiber ist dieser Hund hartnäckig und clever. Auch als Haushüter macht er sich gut. Fremden begegnet er mit Misstrauen, ist aber ein freundlicher Geselle, wenn er früh sozialisiert und abgerichtet wird.

UNNACHGIEBIG Die Rasse wurde früher an Ohren und Rute kupiert. Auch wenn dies für die Arbeit eher praktische Gründe hatte, verlieh es den Tieren als Wachhund ein aggressives Aussehen.

Beauceron

URSPRUNG Frankreich
GRÖSSE 60–70 cm
GEWICHT 30–40 kg
AUSLAUF
FELLPFLEGE
REGISTRIERUNG FCI, KC, AKCs
FARBEN schwarz und loh, grau, schwarz, loh

Diese Rasse, die auch unter dem Namen Berger de Beauce bekannt ist, wurde als Herdenhüter und -treiber ebenso wie als Polizei- und Militärhund eingesetzt. In beiden Weltkriegen übermittelte der Beauceron Nachrichten oder suchte verwundete Soldaten.

GESCHICHTE

Die früheste Beschreibung eines beauceronähnlichen Hundes stammt aus dem Jahr 1578. Doch erst im 19. Jahrhundert wurden der langhaarige Briard und der kurzhaarige Beauceron formal getrennt und beschrieben. Der frühe Beauceron war ein unerschrockener, aber bissiger Schäferhund. Gezielte Zucht hat auch zu umgänglicheren Tieren geführt. Der intelligente, verlässliche und gelehrige Beauceron bringt die besten Leistungen in Agility- und Obedience-Konkurrenzen und ist ein guter Begleiter und Wachhund. Die gesunde Rasse wird zwischen zehn und zwölf Jahre alt. Einige Zuchtlinien sind jedoch anfällig für Hüftdysplasie und Blähsucht.

BASROUGE Hunde mit schwarz-rotem Fell werden wegen des lohfarbenen Brandes an Unterschenkeln und Pfoten als Basrouge – „Rotsocken“ – bezeichnet.

Berner Sennenhund

URSPRUNG Schweiz
GRÖSSE 58–70 cm
GEWICHT 40–45 kg
AUSLAUF
FELLPFLEGE
REGISTRIERUNG FCI, KC, AKCs
FARBEN trikolor

Der Berner Sennenhund ist der größte der vier dreifarbigen Schweizer Sennenhunde und der einzige langhaarige. Früher wurde er als Viehtreiber und Zugtier eingesetzt, heute ist er ein gut etablierter Begleithund.

GESCHICHTE

Die genauen Ursprünge dieser Rasse liegen sehr weit zurück und sind weitgehend unbekannt. Vermutlich gehören römische Molosser zu den Vorfahren. Im 19. Jahrhundert waren die einheimischen Rassen durch die Flut an importierten ausländischen Hunden ernsthaft in Gefahr: Ebenso wie der Appenzeller, der Entlebucher und der Große Schweizer Sennenhund konnte der Berner durch die Zuchtbemühungen unter der Führung von Prof. Albert Heim aber gerettet werden. Der Berner Sennenhund ist ein kräftiger, anhänglicher und verlässlicher Hund. Viele Hunde sterben allerdings schon jung an einer Tumorerkrankung.

STÄMMIG, ABER FLINK Trotz seiner Größe und des stämmigen Körperbaus ist der Berner Sennenhund ein agiler und schneller Hund. Wie fast alle großen Rassen ist er anfällig für Hüftdysplasie; auch kann er an Blähsucht leiden, wenn er nicht maßvoll gefüttert wird.

Schwarzer Norwegischer Elchhund

URSPRUNG Norwegen
GRÖSSE 43–49 cm
GEWICHT 17–18 kg
AUSLAUF
FELLPFLEGE
REGISTRIERUNG FCI
FARBEN schwarz

Der auch als Norsk Elghund Sort bekannte Schwarze Elchhund ist etwas kleiner als der Graue und auch lebhafter. Möglicherweise hat er andere Vorfahren. Die Rasse ist ein typischer, quadratisch gebauter Spitz-Typ mit dichtem, kurzem Haarkleid.

GESCHICHTE

Der Norwegische Elchhund galt als eine der weltweit ältesten Rassen, bis eine Genanalyse gezeigt hat, dass er eine relativ junge „Rekonstruktion" ist. Dasselbe könnte auch für die schwarze Rasse gelten, die erst im späten 19. Jahrhundert als eigenständige Rasse auftauchte und bei vielen Verbänden noch nicht registriert ist. Traditionell wurde der Hund für die Jagd gebraucht, bei der er sich an die Beute heranpirschte und sie dann für den Jäger stellte. Heute ist die Rasse eher selten geworden, auch wenn sie in Skandinavien nach wie vor eine eingeschworene Fangemeinde besitzt.

LANGBEINIG Der Schwarze Elchhund hat längere Läufe als sein grauer Kollege und ist nicht so tief gebaut. Dieser leichtere, langgliedrigere Bau macht die Rasse agil und flink.

Schwarzer Terrier

URSPRUNG Russland
GRÖSSE 66–77 cm
GEWICHT 40–65 kg
AUSLAUF
FELLPFLEGE
REGISTRIERUNG FCI, KC, AKCs
FARBEN schwarz

In den verschiedenen Zuchtorganisationen wird er auch Russischer Terrier oder Tchiorny Terrier genannt. Jedoch ist er nur dem Namen nach ein Terrier. Konsequent als Militärhund für die Rote Armee entwickelt, ist er seit Glasnost und Perestroika auch außerhalb seiner Heimat bekannt.

GESCHICHTE

In den 1940er-Jahren wurden im Moskauer Zwinger „Roter Stern" Rassen wie Rottweiler, Airedale Terrier und Schnauzer gekreuzt, um einen massiven, robusten und unnachgiebigen Hund mit viel Esprit und Anpassungsfähigkeit zu züchten. Bei der Zucht wird mittlerweile mehr auf ein ruhigeres Temperament geachtet. Dennoch ist er ein wachsames und reaktionsschnelles Tier, das sich als Wachhund besser eignet denn als Begleiter.

SPÄTENTWICKLER In den frühen Jahren seiner Entwicklung waren lediglich Fähigkeiten, Gesundheit und Charakter Zuchtkriterien; das Aussehen spielte eine untergeordnete Rolle. Heute ist die Rasse attraktiver und beständiger.

VATERS NASE Der solide, mäßig breite Kopf zeigt klar den Einfluss des Schnauzers, das üppige Haar und der Bart stammen vom Airedale.

ANSEHNLICH Der Schwarze Terrier ist ein imposanter und kräftiger Hund mit einem massiven Knochenbau, doch sollte er immer ausbalanciert wirken.

Boxer

URSPRUNG Deutschland
GRÖSSE 53–63 cm
GEWICHT 24–32 kg
AUSLAUF
FELLPFLEGE
REGISTRIERUNG FCI, KC, AKCs
FARBEN Falbschattierungen, gestromt, einheitlich oder mit weißen Abzeichen

Die genauere Bezeichnung für diese Rasse lautet: Deutscher Boxer. Ältere Tiere und Tiere in den USA haben oft noch kupierte Ohren und Ruten.

ROT/LOH

GOLD

SCHWARZ-GESTROMT

GESCHICHTE

Der Brabanter Bullenbeißer und andere Jagdhundrassen sind die direkten Vorfahren des Boxers. Ihre Aufgabe war es, großes Wild zu greifen und zu halten, bis die Jäger kamen – daher der kurze, breite Fang. Sie waren sehr variabel im Typ. Im späten 19. Jahrhundert entwickelten Züchter diesen physisch festen Typ für Ausstellungszwecke. Boxer sind sehr gelehrig und werden gern bei Polizei und Armee eingesetzt. Nichtsdestotrotz sind sie im Herzen Clowns und sehr gute Familienhunde.

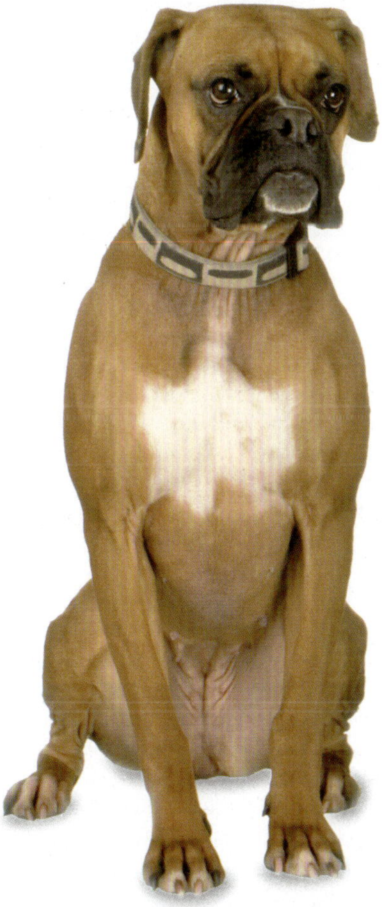

LANGE RUTE Boxer wurden früher gewöhnlich an Ohren und Rute kupiert. In den meisten europäischen Ländern ist dies jedoch nicht mehr erlaubt. Es gab Befürchtungen, dass die Rute sehr unterschiedlich ausfallen könnte, da ihre Form, weil immer kupiert, nie ein Zuchtkriterium war. Heute ist eine relativ hoch angesetzte, aber nicht gebogene oder gerollte, mäßig dicke Rute festgelegt.

VIEL ESPRIT Viele Boxer sind begeisterte Springer und brauchen eine bestimmte, aber freundliche Führung, damit sie – auch im wahrsten Sinn des Wortes – auf dem Boden bleiben.

Brasilianischer Mastiff

URSPRUNG Brasilien
GRÖSSE 60–75 cm
GEWICHT 40–50 kg
AUSLAUF
FELLPFLEGE
REGISTRIERUNG FCI, AKCs
FARBEN alle einheitlichen Farben, weiße Abzeichen zulässig

Diese massive Rasse, die als Fila Brasileiro registriert und auch als Cão de Fila bekannt ist, genießt den berechtigten Ruf als ausgezeichneter Wächter.

ROT/LOH

GOLD

DUNKELBRAUN

SCHWARZ GESTROMT

GESCHICHTE

Diese Rasse wurde im 19. Jahrhundert in Brasilien aus spanischen und portugiesischen Mastiffs unter Einkreuzung des Bluthundes gezüchtet. Sie wurde zum Aufspüren von Großwild und vor allem von entlaufenen Sklaven eingesetzt. Der Fila Brasileiro war zunächst eine eher ländliche Rasse, wurde aber im 20. Jahrhundert durch Züchter wie Dr. Paulo Santos Cruz populärer gemacht. Heute ist diese einzige verbliebene brasilianische Rasse in ihrer Heimat in unterschiedliche Blutlinien mit abweichenden Registrierungen aufgeteilt. Viel diskutiert bei dieser Hybridrasse ist die Frage nach dem „echten“ Typ.

ALLE FARBEN Die Rassestandards erlauben jegliche einheitliche Farbe mit weißen Pfoten sowie weißer Brust und Schwanzspitze. Nichtsdestotrotz gelten schwarze Tiere oft als Mischlinge.

EIGENSCHAFTEN

Über diese Rasse gibt es keine einheitliche Meinung. Ihr zweifelhafter Ruf lässt sich zumindest teilweise auf verantwortungslose Besitzer zurückführen. Angeblich baut dieser Molossoide nur zu Personen eine tiefere Bindung auf, die er im Alter von unter einem Jahr kennenlernt; nach dieser Zeit gilt er als reserviert. Fremden begegnet er mit Misstrauen.

Englische Bulldogge

URSPRUNG Großbritannien
GRÖSSE 30–36 cm
GEWICHT 23–25 kg
AUSLAUF
FELLPFLEGE
REGISTRIERUNG FCI, KC, AKCs
FARBEN falb, rot, gestromt, weiß mit schwarzer Maske oder weiß

Die bei einigen Zuchtverbänden einfach als Bulldog bezeichnete Rasse ist so britisch und emblematisch wie John Bull, der so oft in englischen Cartoons erscheint.

LOH UND WEISS

SCHWARZ GESTROMT

GESCHICHTE

Der Name Bulldog wird seit dem 17. Jahrhundert verwendet. Ursprünglich wurden damit Kreuzungen aus Bullenbeißer-Mastiffs und unerschrockenen Terriern bezeichnet. Sie wurden einzig gezüchtet, um in Kämpfen Bullen niederzuringen. Dafür brauchten sie das kurze, breite Gebiss, das auch bei deutschen Bullenbeißern zu sehen war, die dieselbe Aufgabe hatten – allerdings bei der Jagd. Diese frühen Hunde waren leichtere Typen als jene, die wir heute kennen, und hatten ein echtes Kampfhund-Temperament.

Als das Bullenbeißen im 19. Jahrhundert verboten wurde, entwickelten Züchter einen neuen Typ, der nicht nur viel schwerer gebaut war, sondern auch einen völlig anderen Charakter hatte.

EIGENSCHAFTEN

Der heutige Bulldog ist fast ausnahmslos ein toleranter und sanftmütiger Hund. Atem- und Herzprobleme sind nicht selten. Mittlerweile gibt es verantwortungsvolle Züchter, die das extreme Aussehen, das diese Beschwerden verschlimmert, ablehnen, sodass Bulldogs nun auf ein gesünderes und längeres Leben hoffen können.

VIEL PFLEGE Der große Kopf der Bulldogs macht bei der Geburt sehr häufig einen Kaiserschnitt erforderlich. Aufgrund der tiefen Gesichtsfalten ist eine gründliche Pflege vonnöten, um Hauterkrankungen zu vermeiden. Echte Bulldog-Fans kann dies aber nicht in ihrer Begeisterung erschüttern.

BULLDOGGEN Ihr lächelndes Gesicht, die stämmige Statur und der rollende, fast watschelnde Gang machten diese anhänglichen Hunde zu liebenswerten Begleitern. Der Bulldog gehört in einigen Ländern zu den beliebtesten Rassen.

Broholmer

URSPRUNG Dänemark
GRÖSSE 70–75 cm
GEWICHT 40–70 kg
AUSLAUF
FELLPFLEGE
REGISTRIERUNG FCI
FARBEN gelb mit schwarzer Maske, goldrot, schwarz, weiße Abzeichen erlaubt

Dieser mächtige und kräftige Mastiff-Typ hat seinen Namen von dem Landsitz des königlich-dänischen Jagdmeisters, des Grafen Sehested von Broholm, der die Rasse förderte.

SCHWARZ

ROT/LOH

GOLD

GESCHICHTE

Der Broholmer stammt von Hunden ab, die im 16. Jahrhundert aus englischen Mastiffs hervorgingen. Er war im 19. Jahrhundert aber fast verschwunden. Graf Sehested führte den Typ mit einer Reinzucht wieder ein. Er gab die Hunde nur unter der Bedingung ab, dass mit ihnen weitergezüchtet wurde. Der Broholmer, als der er in der Folge bekannt wurde, erlangte rasch weite Verbreitung. Die Wirtschaftsrezession im frühen 20. Jahrhundert war für die erneute Dezimierung der Bestände verantwortlich, und die Rasse galt als fast erloschen.

In den 1970er-Jahren wurde die Rasse rekonstruiert, indem die besten reinen Broholmer mit Mastiffs und Mischlingen des entsprechenden Typs gekreuzt wurden. So konnte die Rasse in den 1980er-Jahren anerkannt werden.

EIGENSCHAFTEN

Der heutige Broholmer ist ein ruhiger, selbstbewusster Hund, der freundlich genug ist, um ein guter Familienhund, aber auch wachsam genug ist, um ein Wächter zu sein – was neben der Jagd seine ursprüngliche Aufgabe war. Bei lediglich tausend Exemplaren wird nach wie vor mit jedem Hund, der für die Zucht zugelassen ist, auch gezüchtet, um die Bestände zu sichern.

REINE FARBEN Der ursprüngliche Broholmer war sowohl in satten Rotschattierungen wie auch in Schwarz bekannt, doch war Rot immer schon verbreiteter. Die wiederbelebte Rasse hatte keine schwarze Linie mehr, bis ein mit Bedacht ausgewählter schwarzer Mastiff-Typ 1997 eingekreuzt wurde.

Bullmastiff

URSPRUNG Großbritannien
GRÖSSE 61–69 cm
GEWICHT 41–59 kg
AUSLAUF
FELLPFLEGE
REGISTRIERUNG FCI, KC, AKCs
FARBEN falb, gold, rot oder gestromt

Diese imposante Rasse wurde ursprünglich von Wildhütern eingesetzt, um Wilderer zu vertreiben oder zu stellen. Heute sieht man die Hunde in Polizei- und Sicherheitsdiensten.

ROT/LOH | GOLD | SCHWARZ GESTROMT

GESCHICHTE

Der Bullmastiff entstand Ende des 18. Jahrhunderts aus Kreuzungen von Bulldogs des alten Typs und English Mastiffs. Die Vereinigung von Hartnäckigkeit und Schnelligkeit des Bulldogs mit der Größe und Stärke des Mastiffs erwies sich als ideal. Der Bullmastiff ist ein ausgezeichneter Wächter mit einer tiefen, aber selten eingesetzten Stimme. Er stellt jeden Eindringling konsequent und unerbittlich. Das Abrichten eines Bullmastiffs ist mitunter harte Arbeit, denn er kann sehr stur sein, doch gut sozialisiert, ist er ein loyaler, ausgeglichener Hund, der Gesellschaft liebt.

ARBEITSANZUG Als Wildhüterhund war das gut tarnende gestromte Haarkleid weitverbreitet. Heute kommen einfarbige Rot- oder Goldschattierungen häufiger vor.

Canaan Hund

URSPRUNG Israel
GRÖSSE 48–61 cm
GEWICHT 16–25 kg
AUSLAUF
FELLPFLEGE
REGISTRIERUNG FCI, KC, AKCs
FARBEN weiß, sand, braun oder schwarz, weiße Abzeichen zulässig

Der Canaan Hund – oder Kanaanhund – hat sich im modernen Israel zu einer namhaften Rasse entwickelt und gilt mittlerweile als Nationalhund.

SCHWARZ | GOLD | DUNKELBRAUN | SCHWARZ UND WEISS

GESCHICHTE

Archäologische Funde und alte Schriften belegen die lange Geschichte dieser Rasse. In den 1930er-Jahren erhielt Dr. Rudolphina Menzel den Auftrag, einen Hund für jüdische Siedler in der Negev-Wüste im südlichen Israel zu entwickeln. Das Resultat war der Canaan Hund. Er ist loyal zu jenen, die er kennt, und reserviert Fremden gegenüber. Er wurde und wird als Hüte- und Wachhund ebenso wie als Militärhund eingesetzt.

ANTIKER TYP Die Überreste von einigen Hundert Hunden ähnlich dem Canaan wurden in einer phönizischen Grabstätte in Ashkelon gefunden. Ähnliche Typen sind auch im Libanon auf einer Reliefarbeit zu sehen, die Alexander den Großen darstellt.

Presa Canario

URSPRUNG Kanarische Inseln (Spanien)
GRÖSSE 55–65 cm
GEWICHT 38–59 kg
AUSLAUF
FELLPFLEGE
REGISTRIERUNG FCI, AKCs
FARBEN falb, gestromt

Bei diesem Jagd-, Wach- und Kampfhund könnte es sich um dieselbe Rasse handeln wie beim Dogo Canario, der von der FCI vorläufig anerkannt ist. Doch ist dies umstritten.

GOLD

SCHWARZ GESTROMT

GESCHICHTE

Die Rasse existiert auf den Kanaren, insbesondere auf Gran Canaria, mindestens seit dem 18. Jahrhundert. Der Presa Canario ist vermutlich eine Kreuzung aus Perro de Bardino Majorero, einer lokalen Hofhundrasse, Mastiffs und anderen ausländischen Rassen, die mit Besuchern und Siedlern auf die Inseln gelangten. Er wurde *perro de la tierra* (Hund der Erde) genannt. Die Bestände gingen im 20. Jahrhundert zurück, und als Hundekämpfe in den 1940er-Jahren verboten wurden, stand die Rasse kurz vor dem Ende, konnte aber von Züchtern wiederbelebt werden.

EIGENSCHAFTEN

Zuchtkriterien für diesen imposanten Hund waren Aggressivität, Dominanz und ein starker Beschützerinstinkt. Hunde dieser Rasse brauchen einen erfahrenen und starken Besitzer, damit sie gut sozialisiert werden. Sie können nicht mit anderen Haustieren friedlich zusammenleben und sind nicht die erste Wahl für eine Familie.

BEDROHLICHES AUSSEHEN Der Presa ist kräftig gebaut, aber immer noch athletisch. Dort, wo noch erlaubt, werden oft die Ohren kupiert, um dem auffälligen Kopf einen noch aggressiveren Ausdruck zu verleihen. Dies, seine Abrichtung und sein Einsatz bei Hundekämpfen haben nicht zu seinem Ansehen beigetragen.

Cane Corso Italiano

URSPRUNG Italien
GRÖSSE 60–68 cm
GEWICHT 40–50 kg
AUSLAUF
FELLPFLEGE
REGISTRIERUNG FCI, AKCs
FARBEN schwarz, Grau- oder Falbschattierungen, gestromt

Der Cane Corso Italiano ist in erster Linie ein Wachhund. Sein Name bedeutet so viel wie „Italienischer Wachhund". Er wird aber auch Cane di Macellaio genannt.

SCHWARZ

GRAU

GOLD

SCHWARZ GESTROMT

GESCHICHTE

Der älteste Vorfahre des Cane Corso Italiano ist der römische Molosser. Leichtere Exemplare dieses Typs wurden nicht nur als Kriegshunde eingesetzt, sondern auch bei der Jagd auf Großwild. Bis in die heutige Zeit ist die Rasse im ganzen Land verbreitet, wenngleich die höchsten Bestände in Süditalien zu beobachten sind. Die ruhige, intelligente Rasse, die ihr Zuhause und ihre Familie treu verteidigt, braucht ein strukturiertes und gründliches Training, damit sie Fremden gegenüber nicht allzu misstrauisch ist.

ROBUST GEBAUT Im Gegensatz zu heute wurden früher Rute und Ohren kupiert. Er leidet unter denselben gesundheitlichen Problemen wie alle großen Rassen, vor allem unter Gelenkbeschwerden.

Carolina Dog

URSPRUNG USA
GRÖSSE 55 cm
GEWICHT 13,5–18 kg
AUSLAUF
FELLPFLEGE
REGISTRIERUNG AKCs
FARBEN weiß mit Flecken, Gelb-, Orange-, Falb- und Rotschattierungen

Diese Rasse ist selten, doch ist sie aufgrund ihres Verhaltens und des DNA-Profils, das sie von den meisten anderen domestizierten Hunden unterscheidet, von wissenschaftlichem Interesse.

ROT/LOH

GOLD

GESCHICHTE

Die Wildhunde in den Wäldern und Sümpfen von Carolina erregten die Aufmerksamkeit von Dr. I. Lehr Brisbin jr., als er die Ursprünge alter Wildhunde erforschte. Anhand ihres DNA-Profils lassen sich Carolina Dogs weit unten auf dem Evolutionsbaum ansiedeln. Diese Hunde sind möglicherweise enge Nachfahren jener Tiere, die die ersten Menschen nach Nordamerika begleiteten. Sie wurden zuweilen wegen ihres starken Hüte- und Jagdinstinkts gehalten und benötigen eine behutsame Sozialisation. Sie bleiben zurückhaltend, sind aber loyal zu ihrem unmittelbaren „Menschenrudel".

PRIMITIVES AUSSEHEN Der starke Körperbau, die aufrechten Ohren und das dichte, kurze Fell sind den Merkmalen von wild lebenden Hunden ähnlich. Die geschwungene Rute ist ebenfalls charakteristisch.

Chinook

URSPRUNG USA
GRÖSSE 53–61 cm
GEWICHT 29,5–41 kg
AUSLAUF
FELLPFLEGE
REGISTRIERUNG AKCs
FARBEN gold

Diese seltene Rasse wurde als Schlittenhund entwickelt. Die Bestände gingen zurück, als der Bedarf an starken und entschlossenen Zughunden zurückging. Amerikanische Züchter haben intensiv an der Erhaltung des Chinooks gearbeitet.

GESCHICHTE

Nachdem Arthur Treadwell Walden im frühen 20. Jahrhundert mit Hundeteams in der Klondike-Region gearbeitet hatte, beschloss er, selbst eine kräftige, aber sanftmütige Rasse zu züchten. Der Stammvater „Chinook", benannt nach einem Eskimohund, der Walden stark beeindruckt hatte, wurde mit Belgischen und Deutschen Schäferhunden und vermutlich auch mit Huskys gekreuzt. In den 1980er-Jahren stand die Rasse kurz vor dem Ende. Einkreuzungen haben ihren Arbeitswillen auf ein kontrollierbares Maß reduziert.

UNGEWÖHNLICHES AUSSEHEN Die Mutter des Stammvaters Chinook stammte von dem Schlittenhund „Polaris" ab. Sein Vater jedoch war eine Promenadenmischung oder Mastiff-Kreuzung.

Chow-Chow

URSPRUNG China
GRÖSSE 45–56 cm
GEWICHT 20–32 kg
AUSLAUF
FELLPFLEGE
REGISTRIERUNG FCI, KC, AKCs
FARBEN weiß, creme, falb, rot, blau, schwarz

Der Chow-Chow ist einzigartig in seiner Erscheinung. Er gehört zu den ältesten Rassen der Welt und hat in seiner Geschichte die unterschiedlichsten Rollen übernommen.

SCHWARZ

CREME

ROT/LOH

GESCHICHTE

Genanalysen bestätigen, dass der Chow-Chow ein ganz alter Typ ist. In Asien wurde er als Jagd-, Schlitten-, Hüte- und Wachhund eingesetzt. Gleichzeitig wurde sein Fell gehandelt und sein Fleisch verspeist. Der Name Chow-Chow bedeutet so viel wie „Mischmasch".

EIGENSCHAFTEN

Diese Rasse ist auch heute noch in der Lage, ihre ursprüngliche Aufgabe als Wächter zu übernehmen; als Hüte- oder Jagdhund hat der Chow-Chow im Westen allerdings nie Karriere gemacht. Zwar sind Züchter weiter bemüht, Chow-Chows mit einem entspannteren Temperament hervorzubringen, doch sind die meisten Hunde nach wie vor unabhängige, sture und leicht misstrauische Gesellen.

AUFFÄLLIG Eine Besonderheit des Chow-Chows ist seine bläulich-schwarze Zunge, die offensichtlich dominant vererbt wird, da auch Kreuzungen dieses Merkmal aufweisen.

INTENSIVE PFLEGE Der Chow-Chow ist anfällig für Gelenkprobleme und leidet auch häufig an der Einwärtskehrung der Lider (Entropium). Die Fellpflege ist recht aufwendig, da die Hunde das ganze Jahr über viele Haare abwerfen.

Schnürenpudel

URSPRUNG Deutschland
GRÖSSE 24–60 cm
GEWICHT 20,5–32 kg
AUSLAUF
FELLPFLEGE
REGISTRIERUNG FCI, KC, AKCs
FARBEN schwarz, weiß, braun, silbergrau und apricot

Dies ist zwar keine eigenständig anerkannte Rasse, doch sind Pudel, deren Haarkleid ungeschoren zu langen Schnüren zusammenwächst, ein seit Jahrhunderten bekannter eigener Typ.

CREME GOLD DUNKELBRAUN

GESCHICHTE

Der Schnürenpudel ist fast identisch mit dem Wollpudel, dessen Haarkleid lockig ist. Doch ist das Fell des Schnürenpudels feiner in der Textur; vermutlich stammt er eher von Jagd- und nicht von Hüteschlägen ab. Im 19. Jahrhundert war die Schnürenoptik noch sehr beliebt, doch für die Hunde selbst waren die langen, eingefetteten Schnüre, die auf dem Boden schleiften, wahrscheinlich eine Qual. Lockige, geschorene Hunde wurden schließlich immer beliebter, und Schnürenpudel hatten das Nachsehen. Einige Zuchtorganisationen wie FCI und AKC führen in ihren Standards alle Größenvarietäten des Pudels auch mit Schnürenhaarkleid an. Heute ist die Schnürenoptik allerdings eine Seltenheit und kommt am häufigsten noch beim Großpudel vor.

SCHNÜRENFELL Das Fell wächst in dichten Schnüren zusammen, ohne zu verfilzen. Mittlerweile wird anstelle von Öl oder Fett, das ranzig wird, ein Conditioner verwendet, der nicht ausgewaschen werden muss. Wenn die Haare shampooniert werden, sollten sie gut ausgespült und gründlich getrocknet werden.

EIGENSCHAFTEN

Pudel sind intelligente, gutmütige und gelehrige Hunde, die sich sowohl als Familien- wie auch als Wachhunde eignen. Die größte Varietät, in der der Schnürenpudel am häufigsten vorkommt, ist die ruhigste. Wie alle Pudel lieben sie Beschäftigung, vor allem wenn Wasser im Spiel ist. Sie sind langlebig, doch kann es zu erblich veranlagten Problemen wie Schilddrüsenerkrankungen oder Hüftdysplasie kommen.

Tschechoslowakischer Wolfshund

URSPRUNG Tschechien und Slowakei
GRÖSSE 60–75 cm
GEWICHT 20–35 kg
AUSLAUF
FELLPFLEGE
REGISTRIERUNG FCI
FARBEN gelb- bis silbergrau mit heller Maske, helles Haar auch an Hals und Brust

Die als Ceskoslovensky Vlciak anerkannte Rasse sieht nicht nur einem Wolf ähnlich, sondern ist tatsächlich das Resultat von Kreuzungen aus Hunden und Wölfen. Diese Kehrtwende in der Entwicklung der Hunde hat positive wie negative Folgen.

GESCHICHTE

Die Geschichte dieser Rasse beginnt 1955 mit einem wissenschaftlichen Experiment: der Kreuzung von Deutschen Schäferhunden und Karpatenwölfen. Diese Kreuzungen, basierend auf den gelegentlichen Verpaarungen von Eskimohunden mit diesen Wölfen, ergaben, dass die Nachkommenschaft, egal ob Mutter- oder Vatertier Hund oder Wolf war, die genetischen Voraussetzungen für eine Weiterzucht besaß. Ab 1965 wurden Einkreuzungen geplant, die die Arbeitsfähigkeiten des Deutschen Schäferhundes verbessern sollten, der genetisch enger mit Mastiffs und anderen Wachhundrassen verwandt ist als mit Hütehunden. Der Wolfshund wurde in der damaligen ČSSR 1982 als nationale Rasse anerkannt; 1999 folgte die Anerkennung bei der FCI.

EIGENSCHAFTEN

Wildtiere haben immer etwas ganz Besonderes, doch sind spezielle Genehmigungen erforderlich, denn Hybriden bewegen sich in einer legalen Grauzone. Tatsächlich treten außer ihrem wilden Aussehen auch eher unerwünschte Eigenschaften zutage: Dieser Wolfshund ist nicht für die Stadt, für Familien oder ein häufiges Aufeinandertreffen mit fremden Hunden geeignet. Eine frühe und gründliche Sozialisation ist dringend nötig.

WILDES WESEN Diese Rasse sieht nicht nur aus wie ein Wolf, sie verhält sich auch so, mit einem starken Rudeltrieb und einer reduzierten Neigung zum Bellen. Der Wolfshund ist schnell gelangweilt und braucht ein abwechslungsreiches, strukturiertes Training.

Dalmatiner

URSPRUNG vermutlich Kroatien
GRÖSSE 54–61 cm
GEWICHT 25–30 kg
AUSLAUF
FELLPFLEGE
REGISTRIERUNG FCI, KC, AKCs
FARBEN weiß mit schwarzen oder leberbraunen Tupfen

Der an seinen Tupfen sofort erkennbare und überall bekannte Dalmatiner oder Dalmatinac war in seiner Geschichte bereits Jagd-, Hüte-, Ratten- und Kutschenhund.

GESCHICHTE

Solche Hundetypen sind in Dalmatien bereits seit etwa 4000 Jahren bekannt. Dalmatiner sind gut proportionierte, muskulöse und lebhafte Hunde. Taubheit und Harnsteine sind jedoch leider häufig vorkommende Probleme, und vor allem Rüden können aggressiv sein. Wichtig sind ein frühes Training und ein täglicher langer Spaziergang.

ZEITINTENSIV Das auffällige Fellmuster und die Bekanntheit der Rasse haben viele Besitzer angezogen, doch ist so mancher nicht auf die Zeit und Energie vorbereitet, die er vor allem für einen jungen Dalmatiner aufbringen muss.

Dänisch-schwedischer Hofhund

URSPRUNG Dänemark/Schweden
GRÖSSE 30–40 cm
GEWICHT 12–14 kg
AUSLAUF
FELLPFLEGE
REGISTRIERUNG AKCs
FARBEN weiß und rot, weiß und schwarz, trikolor

In Dänemark und Schweden ist diese Rasse als Dansk-Svensk Gaardshund bekannt. Sie leistete wertvolle Dienste als Rattenfänger, Hüter sowie als Familien- und Wachhund.

SCHWARZ | LOH UND WEISS | CREME | ROT/LOH | SCHWARZ UND WEISS

GESCHICHTE

Früher fand man Allzweck-Hofhunde in ganz Europa. Ihre Zahl sank, als kleinere bäuerliche Betriebe von großen Agrarunternehmen verdrängt wurden. Diese Rasse war im späten 20. Jahrhundert fast ausgelöscht, als sie durch die Anstrengungen von dänischen und schwedischen Züchtern wiederhergestellt werden konnte. Sie ist nach wie vor recht selten und außerhalb der Heimatländer bei nur sehr wenigen Organisationen anerkannt. Die lebhaften, neugierigen und verspielten Hunde lernen schnell. Sie sind freundlich und niemals zu schüchtern, um Aufmerksamkeit zu erlangen.

NATÜRLICHE ENTWICKLUNG Diese Rasse kann als Jungtier recht schlaksig sein, und es kann bis zu drei Jahren dauern, bis sich die kompakte Form des erwachsenen Hundes herausgebildet hat. Die Rute wurde nie kupiert.

Dobermann

URSPRUNG Deutschland
GRÖSSE 60–70 cm
GEWICHT 30–40 kg
AUSLAUF
FELLPFLEGE
REGISTRIERUNG FCI, KC, AKCs
FARBEN schwarz oder braun mit rostrotem Brand

Diese Rasse ist nach ihrem Erstzüchter benannt. Sie war als Wachhundrasse überaus beliebt und erlangte als solche auch einen ebenso zweifelhaften Ruf, doch nicht immer zu Recht.

GESCHICHTE

Der Steuereintreiber Louis Dobermann züchtete diese Rasse im 19. Jahrhundert zu seinem Schutz. Der Dobermann wurde auch bei Polizei und Sicherheitsdiensten eingesetzt.

Das Macho-Image und eine schamlose Überzüchtung haben viele Probleme mit sich gebracht. Einige Linien sind aggressiv oder neigen zum Angstbeißen. Zwar eignet sich der Dobermann nicht unbedingt als Familienhund, doch sollte er als Wachhund nicht ganz allein gelassen werden; er braucht viel Ansprache von einem erfahrenen Besitzer. Vor dem Kauf sollte unbedingt der Stammbaum überprüft werden. Aber auch ein Gesundheitscheck ist ratsam, denn Probleme wie Veränderungen der Halswirbelsäule, Von-Willebrand-Syndrom, Staupe, Hüftdysplasie und Herzerkrankungen kommen häufiger vor.

DOBERMANN-STIL Weimaraner, Manchester Terrier, Rottweiler und Deutscher Pinscher haben vermutlich das Aussehen des Dobermanns beeinflusst. Europäische Hunde kommen heute nur noch mit natürlicher Ohr- und Rutenform vor, während amerikanische immer noch kupiert werden dürfen.

Dogue de Bordeaux

URSPRUNG Frankreich
GRÖSSE 58–68 cm
GEWICHT 45–55 kg
AUSLAUF
FELLPFLEGE
REGISTRIERUNG FCI, KC, AKCs
FARBEN Falbschattierungen

Die auch als Bordeauxdogge bekannte Rasse ist die einzige überlebende dreier historischer Typen. Die beiden anderen waren der Toulouser und der Pariser. Filmische Berühmtheit erlangte sie an der Seite von Tom Hanks in *Scott & Huutsch*.

GEBALLTE KRAFT Alle Teile dieses typischen Mastiffs, vom breiten Kopf bis zur Rute, die bis zum Sprunggelenk reicht, sind breit und kraftvoll. Das kurze, weiche Fell sollte immer eine schwarze oder rote Maske bilden, die dunkler als die Hauptfarbe ist.

GESCHICHTE

Die Bordeauxdogge ist eine der ältesten französischen Rassen und stammt wahrscheinlich von asiatischen Mastiffs ab, die mit englischen und spanischen Typen gekreuzt wurden. Sie ist ein ausgezeichneter Wächter und recht aggressiv gegenüber anderen Hunden. Doch die Zucht bemüht sich, einen sanfteren, ruhigen Gefährten hervorzubringen.

Ostsibirischer Lajka

URSPRUNG Sibirien
GRÖSSE 56–64 cm
GEWICHT 18–23 kg
AUSLAUF
FELLPFLEGE
REGISTRIERUNG FCI
FARBEN weiß, grau, schwarz, rot, braun, Pfeffer-Salz, gesprenkelt

Der auf Russisch Vostotchno-Sibirskaïa Laïka bezeichnete Gebrauchshund ist außerhalb seiner Heimat selten anzutreffen. Er hat lange Zeit von äußeren Einflüssen abgeschnitten überlebt.

SCHWARZ GRAU DUNKELBRAUN SCHWARZ GESTROMT

VIEL ENERGIE Der Ostsibirische Lajka ist eine große, starke Rasse, unterteilt sich aber in leichtere Schlittenhunde und kräftigere Jagdhunde. Letztere stellen das Wild und erwarten unter ständigem Lautgeben die Ankunft des Jägers.

GESCHICHTE

In Sibirien gibt es einen natürlichen Bestand an wolfsähnlichen spitzartigen Hunden. Mitte des 20. Jahrhunderts studierte der Biologe K. G. Abramow das Wildleben in einer Region, die heute UNESCO-Biosphärenreservat ist, und verfasste auch einen Rassestandard für diese Hunde. Der Jagd- und Wachhund passt sich nicht leicht an einen anderen Lebensraum an. Das dichte Fell erfordert regelmäßiges Trimmen.

English Mastiff

URSPRUNG Großbritannien
GRÖSSE 70–75 cm
GEWICHT 75–85 kg
AUSLAUF
FELLPFLEGE
REGISTRIERUNG FCI, KC, AKCs
FARBEN Falbschattierungen

Diese Rasse wird häufig nur Mastiff genannt. Der Name leitet sich vom angelsächsischen Wort *masty* ab, das „kräftig, kraftvoll" bedeutet – eine treffende Beschreibung.

GROSSER FAULENZER Trotz ihrer imposanten Erscheinung sind diese Hunde sanfte Riesen, vorausgesetzt, sie sind gut sozialisiert und abgerichtet. Der Mastiff neigt zum faulen Herumliegen, sollte aber reichlich Auslauf erhalten, damit er nicht übergewichtig wird.

GESCHICHTE

Diese große Rasse ist seit mindestens 2000 Jahren auf den Britischen Inseln dokumentiert. Die Römer nahmen ihn nach der Eroberung Britanniens als Kriegshund mit nach Hause. Der Mastiff ist mittlerweile selten, nicht zuletzt weil er viel Platz und beträchtliche Mengen Futter braucht. Aufgrund seiner Größe sollte er nicht von Kindern umgeben sein. Er ist anfällig für Blähsucht und Gelenkprobleme.

Estrela Mountain Dog

URSPRUNG Portugal
GRÖSSE 62–72 cm
GEWICHT 30–50 kg
AUSLAUF
FELLPFLEGE
REGISTRIERUNG FCI, KC
FARBEN falb, gelb, wolfsgrau, weiße Abzeichen zulässig

In ihrer Heimat wird diese Rasse auch Serra da Estrela-Berghund oder Cão da Serra da Estrela genannt und gilt als leidenschaftlicher und aufmerksamer Herdenhüter.

GRAU

BLAU

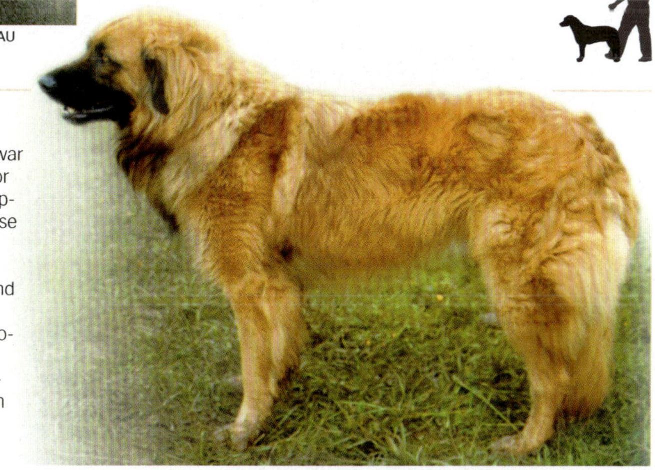

ABGEHÄRTET Mit ihrem dicken Fell war diese Rasse gut vor Kälte und bei Kämpfen geschützt. Diese Hunde kamen mit Wintereinbruch in die Täler zurück und konnten vom warmen Klima dort profitieren. Wie alle großen Rassen leiden sie häufiger an Hüftdysplasie.

GESCHICHTE

Dies ist die bekannteste und älteste aller portugiesischen Rassen. Über Jahrhunderte hinweg trieb sie die Viehherden aus dem Tal in die Hochlagen und verteidigte sie gegen Wölfe. Die Veränderungen in der Viehhaltung und die Ausrottung der Wölfe ließen diese Hunde eine neue Aufgabe als Begleiter finden. Mit Training und Aktivitäten ist er ein guter Gefährte und Wächter auf dem Land.

Eurasier

URSPRUNG Deutschland
GRÖSSE 48–60 cm
GEWICHT 18–32 kg
AUSLAUF
FELLPFLEGE
REGISTRIERUNG FCI, KC
FARBEN alle Farben und Farbkombinationen zulässig, außer weiß und leberbraun

Diese Rasse mit dem üppigen Fell hat das typische Spitz-Aussehen eines energischen Schlittenhundes, doch eigentlich ist dieser Hund ein kleiner Stubenhocker.

GRAU BLAU GOLD DUNKELBRAUN SCHWARZ GESTROMT

GESCHICHTE

Der Eurasier sieht aus wie ein Schlittenhund, den es schon seit Jahrhunderten gibt; in Wirklichkeit ist er aber eine relativ junge Mischung aus älteren Rassen. Er wurde in den 1960er-Jahren von Julius Wipfel entwickelt, der mit einer Kreuzung aus Chow-Chow und Wolfspitz begann. Als Samojeden für eine Genauffrischung eingekreuzt wurden, erhielt die Rasse ihren jetzigen Namen.

EIGENSCHAFTEN

Die Rasse ist intelligent, kann aber auch eigensinnig sein und lässt sich deshalb nicht einfach abrichten. Der Eurasier spricht gut auf eine konsequente, faire Führung an, neigt aber zu einer sehr starken Fixierung auf eine einzige Person und ignoriert alle anderen. Die Reserviertheit des Hundes kann an Schüchternheit grenzen. Darüber hinaus bellt der stille Hund selten.

MODERATER TYP Dieser Spitz-Typ ist mittelgroß und von mittlerem Knochenbau. Das lange, volle Fell hat eine dichte Unterwolle, das den Bau des Hundes jedoch nicht verbergen sollte.

Finnenspitz

URSPRUNG Finnland
GRÖSSE 38–50 cm
GEWICHT 14–16 kg
AUSLAUF
FELLPFLEGE
REGISTRIERUNG FCI, KC, AKCs
FARBEN Falbschattierungen

Dies ist die nationale Rasse Finnlands, wo sie Suomenpystykorva genannt wird. Auch ist sie als Finsk Spets bekannt. Der lebhafte kleine Spitz ist sowohl in seiner Heimat als auch im Ausland ein beliebter Begleithund geworden.

GESCHICHTE

Welches genau seine Vorfahren sind, lässt sich nicht mehr sagen. Wahrscheinlich gelangten sie mit den ersten Siedlern in das Land. Hunde dieses Typs wurden in ganz Finnland jahrhundertelang bei der Jagd eingesetzt, und auch heute noch ist der Finnenspitz ein Jagdgefährte. Bei der Einführung von Zuchtbüchern im 19. Jahrhundert stammten die meisten Tiere aus den östlichen und nördlichen Regionen. Finnenspitze sind gute Begleithunde für einen aktiven Besitzer, doch sind sie unabhängig und nicht die ideale Wahl für eine Familie. Für eine städtische Umgebung sind sie oftmals zu laut.

AB INS FREIE Am glücklichsten ist der Finnenspitz, wenn er draußen sein kann. Diese aktive Rasse hat immer noch viel von ihrer jagdlichen Vergangenheit, als die Hunde Kleinwild auf Bäume jagten und bellten, bis der Jäger eintraf.

Riesenschnauzer

URSPRUNG Deutschland
GRÖSSE 60–70 cm
GEWICHT 32–35 kg
AUSLAUF
FELLPFLEGE
REGISTRIERUNG FCI, KC, AKCs
FARBEN schwarz, Salz und Pfeffer

Der Riesenschnauzer bildet mit dem kleineren Schnauzer und dem Zwergschnauzer ein Trio. Die Anhänger dieser größten Schnauzer-Rasse lassen sich auch durch die tendenziell dominante Natur dieser kräftigen Hunde nicht in ihrer Begeisterung bremsen.

GESCHICHTE

Der Riesenschnauzer, dessen Geschichte bis ins Mittelalter zurückreicht, war ursprünglich ein Hütehund aus Süddeutschland. Zunächst war er als Russischer Bärenschnauzer bekannt. Die Haltungskosten solch großer Hunde führten vermutlich zur Entwicklung der kleineren Rassen. Der große Riesenschnauzer erfuhr erst im späten 19. Jahrhundert einen Aufschwung als Treibhund. Der Riesenschnauzer ist zu territorial und dominant, um als guter Familienhund zu gelten. Er kann destruktiv werden, wenn er vernachlässigt wird oder sich langweilt. Mit einem aktiven, engagierten und erfahrenen Besitzer glänzt der Riesenschnauzer als Wach- oder Sporthund. Die Rasse ist anfällig für Tumore, Blähsucht, Epilepsie und Hüftdysplasie.

WER IST DER CHEF? Alles am Riesenschnauzer – von der Widerristhöhe bis zum kräftigen Schädel – ist Respekt einflößend. Früher wurden Ohren und Rute gewöhnlich kupiert.

Deutsche Dogge

URSPRUNG Deutschland
GRÖSSE 79–92 cm
GEWICHT 50–80 kg
AUSLAUF
FELLPFLEGE
REGISTRIERUNG FCI, KC, AKCs
FARBEN falb, gestromt, blau, schwarz, weiß mit schwarzen oder blauen Flecken

Ursprünglich wurden Doggen an Fürstenhöfen bei der Jagd eingesetzt, später auch im Krieg oder als Wachhunde. Heute sind die riesigen Hunde am häufigsten als Begleithunde anzutreffen.

SCHWARZ BLAU SCHWARZ GESTROMT

GESCHICHTE

Die Wurzeln dieser Rasse liegen im Dunkeln, doch wahrscheinlich stammt sie von Mastiffs ab, die im 5. Jahrhundert nach Europa gelangten. Für die Wildschwein-, Bären- und Wolfsjagd wurden jene Hunde mit Windhunden gekreuzt, die forthin allgemein als Doggen bezeichnet wurden. Die Deutsche Dogge entstand im späten 19. Jahrhundert aus Kreuzungen verschiedener Typen.

EIGENSCHAFTEN

Die heutigen Doggen sind sanfte Riesen, die entspannt mit Kindern und anderen Hunden umgehen. Sie sind ruhig und relativ inaktiv im Haus, das möglichst groß sein sollte. Beengte Räumlichkeiten sind nicht zu empfehlen. Zwar sind erwachsene Tiere entspannte und würdevolle Hunde, die Energie und Tollpatschigkeit junger Doggen ist jedoch legendär.

EINE FRAGE DER GRÖSSE Die imposante Größe bringt rassespezifische Probleme mit sich: Gelenkbeschwerden, Verletzungen der Rute, Herz- und Knochenerkrankungen. Maßvolles Füttern ist wichtig, da Doggen zu Blähsucht neigen. Die Rasse hat eine durchschnittliche Lebenserwartung von nur acht bis neun Jahren.

Großer Schweizer Sennenhund

URSPRUNG Schweiz
GRÖSSE 60–72 cm
GEWICHT 59–61 kg
AUSLAUF
FELLPFLEGE
REGISTRIERUNG FCI
FARBEN trikolor

Der Große Schweizer Sennenhund ist, wie der Name schon andeutet, der größte der vier überlebenden Schweizer-Sennenhund-Rassen.

GESCHICHTE

Die Rassen der Schweizer Sennenhunde, die vermutlich von römischen Molossern abstammen, waren Ende des 19. Jahrhunderts alle vom Aussterben bedroht. Insbesondere den Bemühungen des Kynologen Prof. Albert Heim ist es zu verdanken, dass wenigstens vier Rassen gerettet werden konnten. Als ihm 1908 zwei kurzhaarige Berner Sennenhunde vorgestellt wurden, erkannte er darin den alten großen Sennen- oder Metzgerhund und fand noch weitere Exemplare, um eine Zucht damit aufzubauen. Heute gibt es Zuchten in ganz Europa und Nordamerika. Die Rasse ist normalerweise ein ruhiger Hausgefährte, auch wenn sie sich gelegentlich territorial und Fremden gegenüber misstrauisch verhält.

GROSS, ABER AGIL Ungeachtet ihrer Größe sind diese Hunde agil und verlangen nach reichlich Bewegung. Blähsucht und Gelenkprobleme kommen gelegentlich, Aus- oder Einwärtsdrehung des Augenlids selten vor.

Grönlandhund

URSPRUNG Grönland (Dänemark)
GRÖSSE 56–64 cm
GEWICHT 30–32 kg
AUSLAUF
FELLPFLEGE
REGISTRIERUNG FCI, KC, AKCs
FARBEN alle Farben zulässig

Diese robuste und kräftige Rasse wird auch Grønlandshund genannt und mag nichts lieber als Bewegung. Die Hunde sind häufig auf nur eine einzige Person fixiert.

CREME | DUNKELBRAUN | GOLD UND WEISS | LOH UND WEISS

GESCHICHTE

Diese Rasse gehört vermutlich zu den ältesten weltweit und konnte sich in relativer Isolation aus ihren Vorfahren entwickeln, die vor etwa 12 000 Jahren in die Region gelangt waren. Die Hunde wurden für die Jagd und zum Schlittenziehen gebraucht. Die Bestände gingen infolge der Veränderung der Lebensgewohnheiten zurück. Der Grönlandhund ist von Natur aus nicht als Familienhund geeignet, da er außer zu seinem Besitzer, den er als „Rudelführer" akzeptiert, recht distanziert ist. Außerdem benötigt er sehr viel Bewegung. Seine Beliebtheit unter Wanderern wächst beständig.

PERFEKT ANGEPASST Dieser Hund ist dafür geschaffen, um auch in bitterster Kälte zu überleben: Das lange, dicke und borstige Haarkleid mit der dichten Unterwolle schließt die Körperwärme ein. Die geringe Größe der Ohren minimiert das Risiko von Erfrierungen.

Hovawart

URSPRUNG Deutschland
GRÖSSE 58–70 cm
GEWICHT 25–41 kg
AUSLAUF
FELLPFLEGE
REGISTRIERUNG FCI, KC, AKCs
FARBEN gold, schwarz, schwarz und gold

Der Name dieser Rasse leitet sich ab vom mittelhochdeutschen Wort „Hovewart", was „Hofwächter" bedeutet – womit schon die ursprüngliche Aufgabe dieser Hunde beschrieben wäre.

SCHWARZ

GOLD

SCHWARZ UND LOH

GESCHICHTE

Erste schriftliche Erwähnung erfuhr der Hovawart im 13. Jahrhundert, doch diese alte Rasse verschwand. Im frühen 20. Jahrhundert wurde sie aus nord- und süddeutschen Hofhunden und möglicherweise anderen Rassen wie dem Deutschen Schäferhund neu gezüchtet. Der Hovawart ist eine elegante und reservierte Rasse und neigt dazu, sich sehr stark auf eine Person zu fixieren.

GESUNDE HÜFTEN Zwar ist diese Rasse relativ groß und schwer, doch dank strikter Zuchtkriterien konnte das Risiko von Hüftdysplasie in den meisten Linien reduziert werden. Bei der Wahl eines Tieres ist also unbedingt auf einen gesunden Schlag zu achten.

Kai

URSPRUNG Japan
GRÖSSE 45–55 cm
GEWICHT 16–18 kg
AUSLAUF
FELLPFLEGE
REGISTRIERUNG FCI, KC, AKCs
FARBEN schwarz oder rot gestromt, gestromt

Wie einige andere einheimische Rassen gilt auch der Kai in seiner Heimat als Naturdenkmal. Er ist auch als Kai Inu, Tora Inu und Kai Tora-ken bekannt. *Inu* bedeutet „Hund" und *tora* „Tiger".

GESCHICHTE

In Japan begann man erst in den 1930er-Jahren damit, die heimischen Hunderassen zu klassifizieren und wertzuschätzen. Dies war hauptsächlich das Verdienst des Züchters Haruo Isogai. Der Kai hat seinen Namen von der abgelegenen Bergregion in der Yamanashi-Präfektur, wo er entwickelt wurde. Selbst in Japan ist diese Rasse, die sich durch ein gestromtes Fell auszeichnet, selten.

AUFMERKSAMER JÄGER Der intelligente und mutige Kai ist ein gut proportionierter, stämmig gebauter Berghund, der auf dem Land in vielen Funktionen eingesetzt wurde, unter anderem bei der Jagd und als Wachhund.

Karelischer Bärenhund

URSPRUNG Finnland/Russland
GRÖSSE 48–58 cm
GEWICHT 20–23 kg
AUSLAUF
FELLPFLEGE
REGISTRIERUNG FCI, KC, AKCs
FARBEN schwarz, normalerweise mit weißen Abzeichen

Diese beständige und kraftvolle Rasse, in Finnland auch Karjalankarhukoira genannt, stammt aus der finnischen Provinz Karelien, die nach dem Zweiten Weltkrieg teilweise an die UdSSR fiel.

SCHWARZ

SCHWARZ UND WEISS

GESCHICHTE

Die genaue Herkunft dieser Rasse lässt sich nicht rekonstruieren. Eine Verwandtschaft besteht aber mit dem weniger bekannten Russisch-Europäischen Lajka. Die ersten Jäger und Sammler, die Finnland besiedelten, schätzten Hunde, die groß und mutig genug waren, um es mit Bären, Wölfen und Luchsen aufzunehmen. Nach dem Zweiten Weltkrieg sanken die Bestände dramatisch. Heute lassen sich alle Karelischen Bärenhunde auf gerade einmal 40 Tiere zurückführen. Sie werden nicht nur in ganz Europa, sondern auch vereinzelt in Nordamerika gezüchtet. Der furchtlose und eigensinnige Bärenhund empfiehlt sich nicht für die Stadt oder eine Familie, doch auf dem Land ist er ein ausgezeichneter Gefährte.

EIFRIG DABEI Der Karelische Bärenhund ist in ganz Skandinavien ein beliebter Jagdgefährte. Er wird hauptsächlich für die Verfolgung von Großwild wie dem Elch eingesetzt. Die Rasse ist ein eifriger, ja fast fanatischer Jäger.

REGIONALE SPEZIALITÄT Der Karelische Bärenhund ist in vielerlei Hinsicht ein sehr typischer skandinavischer Spitz. Nur das schwarz-weiße Fell ist ungewöhnlich und unterscheidet ihn von anderen Rassen wie dem Finnenspitz.

Wolfspitz

URSPRUNG Deutschland
GRÖSSE 43–45 cm
GEWICHT 25–30 kg
AUSLAUF
FELLPFLEGE
REGISTRIERUNG FCI, KC, AKCs
FARBEN grau gewolkt, schwarz, creme

Diese Rasse wird in einigen Registern als Keeshond geführt, bei der FCI allerdings unter ihrem deutschen Namen. Der Wolfspitz ist die größte Varietät des Deutschen Spitzes, zu dem zum Beispiel auch der puderquastige Zwergspitz gehört.

GESCHICHTE

Alle deutschen Spitze stammen vom steinzeitlichen Torfhund ab. Spitz-Anhänger halten diesen für die älteste Rasse in Mitteleuropa und den Vorläufer anderer Spitz-Rassen. Wolfspitze arbeiteten als Wächter, Rattenjäger und Schiffshunde in Deutschland und Südholland. Der Zweitname Keeshond ist holländisch, datiert aus dem 18. Jahrhundert und geht auf den Hund zurück, der dem Rebellen Cornelis „Kees“ de Gyselaer gehörte. Der Wolfspitz ist ruhig und freundlich genug, um einen Familienhund abzugeben, und wachsam genug, um ein guter Wächter zu sein.

PRÄCHTIGER PELZ Die früheren unterschiedlichen Fellschattierungen wurden mit verschiedenen Herkunftsregionen erklärt. Heute ist das Haarkleid einheitlicher, nämlich grau gewolkt. Tägliche Pflege ist zu empfehlen.

Korea Jindo Dog

URSPRUNG Korea
GRÖSSE 41–58 cm
GEWICHT 10–20 kg
AUSLAUF
FELLPFLEGE
REGISTRIERUNG FCI
FARBEN rot, weiß, schwarz, schwarz und loh, wolfsgrau, gestromt

Ähnlich wie der japanische Shiba Inu wird diese Rasse, die auch als Koreanischer Jindo bekannt ist, in ihrer Heimat als nationales Kulturdenkmal angesehen. Die Exporte sind beschränkt.

SCHWARZ | ROT/LOH | SCHWARZ UND WEISS | LOH UND WEISS | SCHWARZ UND LOH

GESCHICHTE

Dieser kompakte, lebhafte und gesunde Spitz des urtümlichen Typs konnte sich auf natürliche Weise in der Isolation der koreanischen Insel Jindo entwickeln. Seine herausragenden Eigenschaften sind Intelligenz, ein unabhängiger Geist und Loyalität. In Korea gibt es viele Legenden von verkauften Hunden, die über große Entfernungen wieder nach Hause zurückfanden. Jindos eignen sich nicht für die Stadt oder eine Familie.

REINE FARBEN In Korea werden fast nur weiße, rote oder lohfarbene Tiere anerkannt, weshalb dies auch die häufigsten Farben sind. Bei der FCI sind auch die historischen Typen mit schwarzem, schwarzem und lohfarbenem sowie gestromtem Haarkleid anerkannt.

Labradoodle

URSPRUNG Australien
GRÖSSE 33–65 cm
GEWICHT 10–40 kg
AUSLAUF
FELLPFLEGE
REGISTRIERUNG –
FARBEN viele einheitliche Farben

Dies ist das Paradebeispiel für die heute in Mode gekommenen Designerhunde. In Australien hat der Labradoodle einen Rassestandard mit drei Größenvarietäten.

SCHWARZ CREME BLAU GOLD DUNKELBRAUN

GESCHICHTE

In den 1990er-Jahren begann die Züchterin Wally Conron, Labradore und Pudel mit dem Ziel zu kreuzen, einen nicht haarenden Führhund für Allergiker zu kreieren. Die Entwicklung ist noch nicht abgeschlossen, doch Züchter hoffen, zufriedenstellende Felleigenschaften zu erreichen und einen breiten Gen-Pool sowie die intelligente und fügsame Natur der beiden Rassen zu bewahren.

FELLQUALITÄT In der ersten Generation der Labradoodles ist das nicht abwerfende Haarkleid noch keine Vorschrift. Das Fell muss allerdings einlagig sein.

Lagotto Romagnolo

URSPRUNG Italien
GRÖSSE 35–48 cm
GEWICHT 11–16 kg
AUSLAUF
FELLPFLEGE
REGISTRIERUNG FCI, KC, AKCs
FARBEN weiß, braun, orange, weiß mit braunen oder orange Flecken

Der Wasserhund der Romagna ist heute keine häufige und weitverbreitete Rasse, aber es gibt zwei Schläge: Einige Hunde werden als Nutztiere, andere als Familienhunde gezüchtet.

DUNKELBRAUN LOH UND WEISS

GESCHICHTE

Der Lagotto Romagnolo ist eine alte Rasse, die entwickelt wurde, um in den Sumpfgebieten bei Ravenna und Comacchio Wild zu apportieren. Als dieses Sumpfland trockengelegt wurde, fand er in den Ebenen und Bergen der Romagna eine neue Aufgabe als Trüffelhund. Er ist gesund, langlebig, lebendig und ein anhänglicher Familienhund – allerdings nicht in der Stadt.

LOCKENPRACHT Zuweilen hört man, das Fell dieser Rasse müsse nur zweimal im Jahr geschoren werden. Doch kann es leicht verfilzen, und regelmäßiges Kämmen ist ratsam. Bürsten würde das Haar allerdings kraus machen und die charakteristischen Kringellöckchen zerstören.

Landseer

URSPRUNG Kanada/Deutschland/Schweiz
GRÖSSE 66–71 cm
GEWICHT 50–68 kg
AUSLAUF
FELLPFLEGE
REGISTRIERUNG FCI, KC, AKCs
FARBEN schwarz und weiß

In den meisten Registern ist der Landseer als schwarz-weiß gescheckte Varietät des Neufundländers eingestuft. Bei der FCI wird er als eigene Rasse anerkannt, die nach dem Maler Sir Edwin Landseer benannt ist.

GESCHICHTE

Hunde in Neufundland entwickelten sich aus einer komplexen Mischung alter Rassen mit Wasserhunden und Mastiffs, die mit Seeleuten in die Region gelangten. Am bekanntesten ist der stämmige Neufundländer. Einige Züchter versuchten jedoch, einen Hund mit längeren Läufen, ähnlich dem St John's Dog, zu entwickeln: den Landseer. Er ist ein wirklicher sanfter Riese.

LANDSEER IN DER KUNST Dieser Hund taucht nicht nur in Landseer-Gemälden auf, auch der Hund Nana aus *Peter Pan* ist in der Romanvorlage ein Landseer und nicht wie im Film ein Bernhardiner oder ein Old English Sheepdog.

Leonberger

URSPRUNG Deutschland
GRÖSSE 65–80 cm
GEWICHT 45–75 kg
AUSLAUF
FELLPFLEGE
REGISTRIERUNG FCI, KC, AKCs
FARBEN creme bis rot mit dunkler Maske

Dieser Hund ist nach der Stadt Leonberg in Baden-Württemberg benannt, in der er als Hybride aus etablierten Rassen entwickelt wurde. Durch die geschickte Vermarktung des Erstzüchters wurde er schnell zu einem Statussymbol – zur Empörung anderer Züchter.

GESCHICHTE

Im frühen 19. Jahrhundert kreierte der Leonberger Stadtrat Heinrich Essig diese majestätische Rasse aus einer schwarz-weißen Neufundländerhündin und einem Bernhardiner. Die Kraft, Ruhe, Loyalität und der Gehorsam der neuen Rasse sicherten ihr schließlich ihre Akzeptanz. Die Bestände litten sehr unter den beiden Weltkriegen; heute ist der Leonberger ein beliebter Familienhund.

LÖWENKOPF Ziel des Erstzüchters Essig war es, einen dem Löwen – Wappentier der Stadt Leonberg – ähnlichen Hund zu entwickeln. Die ersten Exemplare waren schwarz-weiß, weshalb Essig später noch Pyrenäen-Berghunde einkreuzte.

LEONBERGER Wie viele moderne Kreuzungen aus älteren Rassen wurde auch diese zunächst abgelehnt. Doch konnte sich der Leonberger rasch etablieren und an Beliebtheit gewinnen. Jedoch ist die trotzdem relativ seltene Rasse nicht einfach zu züchten.

Neapolitanischer Mastiff

URSPRUNG Italien
GRÖSSE 60–75 cm
GEWICHT 50–75 kg
AUSLAUF
FELLPFLEGE
REGISTRIERUNG FCI, KC, AKCs
FARBEN schwarz, blau, grau, falb, rot, alle Farben auch gestromt

Diese Rasse, die auch als Italienische Dogge oder Mastino Napoletano bekannt ist, ist Vorfahre vieler anderer Mastiff-Rassen.

SCHWARZ GRAU BLAU ROT/LOH SCHWARZ GESTROMT

GESCHICHTE

Der Neapolitanische Mastiff ist vermutlich der direkteste Nachfahre des großen römischen Molosserhundes. Die nach dem Zweiten Weltkrieg fast ausgestorbene Rasse konnte durch Bemühungen von Dr. Pierro Scanziani und Mario Querci gerettet werden. Die Rasse hat einen starken Beschützerinstinkt, ist dominant und ein guter Wächter, falls eine frühe Sozialisation stattfindet.

INNERE SCHÖNHEIT Vielfraß und Geifer-Weltmeister – diese Hunde sind nicht jedermanns Geschmack. Früher wurden Ohren und Rute kupiert.

New Guinea Singing Dog

URSPRUNG Neuguinea
GRÖSSE 35–38 cm
GEWICHT 8–14 kg
AUSLAUF
FELLPFLEGE
REGISTRIERUNG FCI, KC, AKCs
FARBEN Rottöne mit oder ohne weiße Markierungen, schwarz mit lohfarbenem Brand

Diese Rasse ist nach ihrem singenden Heulton benannt. Sie ist sehr eng mit dem Dingo verwandt und eine wirkliche Kuriosität in der Welt der Hunde.

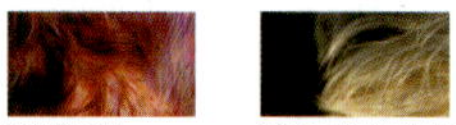

ROT/LOH SCHWARZ UND LOH

GESCHICHTE

Der New Guinea Singing Dog war Teil der einheimischen Fauna Neuguineas. Er hat sich in völliger Isolation vor etwa 6000 Jahren entwickelt und kann fast als lebendes Relikt der frühen Hunde betrachtet werden. Als wild lebender Hund verschwand er im 20. Jahrhundert, konnte aber in Zoos erfolgreich weitergezüchtet werden. Nach wie vor gehört er zu den gefährdeten Tierarten.

RUF DER WILDNIS Diese zähen Hunde haben ein fuchsähnliches Äußeres und bewegen sich anmutig. Wird der Hund früh sozialisiert, kann er zu seinem Besitzer ein sehr enges Verhältnis aufbauen. Doch ist er anderen Hunden gegenüber in der Regel sehr reserviert oder gar aggressiv. Er hat einen starken Jagdtrieb, der ihn vergessen lässt, was er gelernt hat.

Neufundländer

URSPRUNG Kanada
GRÖSSE 66–71 cm
GEWICHT 50–69 kg
AUSLAUF
FELLPFLEGE
REGISTRIERUNG FCI, KC, AKCs
FARBEN schwarz, braun, weiß-schwarz

Die heutigen Mastiff-Rassen stammen alle von den alten Molosserhunden aus dem Mittelmeerraum ab. Sie reichen von Kampfhunden bis hin zu sanften Riesen wie dem Neufundländer.

DUNKELBRAUN

SCHWARZ UND WEISS

WASSERLIEBHABER Der Neufundländer hat mit seinem besonderen Instinkt schon viele Menschen vor dem Ertrinken gerettet. Er kann sehr schwere Lasten tragen.

GESCHICHTE

Über die Herkunft des Neufundländers ist so wenig bekannt, dass sich romantische Legenden darum ranken. Hunde nomadisch lebender Indianer, Bärenhunde der Wikinger und der Labrador werden alle als Vorfahren zitiert, ebenso wie Kreuzungen im 18. Jahrhundert aus lokalen Hunden und Mastiffs von Seeleuten, die an der Küste festmachten. Wie auch immer, Neufundländer waren für die Fischer von unschätzbarem Wert, da sie Boote und Netze zogen und alles aus dem Wasser holten, was über Bord ging. Mittlerweile wurde die Rasse jedoch aus ihrem ursprünglich angestammten Aufgabengebiet verdrängt.

Norrbottenspitz

URSPRUNG Schweden
GRÖSSE 40–47 cm
GEWICHT 12–15 kg
AUSLAUF
FELLPFLEGE
REGISTRIERUNG FCI, AKCs
FARBEN alle Farben zulässig

Die in ihrer Heimat als Norrbottenspets bezeichnete Rasse ist das schwedische Pendant zum Finnenspitz.

ROT/LOH

GOLD

GOLD UND WEISS

SCHWARZ UND WEISS

LOH UND WEISS

GESCHICHTE

Die Geschichte dieser Rasse reicht ins 17. Jahrhundert zurück, als die Hunde eingesetzt wurden, um Eichhörnchen wegen ihres Fells zu jagen. Der Norrbottenspitz ist kleiner als die meisten anderen skandinavischen Spitz-Rassen und hat eine gewisse Ähnlichkeit mit dem vergleichbar kleinen Norwegischen Buhund. Die nach dem Zweiten Weltkrieg fast verschwundene Rasse erlebt mittlerweile ein Comeback, doch bleibt sie selbst in ihrer Heimat selten – vielleicht weil die Hunde sehr aktiv sind und einen starken Willen haben.

HELLE AUGEN, BUSCHIGE RUTE Dieser selbstbewusste und intelligente Hund ist mutig, aufgeweckt und immer in Bewegung, was seinem kessen Äußeren entspricht. Das Fell ist kurz, doch durch die dichte Unterwolle ist der Hund unempfindlich gegen Kälte.

Norwegischer Lundehund

URSPRUNG Norwegen
GRÖSSE 31–39 cm
GEWICHT 5,5–6,5 kg
AUSLAUF
FELLPFLEGE
REGISTRIERUNG FCI, KC, AKCs
FARBEN braun, schwarz, grau, weiße Abzeichen, weiß mit dunklen Abzeichen

Lunde ist das norwegische Wort für Papageientaucher; die ursprüngliche Aufgabe des Norsk Lundehund war es, diese Vögel auf den steilen Klippen der Lofoteninsel Værøy zu jagen.

SCHWARZ UND WEISS

LOH UND WEISS

GESCHICHTE

Der Norwegische Lundehund wurde bereits im 16. Jahrhundert für die Jagd auf Papageientaucher eingesetzt. Die in völliger Isolation gezüchtete Rasse hat einige erstaunliche Fähigkeiten entwickelt. So kann der Hund die aufrechten Ohren nach vorn klappen, um das Eindringen von Schmutz und Wasser zu verhindern. Beim Bergabgehen kann er den Kopf sehr weit nach hinten biegen. Die Vorderläufe können wie menschliche Arme seitlich ausgestreckt werden. Die Pfoten haben einen daumenartigen sechsten Zeh. All dies hilft ihm, sich besser über die steilen, zerklüfteten Felsen zu bewegen.

EIGENSCHAFTEN

Diese in Isolation entwickelte Rasse wurde erst in den 1930er-Jahren von der Außenwelt wahrgenommen. Als die Papageientaucher-Jäger mit Netzen zu arbeiten begannen, bedeutete dies fast das Ende des Lundehundes, und trotz intensiver Zuchtbemühungen bleibt er selten.

NETTER KLEINER ARBEITER Im Jahr 1753 wurde dokumentiert: „Ihre Beute bereichert den Bauern sehr häufig mehr, als es seine andere Arbeit tut."

Perro de Pastor Mallorquín

URSPRUNG Mallorca (Spanien)
GRÖSSE 62–73 cm
GEWICHT 35–40 kg
AUSLAUF 
FELLPFLEGE
REGISTRIERUNG FCI, KC, AKCs
FARBEN schwarz

Diese Rasse ist unter ihrem katalanischen Namen Ca de Bestiar offiziell anerkannt, was so viel heißt wie Herdenhund. Der auch als Mallorca-Schäferhund bekannte Hund ist recht selten und außerhalb Spaniens kaum verbreitet.

GESCHICHTE

Dieser Hofhund teilt sich einige Vorfahren mit dem Perro de Presa Mallorquín, doch entwickelte er sich in sehr unterschiedlichen Linien als Herdenhüter und Hofhund. Vermutlich ist er mit dem ähnlichen portugiesischen Cao de Castro Laboreiro verwandt. Er kann sehr gut extreme Hitze ertragen. Der Perro de Pastor wurde nach Südamerika ausgeführt und dort als Wachhundrasse weitergezüchtet. Mit seinen Eigenschaften – Aggressivität und Territorialverhalten – ist er ein echter Gebrauchshund, der auch schon mal seinen Besitzer zu dominieren versucht.

ZWEI VARIETÄTEN Diese Rasse ist offiziell als langhaarige und kurzhaarige Varietät anerkannt. Möglicherweise ist die langhaarige jedoch ausgestorben.

Perro de Presa Mallorquín

URSPRUNG Mallorca (Spanien)
GRÖSSE 52–58 cm
GEWICHT 30–38 kg
AUSLAUF 
FELLPFLEGE
REGISTRIERUNG FCI, AKCs
FARBEN gestromt, falb, schwarz

Der offizielle Name dieser Rasse ist Perro Dogo Mallorquin. Andere Bezeichnungen sind Mallorca-Dogge oder Ca de Bou, was „Bulldogge" bedeutet. Er ist ein guter Wachhund.

GOLD

SCHWARZ GESTROMT

GESCHICHTE

Diese Rasse stammt vom spanischen Mastiff ab, der im 13. Jahrhundert zum Jagen, Hüten und als Kampfhund auf die Balearen gebracht wurde. Im 18. Jahrhundert wurde er für den neuen Sport Bullenbeißen wohl mit britischen oder spanischen Bulldoggen gekreuzt. Die Rasse erlebte im 20. Jahrhundert einen Niedergang, wurde aber in den 1980er-Jahren wiederhergestellt. Sie ist nach wie vor selten und hat sich nur zaghaft in Europa verbreitet. Der heutige Perro de Presa ist viel friedlicher als der alte Typ, aber immer noch ein eigensinniger, schwer abzurichtender Hund.

ARBEITSTIER Der Perro de Presa Mallorquín ist ein typischer tiefbrüstiger Mastiff. Der massive Kopf, sehr ausgeprägt vor allem bei Rüden, hat den kurzen Fang, mit dem Bullenbeißer ihre Gegner niederrangen.

Pudel (Großpudel)

URSPRUNG Deutschland
GRÖSSE 38–60 cm
GEWICHT 20,5–32 kg
AUSLAUF
FELLPFLEGE
REGISTRIERUNG FCI, KC, AKCs
FARBEN alle einheitlichen Farben zulässig

Die frühere Bestimmung dieser Rasse lässt sich von ihrem Namen ableiten: „Puddeln" ist ein mitteldeutsches Wort für „im Wasser planschen". Der Hund ist heute ein beliebter Begleiter.

SCHWARZ CREME BLAU GOLD DUNKELBRAUN

GESCHICHTE

Die Ursprünge dieser Rasse lassen sich bis ins Mittelalter zurückverfolgen. Sie entstand vermutlich in Deutschland, Osteuropa oder sogar Asien, ist aber offiziell als französische Rasse anerkannt. Denn dort entwickelten sich die modernen Größen des Klein-, Zwerg- und Toy-Pudels (siehe S. 131). Der Pudel trat in französischen Zirkussen auf, und seine Intelligenz und seine unglaubliche Gelehrigkeit machten aus ihm einen hervorragenden Begleithund und Trüffelsucher. Die Rasse ist gesund und anpassungsfähig.

LÖWENSCHUR Auch wenn diese Schur etwas gekünstelt wirkt, so war der ursprüngliche Zweck doch, den Wasserwiderstand zu reduzieren und dabei gleichzeitig Brust und Gelenke der Gliedmaßen durch das Haarkleid zu wärmen.

MODERNE SCHUR Diese schlichtere Schur ist mittlerweile auch für Ausstellungen zugelassen. Das Haarkleid ist auf diese Weise viel einfacher zu pflegen.

STANDARDS Die erlaubten Größen für die verschiedenen Pudelvarietäten schwanken. Bei der FCI liegen die Obergrenzen 8 cm höher als bei anderen Verbänden.

Portugiesischer Wasserhund

URSPRUNG Portugal
GRÖSSE 43–57 cm
GEWICHT 16–25 kg
AUSLAUF
FELLPFLEGE
REGISTRIERUNG FCI, KC, AKCs
FARBEN schwarz oder braun, einheitlich oder mit weißen Abzeichen, weiß

Der Cão de Agua Português erinnert an einige Jagdhundrassen, doch sein Aufgabengebiet war dem des Neufundländers ähnlich. Er war für die Fischer ein unverzichtbarer Helfer.

SCHWARZ DUNKELBRAUN GOLD UND WEISS

GESCHICHTE

Die ältesten Vorfahren dieser Rasse könnten asiatische Hunde mit gelocktem Haarkleid gewesen sein. In Portugal kann dieser Typ bis ins Mittelalter zurückverfolgt werden. Der Portugiesische Wasserhund ist ein hervorragender Schwimmer und Taucher und wurde früher an der ganzen portugiesischen Küste eingesetzt. An Land war er ein guter Wächter für Ausrüstung und Fang. Die veränderten Fangmethoden ließen die Rassebestände sinken. Heute findet man den Hund hauptsächlich noch an der Algarve.

EIGENSCHAFTEN

Der Portugiesische Wasserhund ist ein munterer Hund; sein Wunsch zu gefallen und seine Intelligenz machen ihn zu einem überaus gelehrigen Tier. Er ist unglaublich ausdauernd und braucht einen aktiven, engagierten Besitzer, wenn er nicht aus Langeweile destruktiv werden soll. Welpen sind chronische Nager und sollten auf GM1-Gangliosidose, eine tödliche Nervenerkrankung, getestet werden.

ROBUST Der robuste und gut proportionierte Bau dieser Rasse soll Stärke und Intelligenz vermitteln. Es gibt zwei Haarvarietäten: kürzeres, gekräuseltes Haar, wie hier zu sehen, bei dem sich die typischen Strähnen bilden, und längeres, leicht gewelltes Haar. Beide haben ein dichtes, üppiges Fell ohne Unterwolle.

Pyrenäen-Mastiff

URSPRUNG Spanien
GRÖSSE 72–80 cm
GEWICHT 55–75 kg
AUSLAUF
FELLPFLEGE
REGISTRIERUNG FCI
FARBEN weiß mit grauen, goldgelben, braunen, schwarzen oder silbernen Flecken

Der Pyrenäen-Mastiff, auch Mastin d'Aragon genannt, ist ein Hüte- und Hofhund, der es mit Wölfen und Bären aufnehmen kann. Die Rasse ist ein guter Wächter für ländliche Anwesen.

GOLD UND WEISS

SCHWARZ UND WEISS

LOH UND WEISS

GESCHICHTE

Vermutlich brachten phönizische Händler die ersten Mastiffs vor Tausenden von Jahren aus Asien nach Spanien. Diese Hunde entwickelten sich in den Pyrenäen weiter und hüteten sowohl die Viehherden als auch Haus und Hof. Die Rasse mit der tiefen Stimme hat einen starken Beschützerinstinkt, und ihr angeborener Unwille nachzugeben ist nicht ideal für eine städtische Umgebung.

UNTERSCHÄTZTE RASSE Der solide gebaute, imposante Hund vermittelt nie den Eindruck, zu schwer oder langsam zu sein. Er gehört zu den selteneren Mastiff-Rassen, vielleicht weil er im Schatten des Pyrenäen-Berghundes steht oder mit ihm verwechselt wird.

Pyrenäen-Berghund

URSPRUNG Frankreich
GRÖSSE 65–80 cm
GEWICHT 55–75 kg
AUSLAUF
FELLPFLEGE
REGISTRIERUNG FCI, KC, AKCs
FARBEN reinweiß, weiß mit grauen, blass gelben oder orangefarbenen Flecken

Diese unerschrockene, intelligente Rasse stammt aus dem französischen Teil der Pyrenäen und wird dort Chien de Montagne des Pyrénées genannt.

GOLD UND WEISS

GELENKPROBLEME Allein Größe und Gewicht dieser Hunde machen sie für die Stadt ungeeignet. Sie sind anfällig für Gelenkprobleme. Bei großer Hitze können sich Hautirritationen ergeben.

GESCHICHTE

Die Rasse stammt wahrscheinlich von alten asiatischen Mastiffs ab und fand bereits im Mittelalter Erwähnung. Im 17. Jahrhundert war sie sogar am französischen Königshof zu finden. Im frühen 20. Jahrhundert war der Pyrenäen-Berghund fast gänzlich verschwunden; heute hat er sich aber in Europa wie in Amerika etabliert. Die früheren Hunde waren ausgesprochene Wachhunde.

Rhodesian Ridgeback

URSPRUNG Südafrika
GRÖSSE 60–69 cm
GEWICHT 32–36 kg
AUSLAUF
FELLPFLEGE
REGISTRIERUNG FCI, KC, AKCs
FARBEN helles bis rotes Weizengelb

Der Rhodesian Ridgeback ist die einzige aus dem Süden Afrikas stammende Rasse. Sie ist leicht an dem charakteristischen umgekehrten Aalstrich auf dem Rücken zu erkennen, der der Rasse ihren Namen gab. Dies galt als einzigartig, bis der Thai Ridgeback entdeckt wurde.

GESCHICHTE

Hunde mit dem charakteristischen Haarstreifen wurden in Südwestafrika für die Jagd gehalten und im 19. Jahrhundert mit Mastiffs und Windhunden von Siedlern und Kolonialherren gekreuzt. Das Resultat war eine Rasse, die paarweise oder als Trio auf Löwen angesetzt wurde, weshalb der alte Name des Ridgeback auch Afrikanischer Löwenhund lautet. Mit dem zunehmenden Schutz der Wildnis wurde er immer mehr zum Haushund – ein ebenso loyaler Wach- wie Begleithund. Der stolze Hund kann Fremden mit Zurückhaltung begegnen. Er möchte seinen Besitzer für sich allein haben und teilt ihn nicht gern mit Kindern oder anderen Hunden.

AUSDAUERND Der erste Rassestandard für den Rhodesian Ridgeback wurde in den 1920er-Jahren aufgestellt und basierte auf dem des Dalmatiners. Oberste Zuchtkriterien waren Agilität und Eleganz, und so glänzt die Rasse heute durch Ausdauer und Schnelligkeit.

Rottweiler

URSPRUNG Deutschland
GRÖSSE 58–69 cm
GEWICHT 41–50 kg
AUSLAUF
FELLPFLEGE
REGISTRIERUNG FCI, KC, AKCs
FARBEN schwarz mit lohfarbenem Brand

Ursprünglich war der Rottweiler ein Hüte- und Zughund, später Wachhund, Militär- und Polizeihund, jedoch nie, wie manchmal angenommen wird, ein Kampfhund. Dieser Irrglaube ist Teil des gelegentlich negativen, häufig ungerechtfertigten Rufs, in dem die Rasse mittlerweile steht.

Gefährlicher Hund?

Bei guter Sozialisierung und in den Händen eines erfahrenen Besitzers sind Rottweiler intelligente und sehr gelehrige Hunde. Aber sie haben einen starken Beschützerinstinkt, sind bestimmend und auch launisch.

GESCHICHTE

Die frühesten Vorfahren des Rottweilers waren vermutlich römische Molosserhunde – eine römische Militärroute führte einst auch an der Stadt Rottweil vorbei. Rottweiler waren beliebte Hofhunde und wurden als Rottweiler Metzgerhunde bekannt, da sie praktischerweise zugleich das Schlachtvieh hüteten, Karren ziehen und die Waren bewachen konnten. Die Bestände gingen im 19. Jahrhundert drastisch zurück, doch konnten sie gerettet werden, da sich der Rottweiler als effizienter Polizeihund erwies. Heute ist er auf der ganzen Welt als Wachhund bekannt, als Begleithund hingegen wird er immer weniger gern gesehen. Größe und Gewicht allein machen ihn zu einem besseren Gebrauchshund als zu einem Gefährten für Familien mit kleinen Kindern.

MÖGLICHST JUNG Wie der Rottweiler groß wird, hat einen entscheidenden Einfluss auf sein Verhalten. Welpen, die ständig von Menschen umgeben sind, mit Kindern und anderen Tieren spielen, verhalten sich völlig anders als Zwingerhunde.

MÄCHTIG UND MUTIG Die eindrucksvollen Hunde mit dem kräftigen Gebäude leiden wie die meisten großen Rassen leider häufig an Hüftdysplasie. Ohren und Rute wurden früher immer kupiert, behalten heute in Europa aber ihre natürliche Form.

Russisch-Europäischer Lajka

URSPRUNG Russland/Finnland
GRÖSSE 51–58 cm
GEWICHT 21–23 kg
AUSLAUF
FELLPFLEGE
REGISTRIERUNG FCI
FARBEN schwarz, grau, weiß, Pfeffer und Salz, bikolor

Der Russko-Evropeïskaïa Laïka ist fast identisch mit dem Karelischen Bärenhund. Seine Existenz als eigenständige Rasse verdankt er dem politischen Streit um den Status seiner Heimat.

SCHWARZ

GRAU

GESCHICHTE

Spitzartige Hunde gelangten vor Tausenden von Jahren nach Karelien und wurden seither bei der Jagd auf Großwild wie den Elch oder zur Verteidigung gegen Räuber wie Wolf, Luchs oder Bär eingesetzt. Karelien war abwechselnd schwedisches, finnisches oder russisches Hoheitsgebiet. Als die Region nach dem Zweiten Weltkrieg zwischen Finnland und der UdSSR aufgeteilt wurde, erging es der Hunderasse nicht anders. Die Sowjets bezeichneten den Hund als Lajka – ein Name, durch den die Hunde sofort als russisch erkannt werden sollten.

NICHT ANGEPASST Dieser Lajka – der Name bedeutet im Russischen „bellen" – ist nicht von seinem historischen Typ und Aufgabenbereich abgewichen. Die unglaublich zähen, kräftigen und kälteunempfindlichen Hunde eignen sich nicht als Begleiter.

Saarloos-Wolfshund (oder Wolfhond)

URSPRUNG Niederlande
GRÖSSE 60–76 cm
GEWICHT 36–41 kg
AUSLAUF
FELLPFLEGE
REGISTRIERUNG FCI, AKCs
FARBEN grau bis schwarz schattiert, hell- bis dunkelbraun oder weiß bis creme

Viele Hunderassen sind ursprünglich mit Wölfen gekreuzt worden; der Saarloos-Wolfshund (oder Wolfhond) trägt dieses Erbe sogar in seinem Namen.

GRAU

GOLD

GESCHICHTE

In den 1920er-Jahren begann Leendert Saarloos, Deutsche Schäferhunde mit Wölfen zu kreuzen, in der Hoffnung, die Hunde würden gesundheitlich wieder robuster und erhielten bessere Gebrauchseigenschaften. Doch es stellte sich heraus, dass sein Wolfshund dem Wolf näher war als einem Gebrauchshund. Die Rasse wurde kurz nach dem Tod Saarloos' registriert und nach ihm benannt. Sie ist leichter abzurichten als der Tschechoslowakische Wolfshund und ein guter Wächter.

KOMPLIZIERTER KANDIDAT Die Rasse erinnert äußerlich stark an einen Wolf. Hybriden lassen ethische Fragen aufkommen, nicht nur darüber, ob halbwilde Tiere als Haustiere gehalten werden sollten, sondern auch, weil die Blutlinien der gefährdeten Wölfe verunreinigt werden.

St. Bernhardshund

URSPRUNG Schweiz
GRÖSSE 65–90 cm
GEWICHT 45–136 kg
AUSLAUF
FELLPFLEGE
REGISTRIERUNG FCI, KC, AKCs
FARBEN weiß mit rotbraunen Flecken oder Mantel

Der massive St. Bernhardshund oder Bernhardiner, der heute als Schweizer Nationalrasse angesehen wird, gilt als eine der schwersten Hunderassen. Als Lawinensuchhunde waren die Tiere allerdings noch kleiner und leichter.

GESCHICHTE

Diese Hunde stammen von Schweizer Hofhunden ab, doch ihre ältesten Vorfahren waren römische Molosser, die vermutlich über den ältesten Pass in den westlichen Alpen, den Großen St. Bernhard, in die Schweiz kamen. 1049 gründeten Mönche dort ein nach dem heiligen Bernhard von Menthon benanntes Hospiz, wo mindestens seit dem 17. Jahrhundert auch mastiffartige Hunde als Begleiter und Beschützer lebten, die Wagen durch den tiefen Schnee zogen und auf diese Weise Pfade anlegten.

EIGENSCHAFTEN

Dieser traurig aussehende Hund ist sanftmütig, freundlich, loyal und gehorsam. Seine Größe macht ihn für viele Haushalte ungeeignet, und mit seinen schwerfälligen Bewegungen kann er Gegenstände und kleine Kinder umwerfen. Wie viele große Rassen neigt er zu Blähsucht und Gelenkproblemen.

LANGSAM ANGEHEN Große Hunde wie der Bernhardiner brauchen bis zu 18 Monate bis zur vollen Entwicklung. Übungen sollten währenddessen nur mit Bedacht durchgeführt werden.

WENIGER IST MEHR Es gibt zwei Fellvarietäten: Diese kurz- oder stockhaarige Varietät hat eine dichte doppelte Behaarung und wurde für die Arbeit im Schnee eingesetzt. An den geraden oder leicht welligen langen Haaren der anderen Varietät bilden sich schnell Eis- und Schneeklumpen.

Samojede

URSPRUNG Sibirien (Russland)
GRÖSSE 46–56 cm
GEWICHT 23–30 kg
AUSLAUF
FELLPFLEGE
REGISTRIERUNG FCI, KC, AKCs
FARBEN weiß, creme, weiß und biscuitfarben

Die in Russland offiziell als Samojedskaja Sobaka bekannte Rasse, abgekürzt „Sammy", nennt man auch „lächelnde Hunde". Seit jeher waren sie die Arbeitsgefährten der nomadisch lebenden und Rentiere züchtenden Samojeden.

GESCHICHTE

Das Volk der Samojeden lebt bereits seit mehr als 2000 Jahren in Sibirien. Ihre Hunde waren ihnen überaus wichtige Helfer – ähnlich wie der Malamute in Alaska oder der Lapphund in Finnland. Sie hüteten die Rentierherden, zogen gelegentlich Schlitten und schliefen neben ihren Besitzern, um sie zu wärmen. Über die Jahrhunderte erlangten sie dank ihrer Fähigkeiten und ihrer Treue einen fast mythischen Status. Der norwegische Forscher Fridtjof Nansen führte in den 1890er-Jahren eine 28-köpfige Expedition zum Nordpol an, und seine Wertschätzung der Rasse beeinflusste auch andere Forscher, darunter Amundsen, der 1911 mit diesen Hunden den Südpol erreichte.

EIGENSCHAFTEN

Diese Hunde lebten immer in enger Gemeinschaft mit Menschen; sie blühen in menschlicher Gesellschaft auf und sind jedem freundlich gesonnen. Die Rasse hat sich als gutmütiger Familienhund in vielen Ländern etabliert. Sie steckt voller Energie und braucht ein aktives Leben mit viel Beschäftigung.

KÄLTERESISTENT Das doppelte Fell hat Wasser abweisendes Deckhaar und eine dichte Unterwolle. Die schwarze Haut verhindert Schneeblendungen; die Rute bedeckt beim Schlaf die Nase und wärmt so die Luft vor dem Einatmen.

BESTER FREUND Mit seinem lächelnden Gesicht und freundlichen Naturell, das er jedem entgegenbringt, ist der Samojede ein guter Begleithund, aber kein Wächter.

Schipperke

URSPRUNG Belgien
GRÖSSE 22–33 cm
GEWICHT 3–8 kg
AUSLAUF
FELLPFLEGE
REGISTRIERUNG FCI, KC, AKCs
FARBEN schwarz

Dieser energische Spitz ist klein, aber oho. In Belgien war er als Gebrauchshund des Volkes etabliert, bevor er im 19. Jahrhundert durch das Patronat der belgischen Königin Marie-Henriette geadelt wurde.

MUNTERES KERLCHEN Der Schipperke ist genauso energisch wie er aussieht und sehr gelehrig. In manchen Ländern wird die Rute kupiert; eine eingerollte Rute wird je nach Rassestandard geduldet, ist aber nicht erwünscht.

GESCHICHTE

Anfänge und Gebrauch dieser Rasse lassen sich nicht rekonstruieren. Sie wurde früher einfach Spits oder Spitzke genannt, um sie vom Deutschen Spitz zu unterscheiden. Als Schipperke wurde sie in Jagdmagazinen als ein Hund für die Jagd auf kleinere Tiere bezeichnet, vergleichbar mit den Terriern. Heute gibt es unterschiedliche Meinungen darüber, ob „Schipperke“ eher „kleiner Kapitän“ bedeutet oder „kleiner Schäferhund“ als Vorfahre der viel größeren Belgischen Schäferhunde.

EIGENSCHAFTEN

Der vielseitige Schipperke bestätigt alle diese Erklärungsversuche. Sein Ruf als Bootshund macht ihn zu einem beliebten Begleiter für Hobby- und Berufssegler. Auf Booten und Schiffen war eine seiner Aufgaben, Ungeziefer fernzuhalten; er ist ein ausgezeichneter Rattenfänger. Außerdem bewachte er die Fracht. Er kann laut bellen und lässt sich nicht so schnell herausfordern. Anderen Hunden gegenüber kann er aggressiv sein.

Shar Pei

URSPRUNG China
GRÖSSE 45–50 cm
GEWICHT 20,5–27,5 kg
AUSLAUF
FELLPFLEGE
REGISTRIERUNG FCI, KC, AKCs
FARBEN alle einheitlichen Farben außer Weiß

Diese chinesische Rasse hat ihren Namen von ihrem harten, borstigen Haarkleid: Shar Pei bedeutet so viel wie „Sandhaut". Allerdings war wohl das faltige Gesicht am interessantesten.

SCHWARZ GRAU BLAU ROT/LOH GOLD

GESCHICHTE

Der Shar Pei existiert möglicherweise bereits seit über 2000 Jahren und wurde von Bauern als Jagd- und Wachhund gehalten. Später wurde er für Hundekämpfe eingesetzt. Er kann recht eigensinnig und aggressiv sein. Während des kommunistischen Regimes verschwand die Rasse fast vollständig, doch in den 1970er-Jahren konnten Importe aus Hongkong die Bestände sichern.

KAMPFANZUG Es gibt zwei Haarlängen: das kurze, anliegende „Pferdehaar", wie hier zu sehen, und das etwas längere „Bürstenhaar". Die lose Haut und das harte, abstehende Fell waren ein guter Schutz bei Hundekämpfen. Die Hautfalten sollten nicht übermäßig stark ausgeprägt sein.

Shiba Inu

URSPRUNG Japan
GRÖSSE 34–41 cm
GEWICHT 7–11 kg
AUSLAUF
FELLPFLEGE
REGISTRIERUNG FCI, KC, AKCs
FARBEN rot, schwarz und loh, weiß, schwarz-sesam, rot-sesam, sesam

Dies ist die kleinste japanische Hunderasse. Ihr Name beschreibt denn auch kurz und knapp: „Shiba" bedeutet „Unterholz", und „Inu" – gelegentlich auch „Ken"– ist das japanische Wort für „Hund".

ROT/LOH SCHWARZ UND LOH

GESCHICHTE

Kleine Hunde dieses Typs gibt es in Japan bereits seit Jahrtausenden; sie wurden für die Jagd auf kleine Säuger und Vögel verwendet. Reinrassige Exemplare wurden selten, als die Tiere im 19. Jahrhundert häufiger mit englischen Jagdhunden gekreuzt wurden. In den 1920er-Jahren begann ein Programm zur Rettung der Rasse, und 1937 wurde sie zum Nationalen Naturdenkmal ernannt.

ALTE MUSTER Alle Fellfarben des Shiba Inu müssen das sogenannte „Urajiro" aufweisen: Das Fell soll an der Unterseite – von der Kehle bis zur Rute –, um den Fang, an den Backen und an der Innenseite der Gliedmaßen weißlich sein.

Shikoku

URSPRUNG Japan
GRÖSSE 43–55 cm
GEWICHT 15–20 kg
AUSLAUF
FELLPFLEGE
REGISTRIERUNG FCI
FARBEN sesam, schwarz-sesam, rot-sesam

Diese Rasse gehört zu den japanischen mittelgroßen Hunden. Sie wird auch Kochi-Ken genannt und hat ihren Namen von der Insel Shikoku, wo sie in der dortigen Provinz Kochi am weitesten verbreitet war.

GESCHICHTE

Der Shikoku ist ein fast urtümlicher Hundetyp aus der Spitz-Familie, zu der auch andere alte japanische Rassen wie Akita, Hokkaido, Japanischer Spitz, Kai, Kishu und Shiba Inu gehören. Über viele Jahrhunderte hinweg wurde er für die Jagd auf Großwild wie Hirsch und besonders Wildschwein eingesetzt. Im 20. Jahrhundert war die Rasse beinahe erloschen, doch konnte sie gerettet werden und hat seit 1937 den Status eines Nationalen Naturdenkmals. Historisch gab es in der Provinz Kochi drei regionale Varietäten: den Awa, den Hata und den Hongawa. Letzterer entwickelte sich in der größten Isolation und galt als die Varietät mit dem höchsten Reinheitsgrad, als die Rasse neu aufgebaut werden sollte. Selbst in Japan ist sie sehr selten, und im Ausland gibt es nur eine Handvoll Züchter.

ZWEI GESICHTER Diese Hunde haben schärfere Gesichtszüge als andere japanische Hunde, und das aufmerksame, gelegentlich eigensinnige Wesen des Shikoku passt zu seiner äußeren Erscheinung. Zwar ist er draußen sehr ausgelassen und aktiv, doch im Haus überraschend friedlich.

EIGENSCHAFTEN

Besitzer betonen, dass der Charakter des Shikoku immer noch sehr ursprünglich ist. Der sehr loyale und folgsame Hund kann sich Fremden gegenüber freundlich zeigen – ist aber meist vorsichtig –, anderen Hunden gegenüber jedoch aggressiv. Er ist intelligent, lebhaft, verspielt und genießt abwechslungsreiche Beschäftigung – ein idealer Hund für sehr aktive Besitzer. Shikokus sind leidenschaftliche Jäger und werden in Japan gelegentlich noch bei der Wildschweinjagd eingesetzt. Selbst wenn sie schon ganz jung eine feste Erziehung erhalten, kann es mitunter schwer sein, sie zurückzupfeifen, wenn sie eine Witterung aufgenommen haben.

Sibirischer Husky

URSPRUNG Sibirien (Russland)
GRÖSSE 50–60 cm
GEWICHT 16–27,5 kg
AUSLAUF 
FELLPFLEGE 
REGISTRIERUNG FCI, KC, AKCs
FARBEN alle Farben zulässig

Der Sibirische Husky gehört zu den leichten Schlittenhunden und ist in Alaska bekannter als in seiner Heimat jenseits des Beringmeers. Eine Zeit lang galt er als ultimativer Schlittenrennhund.

SCHWARZ | GRAU | GOLD UND WEISS | LOH UND WEISS

GESCHICHTE

Diese Hunde wurden jahrhundertelang vom sibirischen Volk der Tschuktschen zum Schlittenziehen und Hüten von Rentierherden eingesetzt. DNA-Analysen haben bestätigt, dass die Rasse zu den ältesten überhaupt gehört. Robert Peary setzte sie 1909 für seine Expedition zum Nordpol ein. Am bekanntesten und berühmtesten wurden diese Hunde aber 1925, als nach einer Diphterie-Epidemie die Impfstoffe für die von der Außenwelt abgeschnittene Stadt Nome in einem Staffellauf mit Hundeschlitten – über eine Strecke von 1085 km in nur fünfeinhalb Tagen – ihr Ziel erreichten.

EIGENSCHAFTEN

Dieser Husky ist leichter als die meisten Schlittenhunde. Ganz typisch sind der leichte Gang und die enorme Ausdauer. Diese Qualitäten machen ihn für aktive Besitzer interessant. Werden Huskys zu oft allein gelassen, können sie destruktiv werden. Sie sind allgemein fröhliche, sanftmütige und freundliche Hunde.

LEBHAFT Huskys sind gutmütige Tiere, doch ihre Intelligenz macht sie schnell übermütig. Deshalb sollte ein Besitzer ebenso aufgeweckt sein wie seine Hunde.

SIBIRISCH Sehr viele Huskys haben mindestens ein blaues Auge. Das dicke Fell besteht aus festem, Wasser abweisendem Deckhaar und einer sehr dichten Unterwolle. Während des Haarwechsels sollte es regelmäßig gebürstet werden.

SCHLITTENHUNDE Sibirische Huskys wurden bei arktischen Schlittenrennen durch die schnelleren Alaska-Huskys ersetzt, doch sind sie immer noch ausgezeichnete Zugtiere für mittelschwere Lasten über lange Distanzen. Huskys sind auch beliebt beim Skijöring.

Spanischer Wasserhund

URSPRUNG Spanien
GRÖSSE 40–50 cm
GEWICHT 14–22 kg
AUSLAUF
FELLPFLEGE
REGISTRIERUNG FCI, KC, AKCs
FARBEN weiß, schwarz, kastanienbraun, weiß und schwarz, weiß und braun

Der im Spanischen Perro de Agua Español genannte Hund ist der jüngste in einer langen Reihe, wie Perro Turco, Laneto, Perro de Lanas, Perro Patero, Perro Rizado, Churro und Barbeta.

SCHWARZ DUNKELBRAUN SCHWARZ UND WEISS

GESCHICHTE

Hunde mit wolligem Fell sind in Spanien seit dem 12. Jahrhundert bekannt. Die Rasse wurde wie der Portugiesische Wasserhund zum Hüten und Treiben von Viehherden über lange Strecken eingesetzt, zur Jagd auf Wasservögel und Wild und um Boote in den Hafen zu ziehen. Die intelligenten und anpassungsfähigen Hunde arbeiten sehr gern; Kinder sind ihnen recht schnell lästig.

WIEDERENTDECKT Als andere Rassen andernorts beliebter wurden, hielt man ihnen in Andalusien dennoch die Treue. Bis in die 1980er-Jahre fanden sie keine Beachtung.

Thai Ridgeback

URSPRUNG Thailand
GRÖSSE 58–66 cm
GEWICHT 23–34 kg
AUSLAUF
FELLPFLEGE
REGISTRIERUNG FCI, AKCs
FARBEN schwarz, blau, rot, sehr hell falb

Die erst unlängst in Thailand entdeckte Rasse, die dort Mah Thai Lang Ahn genannt wird, gehört zu den urtümlichen Hunden und hat einen auffälligen Haarstreifen auf dem Rücken.

BLAU ROT/LOH GOLD

FAMILIENBANDE Vermutlich sind der Thai Ridgeback und der ähnliche Phu Quoc Dog aus Vietnam miteinander verwandt.

GESCHICHTE

Diese Rasse, erstmalig vor 300 Jahren dokumentiert, wurde als Jagdhund, Begleiter und Haushüter eingesetzt. Ihr Überleben verdankt sie den schlechten Transportwegen nach Ostthailand. So konnte sie in relativer Abgeschiedenheit von fremden Rassen rein gehalten werden. Der Thai Ridgeback ist ein unabhängiger Hund, der sein Heim beschützt und aggressiv auf Fremde reagieren kann.

Tibetischer Kyi Apso

URSPRUNG Tibet
GRÖSSE 63–70 cm
GEWICHT 32–41 kg
AUSLAUF
FELLPFLEGE
REGISTRIERUNG –
FARBEN alle Farben zulässig

Der Tibetische Kyi Apso ist eine der weltweit seltensten Rassen und stammt vom Berg Kailash, einem heiligen Ort für Hindus, Buddhisten, Jainas und Bön-Anhänger.

GRAU | GOLD | DUNKELBRAUN | SCHWARZ UND WEISS | SCHWARZ UND LOH

GESCHICHTE

Im ländlichen Tibet wurde dieser Hund traditionell als Herden- und Hauswächter gehalten. Er war der Außenwelt bis ins späte 20. Jahrhundert hinein unbekannt, bis ihn abenteuerlustige Bergwanderer aus dem Westen entdeckten und aus Tibet herausschmuggelten. Die tiefe, sonore Stimme ist ein Kennzeichen der Rasse ebenso wie das grobe doppelte Haarkleid. Der Tibetische Kyi Apso ist ungeeignet für ein Leben in der Stadt. Er ist ein energiegeladener Arbeiter und braucht viel Aufmerksamkeit und Bewegung. Er kann destruktiv werden, wenn er zu häufig allein ist. Als Wachhund ist er grundsätzlich misstrauisch gegenüber Fremden.

KOPF UND RUTE Das reiche Kopfhaar des Tibetischen Kyi Apso lässt den Schädel größer erscheinen, als er ist, und die gut befederte Rute ist aufgerollt.

Tibet-Mastiff

URSPRUNG Tibet
GRÖSSE 61–71 cm
GEWICHT 64–82 kg
AUSLAUF
FELLPFLEGE
REGISTRIERUNG FCI, KC, AKCs
FARBEN schwarz, schwarz und loh, grau, grau und loh, gold

Diese massive Rasse wird in Tibet Do Khyi genannt, was „Kettenhund" bedeutet und auf ihre Vergangenheit als Wachhund verweist. In Nepal wird sie Bhote Kukur, Tibetischer Hund, genannt.

SCHWARZ | GRAU | GOLD | SCHWARZ UND LOH

GESCHICHTE

Diese alte Rasse wurde von Nomadenstämmen als Herdenhüter gehalten. Sie existiert seit mindestens 1121 v. Chr., als ein auf Menschenjagd abgerichteter Hund dem Kaiser von China überreicht wurde. Hunde wie dieser gelangten mit Nomadenstämmen immer weiter westlich und begründeten den Ursprung aller europäischen Mastiff-Typen. Die Rasse selbst gelangte im 19. Jahrhundert in den Westen und hat sich auch dort verbreitet. Der Tibetische Mastiff ist beschützerisch gegenüber Fremden und ein guter Wachhund, doch zu willensstark und massiv, um als Familienhund zu taugen.

TIEFE STIMME Tibetische Exemplare dieser Rasse sind groß und wild. Marco Polo beschrieb die Hunde als „groß wie ein Esel mit einer Stimme so mächtig wie die eines Löwen".

Tosa Inu

URSPRUNG Japan
GRÖSSE 55–65 cm
GEWICHT 86–90 kg
AUSLAUF
FELLPFLEGE
REGISTRIERUNG FCI, KC, AKCs
FARBEN rot, falb, apricot, schwarz, gestromt

Tosa Inu oder Tosa Ken bedeutet nichts anderes als „Hund aus Tosa" – der Provinz, aus der die Rasse stammt. Andere Namen sind Japanischer Mastiff, Tosa Kampfhund oder auch Sumo Dog.

SCHWARZ | ROT/LOH | GOLD | SCHWARZ GESTROMT

VORSICHT Der massive, kräftige und im Kampf unerbittliche Tosa Inu ist nicht für Familien oder ein Heim mit direkten Nachbarn geeignet. Er benötigt einen sehr erfahrenen Halter. In den Kampfhundeverordnungen der Länder wird er als unterschiedlich gefährlich eingestuft.

GESCHICHTE

Die Geschichte der Hundekämpfe in Japan reicht zurück bis ins 14. Jahrhundert. Der Tosa jedoch ist eine Züchtung aus dem 19. Jahrhundert. Der lokale Spitz-Typ Shikoku wurde wegen seines Kampfinstinkts mit Mastiffs und Kampfhundrassen gekreuzt. Der Tosa Inu erlebte seine Blütezeit in Japan in den 1920er-Jahren. Heute steht er in vielen Ländern auf der Liste gefährlicher Hunderassen.

Westsibirischer Lajka

URSPRUNG Sibirien (Russland)
GRÖSSE 52–64 cm
GEWICHT 18–23 kg
AUSLAUF
FELLPFLEGE
REGISTRIERUNG FCI, KC, AKCs
FARBEN weiß, Pfeffer und Salz, Rot- und Grauschattierungen, schwarz

Der in Russland Zapadno-Sibirskaïa Laïka genannte Hund ist der beliebteste russische Lajka. Er ist ein intelligenter Jagdhund, der Kleinwild auf Bäume treibt, und ein kräftiger Schlittenhund.

GRAU | ROT/LOH

GESCHICHTE

Diesen Lajka gab es ursprünglich in zwei Schlägen: den kraftvollen Hanti und den langläufigen Mansi. Als die Industrialisierung Sibirien erfasste, standen die beiden Varietäten vor dem Ende und wurden als eine einzige Rasse wiederhergestellt und 1947 registriert. Heute bevorzugen russische Jäger ausländische Rassen, doch amerikanische Jäger haben diesen Hund für sich entdeckt.

REINE FARBEN Braunschattierungen werden nicht akzeptiert, und Schwarz oder Schwarz-Weiß wird als dem Russisch-Europäischen Lajka zu ähnlich eingestuft.

Wetterhoun

URSPRUNG Niederlande
GRÖSSE 55–59 cm
GEWICHT 15–20 kg
AUSLAUF
FELLPFLEGE
REGISTRIERUNG FCI, KC, AKCs
FARBEN schwarz, schwarz-leberbraun, schwarz oder braun mit weißen Abzeichen

Der Name der Rasse kommt aus dem Friesischen und bedeutet „Wasserhund". Sie ist auch als Friesischer Wasserhund bekannt. Die Hunde waren spezialisiert auf das Erlegen von Ottern.

SCHWARZ

DUNKELBRAUN

SCHWARZ UND WEISS

GESCHICHTE

Diese Rasse stammt vermutlich von dem heute ausgestorbenen Alten Wasserhund ab, einem Typ, der auch als Vorfahre mehrerer Spaniel-Rassen gilt. Zusammen mit dem Stabyhoun, einer Vorsteh- und Apportierrasse, mit dem man den Wetterhoun in der Vergangenheit kreuzte, wurde er vor mindestens 400 Jahren in Friesland entwickelt. Ursprünglich zur Kontrolle der den Fischern lästigen Otterbestände eingesetzt, erwies er sich später auch als guter Kleinwild- und Ungezieferjäger an Land und wachsamer Hofhund. Heute ist er eine beliebte Rasse in ländlichen holländischen Gebieten, wird aber anderswo kaum gesehen.

EIGENSCHAFTEN

Diese robuste und fähige Rasse wird immer noch zum Aufstöbern und Apportieren zu Lande und aus dem Wasser eingesetzt. Der Wetterhoun ist intelligent, doch hat er die Tendenz zur Unabhängigkeit und braucht deshalb einen erfahrenen Besitzer. Sein ausgeprägter Beschützerinstinkt macht aus ihm einen tapferen, verlässlichen Wachhund. Er wird selten in der Stadt gesehen, da er sich unter vielen Menschen nicht wohlfühlt.

ALLWETTERHUND Das lockige Haar bedeckt den ganzen Körper, ausgenommen den Kopf und die Gliedmaßen, wo das Fell kürzer ist. Das grobe Haar ist ölig, nie wollig und damit sehr gut fürs Wasser geeignet.

GLOSSAR

A

Abzeichen einzelne Farbflecken im Fell
Afterklauen rudimentäre Zehen
Agility-Trials beliebte Geschicklichkeitsprüfungen für Hunde, bei denen verschiedene Hindernisse überwunden werden müssen
Ahnentafel Abstammungsnachweis eines Rassehundes
AKCs amerikanische Kennel Clubs
Anschlagen warnendes Bellen
Apfelkopf gewölbte Schädelform des Hundes
Apportieren Herbeibringen von Gegenständen oder erlegtem Wild auf Befehl
Ausstellungsring Bereich, in dem ein Hund den Zuchtrichtern vorgeführt wird

B

Ballen Hornhaut-Polsterungen an der Unterseite der Pfoten
Bart dickeres, längeres Haar um den Fang
Befederung längere Haare, besonders an Bauch, Hinterseite der Läufe und Rute
Behang Hängeohren
Belton getupftes Fell
Bikolor zweifarbig, meist weiß mit andersfarbigen Abzeichen oder Platten
Blenheim kastanienbraune Abzeichen auf weißem Fell
Blesse weißer Streifen von der Stirn bis zur Nase
Blutlinie Ahnenreihe
Brachycephal Schädelform von Hunden mit kurzer Schnauze wie beim Mops
Brand hellere Abzeichen auf dunklem Fell
Bullenbeißen Tierkampfform der Vergangenheit, bei der Hunde einen Bullen niederringen mussten

C

Championat Siegertitel für Hunde

D

Deckhaar längeres, relativ grobes Haar, das die obere Schicht des Haarkleides bildet
DNS (DNA) Desoxyribonukleinsäure. Eine Molekularkette, die sämtliche Erbinformationen trägt
Dolichocephal Schädelform von Hunderassen mit langen, schmalen Köpfen wie beim Greyhound
Domestikation Haltung von ehemals wilden Tieren als Haustiere
Doppelte Behaarung Haarkleid aus dichter isolierender Unterwolle und einer längeren Deckhaarschicht
Drahthaar drahtiges, raues, kurzes Haar
Duftmarke Revier-Markierung mit Urin

E

Einfache Behaarung einfache Haarschicht ohne Unterwolle, bestehend aus meist glatt anliegendem längerem Deckhaar
Ektropium Anomalie des Augenlides, bei der der Lidrand nach außen gekehrt ist
Entropium Anomalie des Augenlides, bei der der Lidrand nach innen gedreht ist

F

Fahne langes Haar an der Unterseite der Rute

Fährte Geruchs- oder Schweißspur des Wildes, die der Hund verfolgt

Fang Schnauze des Hundes

FCI Die Fédération Cynologique Internationale ist die Weltorganisation der Kynologie. Sie umfasst über 80 Mitglieds- und Partnerländer, unter anderem den VDH in Deutschland. Sitz der FCI ist in Belgien.

Field-Trials Prüfungen im Gelände für Jagdhunde, die ihre Fähigkeiten unter Beweis stellen. Wild muss aufgespürt und unverletzt zurücktransportiert werden.

Fledermausohr aufrechte Ohren mit abgerundeten Spitzen wie bei der Französischen Bulldogge

G

Galopp schnellste Gangart des Hundes

Gebäude Körperbau

Gescheckt unterschiedlich gefärbte Flächen im Fell

Gestromt Fellzeichnung mit dunkel verlaufenden Querstreifen wie beim Boxer

Gewolkt helles Haarkleid mit dunklerem Stich

Glatthaar siehe Kurzhaar

Größe wird beim Hund vom Boden bis zum Widerrist gemessen

H

Haarkleid Fell des Hundes. Siehe auch: Deckhaar, Doppelte Behaarung, Einfache Behaarung, Stockhaar, Unterwolle

Hitze siehe Läufigkeit

Hochläufig Hund mit langen Läufen

Hüftdysplasie Fehlentwicklung des Hüftgelenks, die vorwiegend bei großen Hunden auftritt

Hüte-Trials Prüfungen für Hütehunde, die Aufgaben aus ihrem typischen Arbeitsbereich bewältigen müssen

K

Kamm Nackenhaar eines Hundes, das aufgestellt werden kann, um bedrohlicher zu wirken

Kaniden Hunde und hundeartige Tiere

KC britischer Kennel Club

Klappohr halb aufrechte Ohren, mit nach vorn geklappten Spitzen

Kragen längeres Haar um den Hals

Kreuzung Verpaarung von Hunden zweier verschiedener Rassen

Kruppe hinterer Teil des Rückens

Kupieren Beschneiden von Rute und Ohren. In Deutschland ist beides verboten.

Kurzhaar auch Glatthaar, kurzes, anliegendes Fell

Kynologie Lehre von Zucht, Dressur und Krankheiten des Hundes

L

Langhaar langes, weiches Deckhaar

Läufe Gliedmaßen des Hundes

Läufigkeit zweimal im Jahr auftretende Periode, in der die Hündin empfängnisbereit ist

Lautgeben Bellen des Jagdhundes

Leberbraun rötlichbraun

Lefzen Lippen des Hundes, die bei manchen Rassen herabhängen

Loh braun oder hellbraun

M

Mähne langes Kopfhaar, das wie eine Löwenmähne wirkt
Mantel dunklere Fellfarbe des Rumpfes
Markieren siehe Duftmarke
Maske dunkler Bereich im Gesicht des Hundes
Merlefaktor Erbanlage, die eine Verdünnung der Farbe des Haarkleides verursacht. Teilweise treten auch blaue Augen auf.
Meute Gruppe von Hunden, die zur Jagd gehalten werden
Mikrochip Transponder zur Kennzeichnung des Hundes; wird unter der Haut eingepflanzt

N

Nachsuche Suche des Hundes nach angeschossenem Wild
Nasenschwamm vordere Nasenkuppe

O

Obedience-Trials Bei diesen Prüfungen werden Unterordnung und Gehorsam des Hundes bewertet.
Ohren siehe Behang, Fledermausohren, Klappohren, Rosenohren, Tulpenohren, Kupieren

P

Paria domestizierter Hund, der aber nicht mehr in häuslicher Umgebung, sondern frei am Rande menschlicher Siedlungen lebt
Pfeffer und Salz dunkles Haar mit hellen Spitzen
Platten andersfarbige Farbflächen im Fell
Pompon Haarball am Rutenende des Pudels
Preisrichter Bei Ausstellungen und Wettbewerben sind Preisrichter für die Benotung der Hunde zuständig.
Prüfungen siehe Trials, Zuchtschau, Preisrichter

R

Rasse Hundetyp mit bestimmten Erkennungsmerkmalen, die sich von anderen unterscheiden und rein weitervererbt werden, dessen Zucht kontrolliert und in einem Zuchtbuch festgehalten wird
Rassestandard schriftlich festgehaltene Beschreibung der Idealerscheinung einer Rasse mit allen körperlichen und charakterlichen Merkmalen sowie deren Eignung
Rauhaar harsches, kurzes oder mittellanges, abstehendes Fell
Ringelschwanz Rute, die geringelt über dem Rücken getragen wird
Rosenohr Die Rückseite des Ohrs ist nach innen gefaltet und der obere Teil nach unten gebogen. Das Ohrinnere ist zum Teil sichtbar.
Ruby intensives Rot
Rüde männlicher Hund
Rudel Gruppe wild lebender Tiere. Im Hunderudel wird eine Rangordnung eingehalten.
Rute Schwanz des Hundes

S

Sattel großer schwarzer Fleck auf dem Rücken des Hundes

Schnüre langes Haarkleid, das zu dicken Schnüren verfilzt wie beim Puli

Schur rassespezifischer Schnitt des Haarkleides, besonders beim Pudel

Schweißhund Jagdhund, der darauf abgerichtet ist, angeschossenes Wild aufzuspüren

Sesam gleichmäßige Farbmischung aus schwarzen und weißen Haaren

Spurlaut Bellen eines Hundes, der eine Spur verfolgt, ohne das Wild zu sehen

Standard siehe Rassestandard

Stern weißes Abzeichen auf Kopf oder Brust des Hundes

Stöbern Verfolgung des Wildes durch den Hund

Stockhaar kurzes bis mittellanges Deckhaar mit weicherer Unterwolle

Stummelrute natürlich verkümmerte Rute

T

Textur Struktur des Hundehaares

Toy kleinste Größe einer Rasse (das englische Wort *toy* bedeutet „Spielzeug")

Transponder siehe Mikrochip

Trials Prüfungen und Wettbewerbe für Hunde; siehe auch Hüte-Trials, Agility-Trials, Field-Trials, Obedience-Trials

Trikolor dreifarbiges Fell: weiß, schwarz und lohfarben

Trimmen Auszupfen toter Haare des Hundes

Tulpenohr zugespitztes Stehohr wie beim Deutschen Schäferhund

U

Unterwolle weiche und gut isolierende Haarschicht unter dem Deckhaar

V

Varietät Hunde, die Merkmale aufweisen, die sie von anderen Tieren innerhalb derselben Rasse unterscheiden

VDH Der Verband für das Deutsche Hundewesen ist mit knapp 170 Mitgliedsorganisationen deutscher Dachverband und Interessenvertretung aller Hundehalter. Hier gelten die Rassestandards der FCI.

Vorstehen gestreckte Körperhaltung von Vorstehhunden mit angewinkeltem Vorderlauf, mit der sie dem Jäger das Aufspüren einer Beute anzeigen

W

Wamme lose, faltige Haut an Hals und Kehle

Weiches Maul Ein Hund mit weichem Maul beschädigt das Wild beim Apportieren nicht, sodass es unversehrt bleibt.

Weizenfarben gelbliche Falbfarbe

Welpe Hund bis zu einem Alter von zwölf Monaten

Werfen Gebären bei Hunden

Wettbewerbe siehe Trials, Zuchtschau, Preisrichter

Widerrist erhöhter Punkt am vorderen Teil des Rückens

Widerristhöhe Die Größe eines Hundes definiert sich durch die Widerristhöhe (Schulterhöhe).

Wurf alle auf einmal geborenen Welpen einer Hündin

Z

Zuchtverband übergeordnete Organisation, die Zuchtinformationen herausgibt, Rassestandards und Schauen in einem bestimmten Land oder auch auf internationaler Ebene kontrolliert

Zuchtschau Auf Zuchtschauen werden Hunde ausgezeichnet, die ihrem Rassestandard am nächsten kommen.

Zwinger Hundebestand eines Züchters oder auch Einzäunung im Freien, in der Hunde gehalten werden

REGISTER

DANKSAGUNG

Studio Cactus und der Autor möchten sich bei den folgenden Personen bedanken: Candida Frith-Macdonald für den Text im Rassenlexikon und ihre engagierte Mitwirkung an dem Projekt; Laura Watson für ihre Arbeit am Layout; Sharon Cluett für das Styling; Jennifer Close und Jo Weeks für das Fachlektorat; Sharon Rudd für zusätzliche Layoutarbeiten; Penelope Kent für die Arbeit am Register; Peter Bull für die Illustrationen und Robert Walker für die Bildrecherche. Einen besonderen Dank an Tracy Morgan von Tracy Morgan Animal Photography und ihre Mitarbeiter Stella Carpenter und Sally Berge-Roose.

Studio Cactus und Tracy Morgan möchten sich ganz herzlich bei allen Hundebesitzern bedanken, die ihre Fotos für dieses Buch bereitgestellt haben. Vielen Dank auch an alle Hundehalter, die uns auf der Euro Dog Show 2007 in Zagreb, Kroatien, die Erlaubnis gegeben haben, ihre Hunde für dieses Buch zu fotografieren.

BILDNACHWEIS

Der Herausgeber dankt folgenden Personen und Agenturen für die Erlaubnis der Bildreproduktion:

Abkürzungen: o = oben, u = unten, M = Mitte, l = links, r = rechts

Jacqueline Abromeit 163 (ol); Jerri Adams 18 (o); alexan55 182 (o), 182 (ul); amrita 97 (u); David Anderson 39 (o); Animal Photography 190 (o), 190 (u), 191 (u), 196 (ul), 197, 220 (u), 221, 224 (ur), 232 (o), 236 (o), 243 (u), 258 (ul), 263 (u), 287 (l), 287 (r), 288 (o); Utekhina Anna 81 (o), 82 (o), 87 (u); Annette 143 (ol); Anyka 37 (o); Yuri Arcurs 55 (u); Attsetski 22 (l); teresa Azevedo 36 (o); Galina Barskaya 49 (M); Charlene Bayerle 58 (o); Fred Bergeron 38 (u); bierchen 49 (u); Casey K Bishop 87 (o); Aleksander Bochenek 33 (o); Aleksander Bochenek 313 (ur); Emmanuelle Bonzami 28 (o), 40–41, 151 (ur), 329 (o); Jennie Book 58 (u); Kanwarjit Singh Boparai 73 (ol); Pavel Bortol 114 (o), 114 (u); Joy Brown 29 (u), 96 (u), 117 (o); ChipPix 96 (o); Lars Christensen 341 (l); Mary E Cioffi 49 (o), 69 (u), 78 (o); Stephen Coburn 39 (u); Stephanie Coia 12 (o); Matthew Collingwood 71 (u), 313 (ul); Corbis 183 (ul), 188 (o), 189 (o), 193 (ol), 193 (u), 208 (u), 223 (u), 229 (o), 242 (o), 242 (u), 243 (o), 257 (o), 274 (o), 303 (r); Jay Crihfield 142 (u); Diane Critelli 82 (ul); Jack Cronkhite 106 (u); Waldemar Dabrowski 11 (ur), 60 (o), 127 (u), 146 (or), 166, 202–203, 225 (u), 283 (u), 284–285, 333 (ur); Jeff Dalton 61 (ur), 240–241; Nicholas Peter Gavin Davies 123 (o); Lindsey Dean 20 (u); Julie DeGuia 264–265; Tad Denson 27 (ol), 73 (or), 351 (or); DK Images 191 (o), 196 (o), 200 (o), 211 (o), 216 (o), 217 (o), 217 (u), 257 (u), 259 (o), 302 (o), 319 (u), 330 (o), 335 (ul), 350 (u), 351 (u), 359 (o), 368 (ur); Olga Drozdova 16 (o); Max Earey 310; Ecoprint 11 (uM); Ecoprint 17; Kondrashov MIkhail Evgenevich 21 (o); Johannes Flex 62 (o); Sonja Foos 133 (o); Jean Frooms 22 (ur), 32 (u), 90–91; Alex Galea 35 (o); Anna Galejeva 55 (M); Kirk Geisler 93 (u); Kirk Geisler 254 (ul); Getty Images 129 (o), 129 (u), 134 (u), 139 (o), 146 (ol), 163 (or), 178 (u), 220 (o), 222 (u), 225 (o), 312 (o), 314 (o), 337 (o), 342 (u); Joe Gough 33 (u), 63 (ul), 66–67; HANA 54 (o); Susan Harris 19 (o); Margo Harrison 80 (o); Jeanne Hatch 103 (or); Jostein Hauge 31 (u); Nicholas James Homrich 52 (u); Nicholas James Homrich 363 (ur); Cindy Hughes 73 (u); Sergey I 63 (r), 80 (u); Aleksey Ignatenko 298 (ul); ingret 115 (ul); iofoto 59 (cl), 59 (ul), 59 (ur), 130 (o), 143 (or), 154 (ur); Eric Isselée 23 (alle), 26 (oM), 29 (o), 35 (u); 38 (o), 74 (o), 79 (o), 81 (M), 81 (u), 82 (ur), 117 (u), 139 (u), 151 (l), 174 (alle), 178 (o), 275 (o), 300 (o), 300 (u), 319 (o), 321 (ul), 321 (ur), 323 (o), 334 (ol), 338 (alle), 341 (r), 360 (o); istock 169 (o); JD 86 (o); JD 156 (u); Michael Johansson 106 (o); Verity Johnson 24–25; Neil Roy Johnson 89 (o); Glen Jones 26 (or); Ingvald Kaldhussater 347 (u); Laila Kazakevica 22 (or); Cynthia Kidwell 101; Rolf Klebsattel 283 (ol); James Klotz 195 (o); Abramova Kseniya 88 (u), 378; Erik Lam 115 (o), 254 (o), 314 (u), 342 (o), 350 (ol), 350 (or); Vitalij Lang 46 (u); Carrieanne Larmore 119 (ur); Jim Larson 124–125; Michael Ledray 108 (o); Laurie Lindstrom 181; Jaroslav Machacek 104; Sean MacLeay 176–177; MalibuBooks 74 (ul); Marc Henrie 140 (u), 153 (u), 155 (o), 209 (u), 212, 214 (u), 235, 279 (o), 329 (u), 337 (u), 339, 356 (o), 356 (u); Patrick McCall 102; Michelle D Milliman 44 (u); Pedro Jorge Henriques Monteiro 92; Joseph Moore 21 (u); Phil Morley 78 (u); Tom Nance 83 (u); Michal Napartowicz 165 (o); Michal Napartowicz 345 (o); N Joy Neish 97 (o); NHPA 2–3, 4–5, 8, 36 (u), 42, 70, 71 (o), 89 (u), 94 (o), 94 (u), 95, 121 (o), 123 (u), 136, 160–161, 226, 261 (u), 266, 336 (o); Andrey Nikiforov 34; Niserin 79 (u); Iztok Noc 45 (u), 76, 93 (o), 275 (u), 366–367; Rhonda O'Donnell 83 (o), 131 (o), 358 (u); OgerCo 343 (o); OlgaLis 348–349; Jason X Pacheco 32 (o); Pavrita 57 (o); Steven Pepple 164 (o); Andrey Perminov 120 (o); Maxim Petrichuk 331 (ul); Petspicture 65 (o), 277 (r); Photos.com 111 (cl), 134 (o), 135 (o), 138 (o), 245 (u), 303 (l), 354 (ur), 357 (u), 358 (M), 363 (o), 369 (u); pixshots 26 (u), 112–113, 173 (o), 251 (ol); plastique 45 (o); Kateryna Potrokhova 30 (ul); Glenda M Powers 12 (u), 27 (u); Rick's Photography 100; Robynrg 56 (u), 59 (o); Mike Rogal 312 (u); RTimages 54 (u); Robert Sarosiek 14–15; Emily Sartoski 255; David Scheuber 53 (o); Adriana Johanna Maria Schrauwen-Rommers 79 (M); Oskar Schuler 55 (o); Rebecca Schultz 358 (o); Alistair Scott 47 (o); Kristian Sekulic 68 (u), 247; Micha Shiyanov 74 (ur); Shutterspeed Images 16 (u); Shutterstock.com 44 (o), 46 (o), 56 (o), 62 (u), 316 (o), 365 (o); Natalia Sinjushina & Evgeniy Meyke 230–231; Ljupco Smokovski 37 (u); Spauln 68 (o); Eline Spek 75, 253 (o), 253 (u), 324–325; Sklep Spozywczy 115 (ur); Radovan Spurny 302 (u); Nikolay Starchenko 6; Debbie Steinhausser 11 (ul); Claudia Steininger 27 (r), 64 (l), 375; Vendla Stockdale 69 (o); Werner Stoffberg 86 (u); Gemmav D Stokes 158 (o); stoupa 254 (ur); Kathleen Struckle 294–295; Studio Cactus 52 (o), 53 (rM), 53 (ur), 57 (ul), 60 (u alle), 61 (ol), 61 (oM), 61 (M), 65 (uM), 65 (ur), 120 (u), 126 (o), 141 (ul), 141 (ur), 143 (u), 149 (u), 150 (o), 152 (o), 152 (u), 154 (o), 157 (ul), 157 (ur), 158 (u), 162 (ol), 162 (or), 171 (o), 171 (u), 173 (u),175 (o), 175 (u), 179 (ul), 179 (ur), 180 (alle), 184 (o), 184 (u), 185 (ul), 185 (ur), 188 (ul), 188 (ur), 189 (u), 194 (ul), 194 (ur), 198 (alle), 199 (u), 204–205 (alle), 206 (alle), 210 (alle), 215 (alle), 234 (ul), 234 (ur), 237 (u), 238 (o), 238 (u), 244 (o), 244 (u), 245 (ol), 245 (or), 248–249 (alle), 250, 251 (or), 256, 260 (o), 260 (u), 261 (o), 262 (o), 263 (o), 268–269 (alle), 271 (or), 272–273, 274 (ul), 274 (ur), 276 (u), 277 (l), 279 (u), 280–281 (alle), 282 (l), 282 (r), 289 (u), 290–291 (alle), 292 (u), 293 (ul), 293 (ur), 296–297 (alle), 299 (o), 304 (o), 305 (o), 305 (u), 306–307 (alle), 309 (l), 309 (r), 313 (ol), 313 (or), 315 (alle), 318 (l), 320 (alle), 322 (o), 322 (u), 323 (u), 326 (l), 326 (r), 328 (alle), 340 (alle), 347 (o), 351 (ol), 352 (alle), 355 (l), 355 (r), 357 (o), 360 (ul), 360 (ur), 363 (ul), 368 (ul), 370 (ul), 370 (ur); Lorraine Swanson 103 (u); Graham Taylor 64 (ur); Albert H Teich 103 (ol); Cappi Thomson 11 (oM); Nikita Tiunov 383; Dragan Trifunovic 19 (u); Nikolai Tsvetkov 48 (o); Julie Turner 50–51; April Turner 56 (M); Hedser van Brug 88 (o), 195 (u), 218–219; Simone van der Berg 31 (o); Krissy VanAlstyne 63 (ol); Emily Veinglory 53 (ul); vnlit 138 (ul), 138 (ur); Gert Johannes Jacobus Vrey 13; Jennifer A Walz 18 (u); Elliott Westacott 61 (ul), 72 (o); wheatley 65 (ul); Aaron Whitney 47 (u), 234 (ol); Andrew Williams 233 (o); Cindi Wilson 144–145; Wizdata Inc 130 (u); wojciechpusz 165 (u); Jun Xiao 384; Jeffrey Ong Guo Xiong 308 (ul); Lisa F Young 48 (u), 98–99; Lisa F Young 84–85; Ryhor M Zasinets 327 (o); Dusan Zidar 57 (ur), 72 (u); zimmytws 262 (u); Artur Zinatullin 182 (ur); Yan Zommer 30 (ur) Zuzule 28 (u).